国家出版基金项目
NATIONAL PUBLICATION FOUNDATION

涡轮机械与推进系统出版项目
航空发动机技术出版工程

# 国外航空发动机研发管理

李中祥　郑天慧　等　编著

科学出版社
北　京

# 内 容 简 介

本书是以中国航空发动机集团研发体系建设为背景,以国外航空发动机标杆企业为研究对象,系统介绍航空发动机研发的技术决策和运营管理模式。本书从国家、行业、产品三个维度,对国外航空发动机研发管理情况进行全面解析,勾勒出国外航空发动机发展整体概貌,总结了国家层面航空发动机研发管理的特点;重点跟踪国外航空发动机标杆企业组织管理发展变革,并深入分析典型产品研发经验;对航空发动机研发模式进行了归纳分析,并对国外航空发动机的研发与管理经验进行了提炼总结。

本书可为航空航天领域的专业管理人员提供有益的借鉴与参考。

图书在版编目(CIP)数据

国外航空发动机研发管理 / 李中祥等编著. —北京:
科学出版社,2022.11
航空发动机技术出版工程 国家出版基金项目
涡轮机械与推进系统出版项目
ISBN 978-7-03-073759-5

Ⅰ.①国… Ⅱ.①李… Ⅲ.①航空发动机-技术开发-研究 Ⅳ.①V23

中国版本图书馆 CIP 数据核字(2022)第 222438 号

责任编辑:徐杨峰 / 责任校对:谭宏宇
责任印制:黄晓鸣 / 封面设计:殷 靓

科学出版社 出版
北京东黄城根北街 16 号
邮政编码:100717
http://www.sciencep.com

南京展望文化发展有限公司排版
广东虎彩云印刷有限公司印刷
科学出版社发行 各地新华书店经销

*

2022 年 12 月第 一 版 开本:B5(720×1000)
2024 年 10 月第六次印刷 印张:16 3/4
字数:328 000

定价:140.00 元
(如有印装质量问题,我社负责调换)

# 航空发动机技术出版工程
# 专家委员会

# 航空发动机技术出版工程

# 编写委员会

# 航空发动机技术出版工程
## 基础与综合系列
# 编写委员会

## 主 编
曾海军

## 副主编
李兴无　　胡晓煜　　丁水汀

## 委 员
（以姓名笔画为序）

| | | | | |
|---|---|---|---|---|
| 丁水汀 | 王 乐 | 王 鹏 | 王文耀 | 王春晓 |
| 王巍巍 | 方 隽 | 尹家录 | 白国娟 | 刘永泉 |
| 刘红霞 | 刘殿春 | 汤先萍 | 孙杨慧 | 孙明霞 |
| 孙振宇 | 李 龙 | 李 茜 | 李中祥 | 李兴无 |
| 李校培 | 杨 坤 | 杨博文 | 吴 帆 | 何宛文 |
| 张 娜 | 张玉金 | 张世福 | 张滟滋 | 陈 楠 |
| 陈小丽 | 陈玉洁 | 陈婧怡 | 欧永钢 | 周 军 |
| 郑天慧 | 郑冰雷 | 项 飞 | 赵诗棋 | 郝燕平 |
| 胡晓煜 | 钟 滔 | 侯乃先 | 泰樱芝 | 高海红 |
| 黄 飞 | 黄 博 | 黄干明 | 黄维娜 | 崔艳林 |
| 梁春华 | 蒋 平 | 鲁劲松 | 曾海军 | 曾海霞 |
| 蔚夺魁 | | | | |

# 国外航空发动机研发管理
## 编写委员会

**主 编**

李中祥

---

**副主编**

郑天慧

---

**委 员**

（以姓名笔画为序）

# 涡轮机械与推进系统出版项目
# 序

　　涡轮机械与推进系统涉及航空发动机、航天推进系统、燃气轮机等高端装备。其中每一种装备技术的突破都令国人激动、振奋，但是由于技术上的鸿沟，使得国人一直为之魂牵梦绕。对于所有从事该领域的工作者，如何跨越技术鸿沟，这是历史赋予的使命和挑战。

　　动力系统作为航空、航天、舰船和能源工业的"心脏"，是一个国家科技、工业和国防实力的重要标志。我国也从最初的跟随仿制，向着独立设计制造发展。其中有些技术已与国外先进水平相当，但由于受到基础研究和条件等种种限制，在某些领域与世界先进水平仍有一定的差距。在此背景下，出版一套反映国际先进水平、体现国内最新研究成果的丛书，既切合国家发展战略，又有益于我国涡轮机械与推进系统基础研究和学术水平的提升。"涡轮机械与推进系统出版项目"主要涉及航空发动机、航天推进系统、燃气轮机以及相应的基础研究。图书种类分为专著、译著、教材和工具书等，内容包括领域内专家目前所应用的理论方法和取得的技术成果，也包括来自一线设计人员的实践成果。

　　"涡轮机械与推进系统出版项目"分为四个方向：航空发动机技术、航天推进技术、燃气轮机技术和基础研究。出版项目分别由科学出版社和浙江大学出版社出版。

　　出版项目凝结了国内外该领域科研与教学人员的智慧和成果，具有较强的系统性、实用性、前沿性，既可作为实际工作的指导用书，也可作为相关专业人员的参考用书。希望出版项目能够促进该领域的人才培养和技术发展，特别是为航空发动机及燃气轮机的研究提供借鉴。

张彦仲

2019 年 3 月

# 航空发动机技术出版工程

# 序

　　航空发动机被誉称为工业皇冠之明珠,实乃科技强国之重器。

　　几十年来,我国航空发动机技术、产品及产业经历了从无到有、从小到大的艰难发展历程,取得了显著成绩。在世界新一轮科技革命、产业变革同我国转变发展方式的历史交汇期,国家决策进一步大力加强航空发动机事业发展,产学研用各界无不为之振奋。

　　迄今,科学出版社于2019年、2024年两次申请国家出版基金,安排了"航空发动机技术出版工程",确为明智之举。

　　本出版工程旨在总结、推广近期及之前工作中工程、科研、教学的优秀成果,侧重于满足航空发动机工程技术人员的需求,尤其是从学生到工程师过渡阶段的需求,借此也为扩大我国航空发动机卓越工程师队伍略尽绵力。本出版工程包括设计、试验、基础与综合、前沿技术、制造、运营及服务保障六个系列,2019年启动的前三个系列近五十册任务已完成;后三个系列近三十册任务则于2024年启动。对于本出版工程,各级领导十分关注,专家委员会不时指导,编委会成员尽心尽力,出版社诸君敬业把关,各位作者更是日无暇晷、研教著述。同道中人共同努力,方使本出版工程得以顺利开展、如期完成。

　　希望本出版工程对我国航空发动机自主创新发展有所裨益。受能力及时间所限,当有疏误,恭请斧正。

2024年10月修订

# 前　言

　　动力是工业文明之根。航空发动机是最复杂、技术难度最高的动力装置之一，是衡量一个国家综合国力的重要标志，关系到国家安全、经济建设和科技发展，具有极高的军事、经济和政治价值，被誉为"现代工业皇冠上的明珠"。航空发动机研发需要雄厚的工业和经济基础作支撑，全球目前只有美国、俄罗斯、英国、法国和我国具备完整独立研制航空发动机的能力，而且各国始终把航空发动机列为国家优先发展的关键技术之一。航空发动机是重要武器装备的命门，广泛用于各类军机和民机，基于航空发动机改型的燃气轮机广泛用于发电、油气输运、舰船、坦克等。

　　航空发动机研发是一项技术精深的系统工程活动。航空发动机本体属性特征决定了其技术体系复杂，研制难度极大。典型的涡扇发动机由 20 多个部件、系统及上万个零件构成。从工作环境来讲，航空发动机要同时在高温、高压、高转速下工作数百、数千乃至上万小时；从涉及学科而言，其涵盖了工程热力学、空气动力学、燃烧学、传热学、振动力学、结构强度学、材料工程、制造工程、试验测试技术、计算机仿真技术等几十种学科与专业；设计时必须同时满足性能、可靠性、适用性、耐久性、维护性、经济可承受性等多维度指标要求。因此，虽然航空发动机随飞机一起诞生至今已逾百年，但仍存在部分内部机理不清、无法准确计算的难点，技术攻坚和故障排除始终贯穿每一型航空发动机产品研发全流程。

　　航空发动机研制周期长（战斗机动力研制周期达 20~30 年）、研制费用极其高昂。美国航空发动机型谱较为完整，技术领先，产业水平长期稳居世界第一，除了得益于完善的工业基础和科研设施以外，更重要的是拥有雄厚的经济基础作为支撑。长期以来，美国经济总量遥遥领先，是全球第一大经济体。据不完全统计，美国在第五代战斗机发动机 F119/F120/F135/F136 上投入的研发经费超过 130 亿美元（不考虑币值变动因素）。近三十年来，保守估计美国每年至少以十亿级美元的投资扶持航空发动机研发。高技术、高投入的特点决定了航空发动机产业的参与者只能是那些经济发达、资金实力雄厚、科技水平领先、工业门类完备的现代化国家。

　　尊重科学研发规律是保持航空发动机技术领先的关键。美国经过近几十年航空燃气涡轮发动机发展的大量实践，对航空发动机研制规律的认识不断加深，形成了由基础研究、应用研究、工程发展和使用发展等组成的科学合理的航空发动机技术发展路径,建立了从需求端到产品端的全流程科学研发管理,同时十分重视新技术应用的成熟度和风险管理。为实现"动力先行",扭转航空发动机研制严重滞后于飞机型号以及技术成熟度不高的局面,并进一步拓展产品型谱,降低研制风险,美国通过实践探索出了航空发动机研发的窍门——核心机验证途径,走出了成功的发动机系列化发展道路。持续六十多年的核心机验证计划有力支撑了美国第四代、第五代以及未来战斗机发动机的研发。尊重航空发动机科学研发规律,持之以恒地走核心机验证发展路径是美国保持其技术领先的基石。

工业界是实现航空发动机研发的主体,寻找适宜的技术发展路径是竞争制胜的关键。当前美国普拉特-惠特尼公司(简称普惠)、美国通用电气公司(简称 GE)和英国罗伊斯-罗尔斯公司(简称罗罗)三巨头已经形成了世界航空发动机三足鼎立的研发格局,牢牢占据研发第一梯队的绝对优势位置。近年来,这三家标杆企业结合市场需求,形成了各自的研发重点。普惠公司除了在下一代军用动力上持续与 GE 公司开展自适应变循环的技术竞争以外,在民用动力上力推齿轮传动涡扇(geared turbofan, GTF)发动机,以期占领未来民机动力市场。GE 公司将发展增材制造、先进陶瓷基复合材料等作为技术创新的战略核心。罗罗公司除了致力于超扇发动机研制以外,积极进行数字化和电气化战略转型,主动布局未来军民用航空动力技术制高点。近年来,在新冠肺炎疫情的冲击下,普惠和罗罗的经营利润显著下降,公司业务架构也进行了适应和调整,以应对和迎接后疫情时代的风险与机遇。

我国航空发动机产业起步较晚,且国家综合工业基础薄弱,与其他先进国家相比,在产品谱系和性能上仍处于落后地位。为加快实现航空发动机及燃气轮机自主研制生产,中国航发遵循研发管理科学的基本规律,大力开展研发体系建设工作,正积极建立以产品研发、生产制造、供应链管理和服务保障为核心的企业主价值链流程。在此背景下,本书力图对世界主要航空发动机强国的总体概况与研发环境进行概貌描述,对世界先进航空发动机研发企业进行系统介绍,重点分析部分典型型号的研制历程与特点,并总结相关的先进研发管理模式。通过对照国外标杆,总结经验并不断实践,以期形成适合我国航空发动机研发管理的体系、架构、方法、工具等,加速研发技术创新与产品自主研发。

本书在编写过程中结合科研需求,对文稿结构与内容进行了数轮调整与修改,得到了中国航发相关技术专家及管理人员的大力支持,特别是中国航发四川燃气涡轮研究院郑天慧、王鹏、高海红、李茜、陈玉洁、崔艳林、李龙、曾海霞、钟滔、王乐、王巍巍、周军、陈小丽和张娜等为本书提供了大量的信息和资料,在此对他们表示衷心的感谢。

本书所有参考资料均来自公开渠道,难免存在不当之处,敬请谅解和批评指正。

李中祥

2022 年 3 月

# 目　录

## 第一部分　国外航空发动机发展

### 第 1 章　发展综述

### 第 2 章　国家层面研发管理特点

## 第二部分　标杆企业组织管理

### 第 3 章　普惠公司

### 第 8 章　联合发动机制造集团

### 第 9 章　前进设计局

### 第 10 章　IHI 集团公司

## 第三部分　典型产品研发与管理

### 第 11 章　F119 发动机全寿命周期新机研发

# 第四部分　航空发动机研发模式

## 第 17 章　技术管理——GOTChA 方法

## 第 18 章　运营管理——普惠"获得竞争优势"(ACE)体系

## 第 19 章　技术开发——UTC 模式

## 第 20 章　产品开发——IPT 模式

## 第 21 章　快速研发——新型研发机构

## 第 22 章　全寿命周期管理——数字孪生

# 第五部分　启　　示

## 第 23 章　研发管理与技术创新

## 第 24 章　研发管理与产品开发

## 第 25 章　研发管理与知识工程

## 第 26 章　小　　结

# 第一部分
## 国外航空发动机发展

自 20 世纪初美国莱特兄弟发明飞机以来,短短百年间,航空工业取得了飞速的发展,推动世界军事和社会经济发生了巨大变革。纵观航空工业百年发展史,不难发现,航空工业的每一次跨越式发展都离不开航空发动机技术的巨大进步。航空发动机的研发过程几乎集合了各类学科,需要庞大而先进的工业基础作为支撑,是一个国家工业实力和综合国力的重要体现。因此,美国、英国、俄罗斯、法国、德国等航空发达国家均将航空发动机作为重要核心技术领域,从国家层面制订发展规划,引领、支撑航空发动机产业发展,取得了诸多成就。本书第一部分将全面介绍世界航空发动机产业重点国家的发展概况,系统梳理、介绍各国为加速航空发动机研制而建立的研发环境。

# 第1章
# 发展综述

## 1.1 发展简史

航空发动机是飞机的一个分系统,几乎涉及飞机的所有学科和技术,工作条件苛刻,研制发展难度大、周期长、风险高。因此,在航空发动机领域,目前国外只有美国、英国、法国和俄罗斯四个国家有能力独立研发先进的航空发动机,它们都是航空历史悠久、技术和工业基础雄厚、综合国力强大的国家。此外,德国和日本虽然在整机研发实力上略逊于上述四个国家,但其在部分零部件研制技术和相关技术方面处于领先地位,在航空发动机全球供应链和价值链中扮演着重要角色。

### 1.1.1 美国

20世纪初,美国的工业和科技基础还不及欧洲老牌强国,莱特兄弟发明飞机之后不久,航空技术的桂冠就被欧洲拿过去了。第一次世界大战爆发后,美国提出了发展航空工业的"应急计划",使得战争期间的军用飞机生产急剧增长。然而,这些飞机只有很小一部分是飞机公司生产的,其中机体主要由300多家各类工厂制造,航空发动机主要来自汽车工业。当时,美国还没有形成实力较强的航空工业体系,并且在第一次世界大战结束后,随着大量生产合同被取消,整个战时生产结构就瓦解了。

到20世纪30年代,随着美国航空工业在科学技术上取得巨大成就,许多先进飞机型号研发成功,到第二次世界大战期间,美国新型战斗机已经赶上世界先进水平。总体看来,战时美国航空工业仍是以量取胜,在航空技术上依然没有达到世界前沿,但一定程度上摆脱了作坊式经营和一盘散沙的局面,形成科学管理、分工协作的整体。随着美国综合国力的快速提升,加上政府和工业界对航空技术发展提供大量支持,美国航空技术获得爆发性发展。二战结束时,德国和英国的喷气技术引发了一场航空技术的革命,但德国战败、英国国力衰竭,无法倾力占领航空动力技术的前沿。此时,美国在扩张的经济实力和缴获的德国技术的推动下,把握住了航空发动机技术发展的关键机遇。到20世纪60年代,美国已经居于世界航空及航空发动机技术无可争议的领先地位。从 20 世纪 40~50 年代至今,美国已经成功研制并配装了第一代到第五代战斗机的涡喷、涡扇发动机,目前正在研究和验证配装第六代战斗机的自适应变循环发动机;从 1960 年开始,美国又通过军机改型和新研等方式,成功研制了各类民用涡扇发动机,占据了世界民用发动机市场的极大份额。经过多年发展,美国已经形成了包含军民用涡喷、涡扇、涡轴、涡桨和燃气轮机在内,满足各类应用场景的完整航空发动机产品谱系,在航空发动机新概念、新结构和新原理的探索上也走在世界前沿。

### 1.1.2　英国

英国航空发动机产业是世界上规模最大、能力最强的航空发动机工业体系之一,具备设计、研制和生产包括军民用航空发动机、燃气轮机和其他相关产品的能力,其航空发动机产品在全世界享有盛誉。1937 年,第一台实用型喷气发动机由弗兰克·惠特尔(Frank Whittle)设计成功。1944 年,由惠特尔设计的另一台发动机作为"格洛斯特"(Gloster)E28/390 飞机的动力实现了英国历史上第一次喷气飞行。世界上第一架涡桨飞机是"流星"(Meteor)的试验型,于 1945 年投入飞行。从 1948 年开始,制造商们集中发展以燃气涡轮作为动力的民用飞机。英国维克斯公司生产的"子爵"(Viscount)是世界上第一架以燃气涡轮发动机作为动力的民航客机,于 1951 年投入使用。20 世纪 50 年代,罗罗(Rolls-Royce)公司推出了世界上第一台涡扇发动机。到了 20 世纪 70 年代以后,随着石油价格大幅提高,罗罗公司通过采用先进的发动机设计技术,在节省燃料方面取得了重大进展,进而在民用涡扇发动机领域取得巨大成功。1990 年以后,历时十几年的英国国防工业私有化和非本土化进程使得英国航空发动机产业结构发生巨大变化,罗罗公司成为英国唯一一家大型发动机制造企业,也是世界三大航空发动机企业之一。当前,罗罗公司正致力于混合电推进系统等新型航空动力装置的研发。

### 1.1.3　法国

法国是世界上发展航空工业最早的国家之一,也拥有独立研发先进航空发动机的能力。1890 年,法国人克雷芒·阿德尔(Clément Ader)设计制造的装有蒸汽发动机的飞机实现了升空飞行。在第一次世界大战期间,法国是世界上最大的航空武器供应国,生产飞机 5 万多架,航空发动机 9 万多台。第二次世界大战中,法国被德军占领,航空工业几乎完全被破坏。1950 年,法国开始执行第一个航空五年计划,到 20 世纪 50 年代末已基本建成完整的航空科研与工业体系,产品已基本能满足国内需求并有相当数量的出口。斯奈克玛公司与透博梅卡公司是法国主要的航空发动机企业,先后研制了多种大、中、小型涡喷、涡扇、涡桨和涡轴发动机,用于各类军民用飞机。二战结束后,法国政府与战败国德国的 BMW 003 喷气发动机设计专家赫尔曼·奥斯特里希达成合作意向,后者答应帮助法国政府在法国继续发展 BMW 003 发动机,法国则帮助其建立了研发设施和研发团队,团队名称为"瑞肯巴赫航空技术工作室",缩写为"阿塔"(ATAR)。奥斯特里希领导这个团队在 BMW 003 基础上开发推力更大的轴流式喷气发动机,1945 年 10 月完成初始设计,命名为阿塔 101。1954 年,斯奈克玛公司开始开发一种更激进的改进型发动机——阿塔 08,后续阿塔发动机还经历了阿塔 09、阿塔 09C、阿塔 09D、阿塔 9K - 50 等型号,从 1945 年的阿塔 101 到 1969 年的阿塔 9K - 50,20 余年的时间里,推力从 1 000 kgf* 发展到了 7 000 kgf。作为法国涡喷发动机技术的标志,阿塔发动机表明法国跻身喷气发动机研制国家之列。阿塔发动机成功运用于法国"军旗""超军旗""幻影"Ⅲ/Ⅳ/Ⅴ/F - 1 等战斗机型号。为满足 20 世纪 70~80 年代新型战斗机"幻影"2000 与"幻影"4000 的需要,并尽早地转入发展涡扇发动机的技术领域,从 1967 年开始,法国斯奈克玛公司在继承阿塔发动机的结构特点基础上,吸取了 M45G 和 TF306 涡扇发动机的研制经验和技术成果,自行设计了双转子涡扇发动机—— M53。1980 年,斯奈克玛完成了双转子涡扇发动机 M88 的演示样机,并开始地面试车。M88 从 1980 年完成演示样机到 1996 年 M88 - 2 完成验收测试,斯奈克玛用 16 年时间完成了法国军用喷气发动机技术的一次跃迁,M88 成为法国最先进的军用涡扇发动机。此后,以 M88 核心机为基础,衍生出商用大涵道比涡扇发动机 SaM - 146(与俄罗斯土星公司联合研制)和军用涡桨发动机 TP400 - D6,分别用于苏霍伊 SSJ - 100 客机和空客 A400M 军用运输机。1971 年 11 月,斯奈克玛公司与美国通用电气公司确定了合作内容:以 F101 发动机核心机为基础,研究开发一种能够满足 20 世纪 80 年代飞机要求的高效率、低油耗、低噪声、低污染、100 kN 级大涵道比涡轮风扇发动机。1974 年 9 月,CFM 国际公司正式成立,双方各占 50% 股份。到目前为止,CFM56 系列发动机仍是全球最畅销的民用涡扇发动机。2000 年,斯奈克玛公司与透博梅卡公司合并,实现了法国航空发动机大、中、小制造公司的一体化集中,并在 2004 年与法国萨吉姆公司重组为赛峰(Safran)集团。

### 1.1.4　德国

德国早在第一次世界大战之前就建立了自己的航空工业,到 1918 年,生产飞机达 14 000 架,发动机 15 500 台。在第二次世界大战前和战时,德国航空工业已经成为当时世界上最大的航空工业之一。第二次世界大战结束后,德国作为战败国,分为联邦德国和民主德国。1990 年联邦德国和民主德国统一为德国。根据波茨坦会议决定,联邦德国航空工业的一切管理及研究机构均被解散,相关科研工作

---

　*　1 kgf = 9.806 65 N。

全部中断,整个航空工业完全解体。从1955年开始,联邦德国从仿制开始,逐渐重建和恢复航空工业。到20世纪60年代末,为了增强航空工业的竞争能力和克服小公司各自为战、资金和技术力量不足的缺点,联邦德国航空工业进行了一系列改革重组,形成了以四大公司为骨干的航空工业体系,它们是:梅塞施密特-伯尔科夫-布洛姆公司(简称MBB公司)、多尼尔有限公司(简称多尼尔公司)、联合航空技术-福克公司(与荷兰合作的跨国公司)、慕尼黑发动机和涡轮联合有限公司(简称MTU公司)[1]。MTU公司虽然还未研制过完整的发动机,但是研制过发动机几乎所有的单元体和部件,因此有能力研制整台发动机,公司还从事飞机发动机的维护、修理和大修业务。MTU公司通过国际合作的方式逐渐开展新产品研发,比如与英国、意大利合作研制了"狂风"战斗机使用的RB199涡扇发动机,与美国合作生产了CH-53D/G直升机使用的T64-MTU-7发动机等。1990年以后,MTU公司成为美国普惠(Pratt & Whitney)公司的优选伙伴,参与了普惠及普惠加拿大公司发动机的研制和生产,比如PW4084、PW2000、V2500、PW300和PW500等。

### 1.1.5 俄罗斯(苏联)

俄罗斯(苏联)是老牌的航空航天工业强国,一直以来都是世界航空工业中一支重要力量。早在20世纪初十月革命前,沙皇俄国就有了航空工业,其中包括15家飞机制造工厂和6家发动机工厂,当时飞机、发动机基本上是从国外购买或采用外国图纸进行仿制。苏维埃政府认识到恢复和发展本国航空工业这一任务的重要性,在列宁、斯大林领导下,在不到20年间陆续成立了6大发动机科研机构(图1.1),并先后组建了10所航空院校(图1.2)。后续还建立了十多个大型发动机设计局,兼具强大的研发能力、高水平的总设计师和专业齐全的设计人员,还配有相应的科研试制工厂以及必要的零部件、系统和整机试验设备(图1.3)。

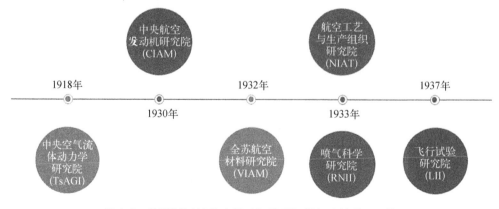

**图1.1 苏联(苏俄)航空发动机发展初期组建的科研机构**

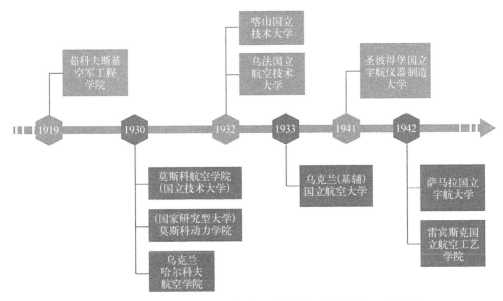

图 1.2　苏联(苏俄)航空发动机发展初期成立的航空航天专业学校

| 什维佐夫试验设计局 | 多勃雷宁设计局 | 500厂试验设计局 | 米库林设计局 | 伊伏琴科设计局 |
|---|---|---|---|---|
| **1938年** | **1939年** | **1942年** | **1943年** | **1945年** |
| 是如今彼尔姆航空发动机集团的前身,主要负责民用航空发动机的研制。 | 在莫斯科航空学院第二设计局基础上建立,是如今雷宾斯克发动机股份公司的前身。 | 后更名为图申斯基"联盟"机械制造设计局。 | 组建于莫斯科,后更名为"联盟"发动机设计局。 | 成立于乌克兰扎波罗热市,后改称伊伏琴科-前进设计局。主要研制运输机动力和民用发动机。 |

图 1.3　创建与积累时期成立的试验设计局

到 20 世纪 40 年代的卫国战争时期,苏联已成为仅次于美国、德国的世界第三航空工业强国。20 世纪 40 年代末至 50 年代,苏联通过使用现成发动机、引进仿制和自行研制三步走,实现航空动力喷气化。50 年代是燃气涡轮发动机大量充实军事航空,然后又用于民用航空的时期,主要产品有:布达勒尼恩设计局的 VD－7 和 VD－7M 涡喷发动机、留里卡设计局的 AL－7F 涡喷发动机、米库林设计局的 RD－9 和 R－11－300 涡喷发动机、伊伏琴柯设计局的 AI－20 和 AI－24 涡桨发动机、库兹涅佐夫设计局的 NK－12 涡桨发动机等。20 世纪 60~80 年代是苏联航空大发展的年代。到 80 年代后期,苏联航空工业综合水平大幅提升,为航空发动机研制提供了必需的工业保障。在此期间军机全面发展,实现涡扇化,许多为人熟知的发动机,如 AL－31F、D－30、RD－33 等发动机都是在这段时期研制出来的,性能指标大幅提升,并且走上了核心机派生发展道路。受美苏军备竞赛的影响,苏联时期的民用飞机及发动机的设计理念与标准规范也都具有浓重的军品特色。开发的民用涡扇发动机系列包括 D‑20P(图‑124)、D‑30(图‑134)、D‑30‑KP(伊尔‑76)、D‑30‑KV(伊尔‑62M)以及用于伊尔‑62、图‑154 和伊尔‑85 的 NK‑8 系列发动机;另外还有用于图‑144 超声速客机的 NK‑144 加力涡扇发动机。1981 年彼尔姆公司研制的 PS‑90A 大涵道比涡轮风扇发动机是俄罗斯唯一一台符合国际噪声和有害物排放要求的发动机,并符合现代运输机和客机新型高经济性发动机的要求。

20 世纪 90 年代,苏联解体导致其航空工业遭受重创。虽然俄罗斯继承了苏联强大的航空工业体系,仍能研制、试验和生产几乎所有型号的现代航空装备,但当时俄罗斯的航空工业陷入重重危机,尤其是民用航空领域。被国家控股的军工企业无法依靠俄罗斯政府和军方严重缩水的拨款生存。在很长一段时间里,俄罗斯航空发动机行业竞争力非常低,行业的收益率从 27% 下降到 7%,利润减少一半。

到了 21 世纪,随着俄罗斯从苏联解体和经济休克的阴影中缓慢地恢复,加之俄罗斯五代机项目的刺激作用,俄罗斯航空发动机研制有逐渐回暖的趋势,经过产业重组之后形成了"99M"和"117"两个第五代航空发动机研制计划。同时,俄罗斯政府通过制定长远战略规划,整合行业资源,对航空工业企业进行改组、整合,组建了联合发动机集团,以期重振该国航空工业。在军机方面,新研发的俄制五代机与改进改型四代机同步进行,并开展六代机预研;在民机方面,开始引入国际市场上发动机的研制规范,采用新的管理理念,充分利用行业改革后各参研单位的优势,强强合作,积极开展国际合作,以期为俄罗斯的民用航空发动机研制打开一片天地。

### 1.1.6　日本

日本航空工业创建于 1910 年,1944 年达到年产飞机 2.8 万多架、发动机 4 万台的规模。第二次世界大战期间,日本航空工业水平仅次于美、苏、德、英,居世界第 5 位。战后,日本作为战败国被禁止从事航空工业的科学研究与生产,原有的航空工业企业纷纷转产非航空民用产品,航空工业遭到毁灭性打击。朝鲜战争爆发后,美国解除了对日本飞机的生产禁令,将占领的 314 个航空工厂以及包括飞机、武器研究所在内的 850 个旧军需工厂和机场归还给日本。在美国的扶植下,停滞了 7 年的日本航空工业开始重建。最初只是为美军修理受损飞机和生产简单的装备,后从美国获得了大量转让的技术以及改型、检修和合作生产订单,从修理走向制造。经过 70 余年的发展,"寓军于民"的日本航空工业从修理到制造、从仿制到自行设计或联合设计制造,形成了规模不大,但比较完整的飞机、发动机、机载设备工业体系。

日本最大的航空发动机制造厂 IHI 公司(曾称为"石川岛播磨重工业")分别于 1956 年和 1970 年建立了田无工厂和瑞穗工厂,配备有先进的机器加工设备,能够承担难以加工的耐热、耐腐蚀材料的机械加工、焊接加工、热处理和产品检验等,主要开展喷气发动机部件加工、发动机装配、综合试验以及维修等工作。三菱重工公司的航空火箭发动机事业部是日本第二家航空发动机制造厂商,曾生产过 JT8D 涡扇发动机,曾与罗罗公司合作研制 RJ500 发动机。20 世纪 70～80 年代,三菱重工公司为普惠公司生产了 JT9D 发动机的涡轮叶片 3 万多片。2005 年,IHI 公司开始扩建相马工厂,在建成后转移集中田无工厂的功能,成为喷气发动机中小型零部件生产厂,并关闭田无工厂。

## 1.2　发 展 现 状

### 1.2.1　军事竞争能力与水平

#### 1.2.1.1　美国

美国政府和工业界都对航空发动机研究与发展高度重视,强调保持技术上的优势。在军事竞争能力方面,美国过去几十年间一直引领世界国防武器装备技术的发展,提出了一系列作战概念,在这些概念的指导下,进行了国防武器装备建设。动力装置是各种武器装备平台的重要支撑。

信息支援保障能力方面,“网络中心战”作为美军当下主要作战理论,要求在多维、非线性战场上,实现战场态势的快速感知和高度共享,以信息优势支撑作战目标的达成。无人作战飞机具有实现长期且持续的战场覆盖、全方位的侦察与电子对抗、不间断的战场态势感知和指挥控制、随时随地遂行攻击任务等的潜力,是理想的 C4ISR( Command, Contral, Communication, Computer, Intelligence, Surveillance and Reconnaissance,指挥、控制、通信、计算机、情报、监视与侦察)平台,美国已将发展无人作战飞机纳入第三次“抵消”战略之中。美军现役的航空发动机型号范围广泛,现役 10～25 kN 的涡扇发动机有 FJ44 - 1D、FJ44 - 3E、JT15D - 5C、PW545B、F405 - RR - 401 等型号,可用作中高空无人机动力装置;推力在 40～75 kN 的发动机有 AE3007H、BR700、F100 - PW - 220U、TF34 - GE - 100 等,可作为高空战略无人机、无人战斗机的动力。这些型号能够完全支撑美国先进无人作战飞机对发动机的需求。除已具备现有产品能力以外,为适应未来无人作战飞机对未来先进航空发动机的需求,美国在 VAATE( Versatile Affordable Advanced Turbine Engine,多用途经济型先进涡轮发动机)计划中专门设置了“高效嵌入式涡轮发动机”技术验证机项目。

“全球作战能力”是美国军事建设的核心,包括全球打击、全球到达、全球警戒等内容。美国目前拥有数量庞大、技术先进的轰炸机、运输机、空中加油机、预警与侦察机和作战舰艇等武器装备平台,这些平台能够保证美国在极短的时间内到达全球任意地区进行作战。同时,美国为保证这种能力处于绝对领先地位,目前又在进行 B - 21 远程轰炸机项目和 SR - 72 等高超声速飞行器项目。B - 21 是一种远程、高生存力的轰炸机,对动力装置的隐身能力和各状态下的耗油率提出了更高要求。SR-72 是一型以 4 000 mile/h(约 6 437 km/h)速度执行侦察任务并兼具打击能力的无人机,采用涡轮基组合循环(turbine-based combined cycle, TBCC)发动机,正在引领下一代发动机技术革命。

战斗机是维护国土空中安全和舰队防空作战的重要机种,也是各国优先发展的方向。美国空军、海军先后发布了下一代战斗机(即第六代战斗机)信息征询书,对发动机的各工作状态下油耗、工作范围、各飞行状态下工作效率提出了更为苛刻的要求。为满足下一代战斗机对动力装置的需求,美国通用电气(General Electric,GE)公司、普惠公司均在进行自适应循环发动机的探索。

美国空军目前装备的 T-38 教练机平均机龄已超过 50 年,随着 F-22 战斗机、F-35 战斗机等新一代战斗机的陆续装备,T-38 教练机已不再适合空军对于更新、更先进飞机飞行员的培训。为满足新训练科目的要求,适应下一代战斗机的训练要求,降低飞行员培训成本,为美国空军塑造一个更加强大和经济可承受的飞行员培训体系,2016 年,美国空军正式发布了 T-X 教练机项目工程与制造发展(Engineering and Manufacturing Development, EMD)招标书。美国空军已收到 BTX-1、T-50A、"400 型"等方案,这三个方案均采用现役 F404 发动机(F404-GE-402/102),由于 F404 系列发动机已大面积服役于美国装备,装备后能够大幅降低维护成本,美国工业界也无须再建设新的生产线,降低了采购成本。

#### 1.2.1.2 欧盟

欧盟在满足本地区防务安全需要的前提下,积极参与国际军贸市场竞争,在国防工业一体化战略下,联合研发产品,在军贸市场占有很大份额。

欧盟的预警机、反潜巡逻机是在中小型运输机上改进而来,缺乏大型预警机。在参与处置国际冲突时,往往在北约框架下,采用美国的情报支援体系。目前,欧盟为保持其在无人机领域的先进技术地位,开始推出一系列的无人作战飞机,高端无人机仍处于在研状态。

由于战略轰炸机的造价越来越高,而需要出动战略轰炸机的大规模对地作战需求不大,欧盟已基本上不再发展战略轰炸机。欧盟的军事战略长期带有国际军事干涉的色彩,尽管自身缺乏远程作战能力保障,但在北约框架下可以依赖美国的全球投送能力,实现战略意图。随着欧盟独立防务意识的增强,为满足对新型运输机的需要,欧洲推出了 A400M 运输机,该型运输机配装欧洲涡桨国际公司的 TP400-D6 发动机,并共同开发了 A330MRTT 加油机。

欧洲国家现役的战斗机普遍采用自研的中等推力涡扇发动机,技术水平较高。目前空客公司正在准备制造新一代的欧盟战机,如果研制成功,会与美国的 F-35 战斗机、瑞典未来的"鹰狮"改进版战机共同撑起欧盟的天空。2018 年,法国和德国正式启动"未来作战航空系统"计划,定义了一个以"下一代战斗机"(Next Generation Fighter, NGF)为核心、多种元素相互连接协同的"系统簇",计划在 2040

年前投入使用,用于替换两国空军的"台风"和"阵风"战斗机,其动力由赛峰集团和德国 MTU 公司联合开发。2018 年 7 月,英国公布将启动下一代战斗机"暴风"项目,动力装置由罗罗公司开发。英国政府将在 2025 年前为"暴风"项目投资 20亿英镑进行相关研究,项目计划在 2025 年开始验证机试飞,若进入装备研制,将在2035 年前后交付英国皇家空军,在 2040 年取代退役的"台风"。

欧盟有关国家在教练机上拥有很强的研发实力,已推出多型教练机,能够满足各层次训练的需求,在世界高级教练机市场具有较强的竞争能力。目前瑞典萨博集团、英国 BAE 系统公司、意大利莱昂纳多公司均已加入美国新一代高级教练机项目的争夺之中。

### 1.2.1.3　俄罗斯

俄罗斯现役航空动力装备很大一部分继承了苏联时期的技术。苏联解体后,俄罗斯经济发展持续低迷,武器装备采购预算不足,限制了俄罗斯军事斗争能力的建设。冷战后,俄罗斯不追求主宰全球也不搞扩张,其军事建设更多的是注重国土防卫和发展有限的战略打击与威慑能力,将有限的资金用于发展战略性武器方面。

俄罗斯在信息保障能力建设方面,也在积极发展无人侦察机,以提高战场态势感知能力。俄罗斯无人机种类繁多,大多数处于预研状态,高性能无人机多以涡桨发动机和涡喷发动机为动力。

为了应对美国导弹防御系统的发展,俄罗斯开始进行新一代远程战略轰炸机的研制。新一代远程战略轰炸机采用飞翼结构和等离子体隐形技术,发动机将满足轰炸机从公路、土路和缩短的起降跑道起飞,可在任何战场上、在任何气候条件下作战的要求。新一代战略轰炸机的动力由联合发动机制造集团成员单位库兹涅佐夫设计局研制,目前正在开展核心机研制工作。在战略投送能力方面,俄罗斯伊留申公司通过对伊尔-76 进行现代化改造,发展出了伊尔-476 重型运输机,将会装备 PS-90A-76 型发动机。俄罗斯舰用燃气轮机早期由乌克兰提供,为了避免对乌克兰的依赖,俄海军总司令部早在 21 世纪初就批准了《关于制造和使用俄罗斯海军水面舰艇燃气涡轮发动机和机组的构想》,赋予土星科学生产联合体综合供应商的职能,土星科学生产联合体正在研发测试自己的舰用燃气轮机 M35R-1。

俄罗斯苏-57 战斗机是结合该国实际开发的一种能满足未来防空需要的作战系统,用于对抗美国的 F-22 和以 F-35 为代表的北约空中力量。苏-57 战斗机的设计突出高空高速和超机动作战能力,采用乌法发动机生产联合体下属的留里卡设计局研制的 AL-41F1(117)发动机。2019 年,苏-57 与"猎人"无人机实现了首次联合飞行。

俄罗斯联合发动机制造集团下属的"礼炮"燃气涡轮制造科学生产中心正在进行 CM-100 航空发动机技术方案研究,旨在装备未来将进行升级的雅克-130 教练机。

#### 1.2.1.4　日本

日本的军事发展不仅要考虑美国的顾忌和受日美同盟的牵制,还要受本国和平宪法的制约以及自身资源贫瘠和地理空间狭小的限制。目前日本在役的武器装备绝大多数是从美国进口而来,航空发动机主要依靠从美国进口或引进专利生产的方式实现保障。军事斗争能力很大程度上依赖于美国的军事装备,核心技术装备受制于人。但随着日本新军事战略的调整,日本需要更多的大型化、远程化装备,如大型运输机、大型运输舰、远程战斗机、空中加油机等,日本军工产业正在积极调整产业结构以适应这一需求。日本在深度参与全球航空发动机产业链的同时,也在积极地组织各大公司联合研究或从国外引进发动机,进行发动机技术改造,研制自己的航空发动机。最新公布的由 IHI 公司负责研制的新一代航空发动机核心机原理样机已计划进行性能测试,并将以此为基础研制 XF9-1 型试验发动机。该核心机原理样机测试目标是涡轮前温度达到 1 800℃(约 2 073 K),据称最终完成的发动机试车台加力推力可达 15 t*,将达到美国 F119 发动机的水平,将用作日本"心神"战斗机的动力装置。日本最新研制的 XF7-10 大涵道比涡扇发动机也将配装于 P-1 海上巡逻机,根据川崎重工对 P-1 的发展计划,后期也很可能成为 P-1 改装的早期预警机和运输机的动力装置。

### 1.2.2　商用竞争能力与水平

在商用航空发动机领域,美国和欧洲都具有可为公务机、支线运输机提供动力的型号,如 CF34、HTF7000、AE3007、BR700 等;在窄体运输机方面,CFM 国际发动机公司以 CFM56 系列发动机牢牢占据了该市场的大部分份额,美国普惠公司的窄体运输机动力已随着飞机的退役逐渐退出市场,随着 PW1000G 系列发动机的成功,普惠公司正在逐步回归该市场,俄罗斯窄体飞机使用范围小,配装的发动机保有量很少;目前,美、英、俄三国角逐民用大型干线飞机动力市场,各自推出了自己的新型发动机,美国 GE 公司和英国罗罗公司大型民机市场的发动机不仅型号繁多,而且生产数量较大,各量级发动机间衔接性较好。相较于此,俄罗斯在大型民用运输机动力上型号较少,推力量级间差距较大,且受到美欧等国适航认证的围堵。在航改燃机领域,欧美等国利用成熟航空发动机积极开展航改燃气轮机工作,其产品占据了世界工业用燃气轮机的大部分份额;俄罗斯将其现役航空发动机进行了改进,衍生了多个型号,多用于机械驱动和发电,各型航改燃机功率等级覆盖全面,但缺乏 25~50 MW 及更高功率的大功率燃气轮机。

目前,民用航空发动机市场中几乎形成了英国罗罗、美国 GE 和普惠公司三足鼎立的局面。主要制造商的新型号发动机都以追求安全性、可靠性和经济性并考

---

＊ 1 t 推力约为 $9.8 \times 10^3$ N。

虑低污染和低噪声等为主,通过改进气动设计、涵道比、风扇材料、低排放燃烧室、高效涡轮叶片冷却技术与智能化发动机状态监视系统等,不断提高航空发动机满足民用飞机安全环保经济舒适的要求。为适应未来民用航空市场的需求,各国发动机生产制造商凭借历史积累的先进技术,如双环预混旋流(twin annular premixing swirler, TAPS)燃烧室、复合材料、3D 压气机叶型设计、多级整体叶盘技术等,纷纷推出自己的新型发动机,角力世界航空发动机市场。在大推力涡扇发动机领域,美国 GE 公司推出了 GEnx 发动机,普惠公司推出了 PW1000G 系列齿轮传动涡扇发动机;俄罗斯在整合国家航空发动机企业后推出了 PD - 14 发动机,并由政府出资为未来宽体客机研制推力为 35 t 的发动机 PD - 35;罗罗公司推出了 Trent XWB 涡扇发动机,并启动了 UltraFan 发动机的研制等。中等推力发动机领域,GE 公司利用 LEAP - X 发动机的 eCore 核心机推出了 PASSPORT 项目,俄罗斯"土星"公司和法国斯奈克玛联合研制了 SaM - 146 发动机;普惠公司在 PW1000G 系列发动机中设计了 PW1200G、PW1500G 发动机,CFM 国际发动机公司推出了 LEAP 发动机等。

航改燃气轮机具有体积小、重量轻、热效率高、经济性好、起动快等优点,同时还具有利用航空发动机软、硬件资源的资源优势。世界主要航空发动机制造商在发展航空发动机的同时,也将自己成熟的航空发动机进行燃气轮机改型,用于舰船推进、发电、机械驱动等。航改燃气轮机技术的发展很大程度上依赖于航空发动机技术的进步,航改燃气轮机在航空发动机技术的支撑下正朝着高循环效率、低排放、高可靠性和易维护性等方向发展。在提高效率方面,采用陶瓷基复合材料用于发动机热端部件以提高涡轮前温度,同时采用新型冷却技术等;在低污染燃烧技术的研究方面,美、英、德等国已进行了多年的研究,先后发展了变几何燃烧室技术、分级燃烧室技术、贫油预混预蒸发燃烧技术、催化燃烧技术、直接喷射燃烧室技术、可变驻留燃烧室技术等燃烧技术。罗罗公司在工业燃机 RB211 上应用了分级燃烧技术和贫油预混技术,$NO_x$ 排放达到了 17.4 mg/kg,GE 公司采用径向分级燃烧技术的 LM6000 燃机,$NO_x$ 排放降低了 80%,在一定程度上解决了高效率和低排放之间的矛盾。

2020 年 9 月,世界航空运输行动小组(Air Transport Action Group, ATAG)完成并发布了全球航空业应对气候变化的 2050 路线图报告 Waypoint 2050。ATAG 是航空运输业组织机构和公司组成的联盟,致力于推动航空运输业的可持续发展。该路线图指出,新冠肺炎疫情肆虐全球,第二轮大流行卷土重来,航空运输受到前所未有的冲击。危机既是挑战,也是机遇。在联系世界各国人民和经济的同时,航空业对于气候变化的行动承诺决不能改变,要在疫情后实现"绿色复苏"。其目标是,到 2050 年全球航空业二氧化碳排放量比 2005 年减少一半。在此基础上,再过十年左右达到净零碳排放。

路线图也分析了未来实现减排目标的挑战和措施,指出航空运输业的效率提升空间越来越小,难度越来越大;航空运输业的排放气体多样,研究非二氧化碳排放物的影响将具有积极的作用。路线图也指出,新型冠状病毒肺炎(COVID-19)危机已经影响了经济社会的方方面面,对航空业的冲击十分剧烈,造成的影响等同于"9·11"事件、非典、2008年全球金融危机和冰岛火山喷发的总和。这样一次"黑天鹅"事件将对行业产生多年的深远影响:① 2020年客流量严重下滑,此后缓慢复苏,或到2024年才能恢复至2019年水平,2050年旅客量预测值比疫情前预测值低16%。② 疫情下的航班停飞导致旧(效率低)飞机加速退役,更新(更高效)的飞机比例提高。③ 中期来看,疫情引发的经济衰退将影响行业投资环境。在减排措施方面,未来可能要在世界各地区的航空运输平衡、技术创新、运营和基础设施改进、可持续航空燃料发展、碳中和等方面发挥作用[2]。

路线图对各国政府及业界的建议包括以下几点。

**1. 政府层面提高重视,加大支持投资力度**

各国政府应在做出减排承诺的同时加大对绿色航空、清洁能源等相关领域技术发展的投资力度,确保持续的资金投入和人才队伍建设。制定更加广泛的节能减排战略,将重点从"减少碳排放"扩大到"减少气候变化影响",从全局角度引领绿色复苏。

新兴经济体更应利用市场潜力、人口红利等优势,促进国内航空业快速健康发展。根据形势适时提出政策应对人口老龄化,形成合理的人口结构,不仅有利于乘客人数的增长,更有着深远的经济和社会意义。

**2. 研究机构锐意创新,促进跨部门协同合作**

作为未来航空技术的研究机构,应重视创新驱动新技术发展。一方面,需在领域内建立战略研究平台,提出有建设性的长远规划战略和超前的新概念,不断推进电推进、氢能等未来能源技术革命,引领全行业不断创新;另一方面,应充分考虑航空公司和乘客的现实需求,将创新建立在满足需求的基础上。

此外,大力推进"产学研"合作,即以清洁能源为代表的研究机构与以航空为代表的工业部门及高校之间的技术合作,以产生协同效应,促进技术创新所需各种生产要素的有效组合。学生在高校应接受节能减排等相关教育,以应对绿色挑战。

**3. 航空行业多措并举,努力实现减排目标**

航空公司坚持把生态文明建设作为推动企业可持续发展的战略方向,通过建立健全能源管理体系、飞机辅助动力装置替代、航路优化、减少餐食浪费等多种举措助力民航绿色发展。

飞机及零件制造商坚持在机身结构、发动机效率和燃料等重点领域的研发投入,致力于减少二氧化碳、氮氧化物排放量及降低噪声污染水平。

# 第 2 章
# 国家层面研发管理特点

## 2.1　战略政策保障

### 2.1.1　促进与保护并重

航空发动机是特别"烧钱"的产业。航空工业是现代工业的皇冠,而航空发动机就是皇冠上的明珠。航空发动机是传统经典力学逼近极限的一门技术,从空气动力学、工程热力学、结构力学等所有经典力学都要体现。过去 50 年美国在航空发动机上的科研投入接近 1 000 亿美元,这还不包括采购费用,仅是单纯的技术投入。

美国拥有世界上规模最大、技术水平最先进的航空发动机产业,这得益于国家持续关注,促进与保护并举。美国特别重视发动机科研管理体制。早在 1958 年,美国国家航空咨询委员会改组成美国国家航空航天局(National Aeronautics and Space Administration, NASA),它在行政上直属总统领导,在任务方面,除进行航空科技领域的基础理论和探索发展方面的研究外,还大力加强了空间技术领域的研究,是美国联邦航空空间科研中心,为美国航空空间工业的进一步发展加强了科研基础。同年又成立了由副总统领导的国家航空和宇宙航行委员会(National Aeronautics and Space Council, NASC),负责搜集各方面对航空空间领域的意见,向总统及政府高级领导人提出有关建议。国防部成立了计划分析与鉴定局,以便对战略和战术武器作统一的系统分析。为统一领导全军武器装备研制计划,1958 年美国还成立了国防研究与工程署,后被撤销,其工作改由国防部主管研究与发展工作的副部长统管。各军种分别建立了自己的科研系统,如空军武器系统司令部、海军航空系统司令部和陆军航空研究与发展司令部,主要从事航空方面的应用研究和发展研究。美国国防部为进一步加强具有探索性的预研工作和审查三军预研计划,于 1958 年成立了美国国防部高级研究计划局(Defense Advanced Research Project Agency, DARPA),掌管具有重大意义的国防科研项目。因此,美国航空发动机产业实现了持续高速发展,成为世界航空发动机研究发展的领头羊。

20 世纪 80 年代以来,美国虽然已经牢牢占据了世界航空动力的领先地位,但在其未来的国防科技战略中,仍然一直十分重视航空动力装置的发展。在其国防部制定的《2010 年联合构想》和《2020 年联合构想》中,都凸显了航空发动机的重要战略地位,文件明确指出:航空平台成功的关键是推进系统……燃气涡轮发动机有着无与伦比的优点,在增强航空平台性能、机动性、武器控制和任务灵活性的同时,能实现最小的综合成本,并将发动机列为构成美国军事战略基础的九大优势技术之一。

英国政府同样一直高度关注和保护航空动力产业。英国航空工业及其发动机产业的组织与管理,是在政府内阁下设国防与海外政策委员会,它是军事决策机构。这个委员会由首相任主席,成员有国防大臣、外交和联邦事务大臣、内政大臣等,必要时邀请其他大臣和国防参谋长及三军的参谋长等参加议事,包括航空发动机等国防科研和生产的重大问题都由这个委员会决定。当年罗罗公司研发三转子发动机陷入困境时,英国政府做出重大决策,及时注入国有资金把它救活,待其恢复良性发展后,仍保留优先股以阻止超过 15%的股权落入外国投资者手中。欧洲成立空客公司后,英国放弃了飞机整机的研发和制造,却始终将航空发动机牢牢把握不放。

法国认为航空发动机是重要的军事工业,直接关系到国家的经济与防务建设,因而它一直受到法国政府的严密控制,政府一方面通过预算、信贷、利率、税收、补贴等经济手段对其活动进行调节与指导;另一方面则利用计划、法律和指令对其施加影响和干预,引导它们朝着国家所希望的方向发展,以实现国家的意图。法国始终坚持航空发动机独立自主发展的道路。即使在过去其发动机技术水平相对落后且不存在武器禁运限制的情况下,其军用飞机动力也都是装配本国研制的发动机。正是因为充分认识到掌握发动机技术的重要意义,法国一直把自主研发航空发动机作为其国家战略之一。

德国政府连续制定航空研究计划,提供资金资助重点研发项目。政府鼓励企业出口,将政府出口信用保险扩大范围、简化手续、增加灵活性,将原来只向新兴国家和发展中国家提供的此项信用保险扩大到向经合组织成员和欧盟成员国提供,政府承诺在出访等外事活动中积极推荐出口产品;帮助中小企业获得参与政府项目的机会。

俄罗斯方面,苏联时期就意识到航空发动机产业的战略意义,在 1938~1945年短短 7 年间就成立了 5 家发动机试制设计局,承担发动机型号研制工作。俄罗斯总统普京上台后,他亲自过问航空发动机行业发展问题,并就发动机行业整合等问题举行会议,签署了一系列俄联邦总统令,推进俄罗斯航空发动机行业的整合。此外,俄罗斯还制定了一系列支持航空工业发展的政策,例如:向国家主要航空制造控股公司注入法定资本,以健全其子公司和附属公司的财政;向航空工业企业提供技术改造补助金,向该领域企业提供津贴,防止其破产等。

日本政府根据产业政策和宏观经济形势对企业的经营活动进行指导。但在市场经济条件下,企业自己要对盈亏负责,所以这种指导是带有劝说性的,没有约束性。即使企业不听从指导,政府也不直接惩罚,不进行行政干预。大多数情况是企业处于困难时,要求政府解决某些问题。此外,在开展国际合作中政府会予以资助,企业从银行贷款需要还本付息,政府为了支持企业进行国际合作,可由通产省先支付利息,等到企业项目盈利后再归还。V2500 发动机的国际合作就采用了这种办法。

### 2.1.2　重视顶层策划

美国经过几十年的发展,形成了由基础研究、应用研究、工程发展和使用发展等组成的科学合理的航空发动机技术发展体系。纵观美国航空发动机发展的历史,在指导思想和研制程序的管理方面,大致经历了三个阶段:20 世纪 40 年代初到 50 年代末,从部件和系统技术的应用研究管理转到型号研制管理;20 世纪 60 年代初开始,在工程研制管理之前增加预先研究管理;20 世纪 70 年代中期开始,建立发动机研制全寿命管理。这三个阶段是美国在新型发动机研制实践中,在不断总结经验教训的基础上,对发动机研制规律的认识不断提升的真实反映。基于这些认识,20 世纪 80 年代以后,美国军方在航空发动机的管理体系、指导思想、研制流程和运作方法上采取了一系列改革措施,建立了统一的研究、发展、采购和后勤保障管理系统,制定了发动机全寿命管理条例,逐步形成了完善的发动机研制技术和管理规范体系。除全寿命管理之外,美国也十分重视新技术应用的成熟度和风险管理。在经历 F100、TF30 等发动机的研制挫折后,NASA 创立并实施了技术成熟度评价方法,在发动机研制的方案优化、技术开发、工程研制、生产部署、使用保障等各个阶段,都要进行包括风险评估的里程碑决策以及风险管理。为加强对技术、成本、进度的风险控制,采用并行工程研制方法,将设计、制造、使用、维修、成本等作为一个整体通盘考虑。

苏联解体后,俄罗斯经济滑坡也波及了航空发动机产业,国防订货与民航产品需求剧减、政府资金不到位,尽管当时为谋求发展飞机、发动机设计局与生产厂自发结成联盟,但企业冗余、资金分散、内部竞争无序等情况依然严重。为此,俄罗斯政府除了从国家层面上制定长远规划,还力图通过调整航空工业结构来优化现有的设施、人员、资金配置等,避免重复建设和浪费。这样可在保持和发展科研生产潜力的同时,集中力量开拓航空领域具有前景的项目,从而增强航空工业的整体实力。为此,从 2006 年起俄罗斯政府开始建立按专业领域整合的集团公司,对航空工业进行专业化重组,先后组建了俄罗斯技术集团、联合飞机制造集团、国防工业集团和联合发动机制造集团等大型集团公司。

英国政府通过商业、创新与技能部和国防部对航空企业和研究院校的科研发展规划、重点课题、科研人员培养等加以控制和协调,以保证其科研项目适应国家需要。内阁下设国防与海外政策委员会,审批重大项目。商业、创新与技能部和国防部等通过合同向航空企业及院校拨给研究发展经费并给予设备支援。21 世纪的英国航空工业实施"集中发展核心业务"的策略,放弃了一些非核心业务,集中发展航空电子和航空发动机等核心业务。英国航空工业的最高决策机构是内阁直接领导下的国防与海外政策委员会,该委员会决定航空科研、生产与国际合作等重大问题。军用航空产品的研究、发展和生产由国防部及其国防采办局直接负责。民用航空产品则由商业、创新与技能部负责。

法国在航空发动机技术发展中注重加强欧洲合作,其目的在于开阔思路或相互印证成果,避免重复研究,合理利用科学研究和技术开发资源,为在未来计划中的合作创造条件。此外,法国政府注重优化科研经费使用,集中科学研究、技术开发和工业的全部能力,促进与民用科研的协同作用。

### 2.1.3 灵活的承包体系

美国航空工业可大致分为三个级别或层次,居于最高层次的是主承包商,通常都是一些大公司,其主要任务是负责研制产品的重要部件并将一个系统的所有部件都集中到一起,将其组成一个整体,这些大公司构成了航空工业的主体,比如 GE 公司和普惠公司。位居其次的是大量的子承包商,这个层次的情况比较复杂,其规模和产品千差万别,既有像 GE 公司这样的工业巨头,也有名不见经传的小型机加工厂。这些子承包商都是为更大的子系统或最终的系统制造专用的零件、部件和子系统,如推进、火控和制导系统等。在一个重大项目中,可能有多个层次的子承包商在为其生产数以百计、千计的各种产品项目。供应商处于第三层次,主要为主承包商和子承包商提供基本的零件、硬设备、组件、固定设备和材料等。

主承包商向子承包商转包任务后,着重按照合同要求监督和检查其工作。主承包商把大部分的分系统和组件都转包给本国的子承包商,有时也转包给外国厂商,形成一个庞大的转包协作网。主承包商不仅是设计和制造者,也是组织和协调者。而第二、三层次的子承包商和供应商往往在某项专用产品和尖端产品方面有独到之处,它们也是航空工业体系中不可缺少的重要组成部分。

政府采取这种承包方式,好处在于可以充分利用各公司的生产能力,并发挥其专长,因而可以保证进度和质量,降低成本。政府和国会通过科研投资、采购订货、货款、税收、价格等经济手段和法律、指令等行政措施,对各航空制造企业加以控制,使之满足国家需要。

### 2.1.4 法律保障

自 20 世纪 80 年代到 21 世纪,美国政府开始以法律形式保障美国航空工业的地位。主要措施有：① 通过制定国防计划、规划、预算等法案形式指导当年及未来若干年间的主要航空科研能力与产品的发展。② 依据国防预算，空军装备司令部、海军航空系统司令部、陆军航空与导弹司令部等作为武器的购买方，利用采办合同以经济手段明确工业界的研发活动；国家航空航天局通过制定民用航空研究计划以及转包科研项目，对民用航空项目实施政府管理职能。③ 政府相关部门通过制定相关行政法规创造航空工业参与经济活动的政策环境。

日本政府根据航空工业不同发展阶段的需要，突出重点，进行立法工作。例如，针对二战后日本航空工业企业能力有限、资金短缺、人才流失、管理不善的情况，为了航空工业的恢复和发展，规范管理航空工业，日本通产省于 1952 年颁布了《日本航空工业企业法》，通过立法规范航空产品的生产活动。日本政府特别注重通过制定政策法规引导和推动技术产业化发展。1995 年，日本政府将 1980 年的"技术立国"提升为"科学技术创新立国"，颁布了《日本科学技术基本法》。随后，日本政府又推出了《新业务创新促进法》《产业活力再造特别措施法》等一系列促进科学技术和产业发展的法规。这些法律法规给航空发动机产业的发展提供了政策引领和法律保障。

## 2.2　国家计划促进

西方国家的经验表明，一项新的发动机关键技术从开发到应用大约需要 10 年的时间。因而，美、英、法等西方国家一直按照"预研先行"的思想，通过国家长期、稳定的大力支持和投入，实施了多项与具体型号完全脱钩的中长期研究计划，它们都是综合性技术研究计划，如综合高性能涡轮发动机技术（Integrated High Performance Turbine Engine Technology，IHPTET）、通用经济可承受先进涡轮发动机（VAATE）、先进核心军用发动机（Advanced Core Military Engine，ACME）、先进军用发动机技术（Advanced Military Engine Technology，AMET）等。通过政府与工业界联合投资，实施了多项中短期专项研究计划，如部件改进计划（component improvement program，CIP）、低周疲劳（low cycle fatigue，LCF）、高周疲劳（high cycle fatigue，HCF）等，为发动机的研制提供了充足的技术储备，降低了工程研制的技术风险，缩短了研制周期。以 F119 发动机为例，从 1983 开始，用了 8 年的时间和 18.32 亿美元的投资，利用先进涡轮发动机燃气发生器（Advanced Turbine Engine Gas Generator，ATEGG）计划和联合技术验证发动机（Joint Technology Demonstrator Engine，JTDE）计划中所开发和验证的大量先进技术开展型号预研工作。之后，从 1991 年开始，又用了 11 年的时间和 84.61 亿美元的投资，大量移植和借鉴了 IHPTET 计划所开发和验证的先进技术，开展 F119 发动机的工程化研制工作，最终使 F119 发动机达到了前所未有的性能、质量、可靠性、耐久性、适用性、成本和可生产性的综合平衡。

### 2.2.1 美国

20 世纪 60 年代初,受 50 年代后期开始的"要导弹不要飞机"政策的影响,美国航空发动机技术的研究和发展经费急剧压缩。而且,随着技术的发展,研究和发展的成本不断上升,发动机型号研制的数量急剧减少。因此,在研究经费减少的情况下,为减少型号研制中的技术风险,确保发动机的研制成功,美国在航空发动机技术的研究和发展过程中增加了一个预先发展阶段。

1959 年,美国空军推进实验室正式向国防部提出利用核心机验证先进技术的计划,并开始实施低重量燃气发生器(Light Weight Gas Generator, LWGG)计划。1963年,美国国防部开始在 6.3A 类预算项目下拨款支持,并改名为先进涡轮发动机燃气发生器(ATEGG)计划。1967 年,美国空军开始实施飞机推进分系统综合计划(Aircraft Propulsion Subsystems Integration, APSI),其目标是发展低压系统部件(如进气道、风扇、低压涡轮、加力燃烧室、尾喷管、控制系统等),并将这些部件与核心机组合成技术验证机[1970 年后正式命名为联合技术验证机(JTDE)]进行试验验证。

20 世纪 80 年代中期以来,美国通过综合高性能涡轮发动机技术(IHPTET)计划,将各部门的技术研究和验证工作统一起来,制订了包括涡轮风扇、涡轮喷气、涡轮轴、涡轮螺旋桨和一次性使用的发动机的分三阶段大幅度提高推重比(功重比),大幅度降低燃油消耗率,降低生产和维护费用的目标,用 15 年的时间取得了相当于过去三四十年所取得的技术进步,以保证美国在 21 世纪的燃气涡轮发动机技术方面继续保持全面领先的地位。该计划被纳入美国国防部关键技术计划。

21 世纪初,美国未来航空发动机技术的发展思路可概括为性能与成本并重,注意环境友好性,开发新概念动力。具体的技术发展计划有国防部的多用途经济可承受先进涡轮发动机(VAATE)计划、NASA 的极高效发动机技术(Ultra Efficient Engine Technology, UEET)计划和宇航推进与动力计划。VAATE 的技术目标是到2017 年使推进系统的能力/成本指数比 1987 年提高 10 倍,其中,能力为推重比/耗油率;成本为寿命周期成本。作为 IHPTET 计划的后续计划,VAATE 计划在完成主要技术研究基础上,对技术综合集成验证进行延续,以支撑六代机自适应发动机技术的发展。UEET 计划是飞行器系统计划的一个重要计划,目标是为降低未来飞机发动机燃烧污染物排放作技术准备。宇航推进与动力计划是 NASA 的 7 个宇航技术基础研究与技术计划中的一个,目的是保持美国发动机技术发展的领先优势,保持推进系统的长期环境适应性、安全性和高的推进系统效率,该计划将发展有前景的新型航空推进技术,以满足美国未来军民用飞机和高速航天飞行器的动力需求。

2016 年,美国空军研究实验室首次披露了为期 20 年的新的国家级航空动力预研计划,称为"支持经济可承受任务的先进涡轮技术"(Advanced Turbine Technologies for Affordable Mission Capability, ATTAM)计划,作为 IHPTET 计划和VAATE 计划的后继项目。目前,该计划已经开始第一阶段的基础与应用研究招标。ATTAM 计划除了继承部分 VAATE 计划未完成项目外,还将在变循环发动机、综合推进、电与热管理、保障与经济可承受技术、创新构型和技术以及材料与制造技术等领域开展探索研究,主要目的是满足未来飞机和发动机支撑更多电力系统、定向能武器、功率更大的传感器等需求,同时提高推进效率和飞行器自身的动力水平。

### 2.2.2　欧盟

为了满足未来大涵道比发动机需求,欧盟实施了多项技术预研计划,旨在提高发动机性能、经济性、安全性、可靠性以及降低噪声和减少排放。

1999 年 2 月,欧盟启动了高效和环境友好航空发动机(Efficient and Environmentally Friendly Aero-Engine, EEFAE)计划。EEFAE 计划总投资达 1 亿欧元,由 9 个国家的 19 家单位参与,计划目标是使 $CO_2$ 排放降低 20%,$NO_x$ 排放降低 80%,寿命期费用降低 30%,可靠性提高 60%[3]。

在此基础上,为了达到提出的近期(2008 年)和远期(2015 年)污染物排放要求,欧盟后续启动了经济可承受的近期低排放(Affordable Near Term Low Emission, ANTLE)研究计划和环境友好型航空发动机部件验证(Component Validator for Environmentally Friendly Aero Engine, CLEAN)计划。ANTLE 计划针对 45 000 lb*及以上推力(宽体飞机)的发动机,开发和验证降低污染和噪声、改善热力/推进/部件效率以及减轻质量的技术。在 ANTLE 计划中,探索的新技术包括高负荷、高压比的具有整体叶盘结构的 5 级高压压气机;先进的低污染贫油预混分级燃烧室;高效的中压涡轮和叶片数少、耐高温的高压涡轮等。

CLEAN 计划由 MTU 和斯奈克玛两家公司主导,5 家公司参与,针对 35 000 lb推力的窄体飞机,计划旨在验证未来齿轮驱动涡扇发动机(GTF)和间冷回热航空发动机(Intercooled Recuperative Aero-engine, IRA)所需的核心技术。

2008 年,欧盟启动了"洁净天空"(Clean Sky)计划,目的是改善飞机的噪声和减少温室气体的排放,减少航空运输对环境影响。在"洁净天空"计划中,研究内容有: 固定翼飞机的低噪声结构、智能结构、低阻力概念;发动机和能源管理系统;创新的旋翼机叶片、冷却和流体系统;航空工业化学品处理和回收利用等绿色技术。"洁净天空"计划研制了 6 个用于地面和飞行验证的综合技术验证机 SAGE(可持续发展和绿色发动机)[4]。其中 SAGE 1 和 SAGE 2 是由罗罗公司和斯奈克玛公司分别研制一种开式转子发动机验证机,分别装在一架 A340 - 600 飞行试验台上完成了可行性研究试验。SAGE 3 是专门用于验证先进低压系统技术的发动机,由罗罗公司基于"遄达"涡扇发动机改进而成。SAGE 4 是由 MTU 航空发动机公司领导研制的一款齿轮传动涡扇发动机验证机。SAGE 5 是由赛峰集团的透博

---

\* 1 lb＝0.453 592 kg,1 lb 推力约等于 4.448 22 N。

梅卡公司研制的用于轻型直升机的 820 kW 的涡轴发动机。SAGE 6 是由罗罗公司研制的一种贫油燃烧室发动机。

2014 年,欧盟启动"洁净天空 2"计划。该计划的部分项目目前已经结束,还有不少项目将于 2023 年左右结束。该计划为多个技术研究领域提供资金支持,包括航空结构、系统、空气动力学、动力、电力电子、材料等,飞行器平台范围涉及大型客机、支线及公务航空、短途运输及旋翼机等,研发产品包括系统、结构、部组件、元器件等,以及一些新的系统架构方法和理论等,以开发用于 2035 年以后服役的新构型航线飞机或为其做充分的技术准备。

欧盟委员会于 2020 年 8 月 26 日发起了一项"征求表达意见和潜在成员"活动,该活动主要面向在洁净航空领域具有变革性想法或概念以及具有先进技术的利益相关方,通过汇聚这些想法和技术,帮助欧盟实现"欧洲绿色协议"(European Green Deal, EGD)的目标。由欧洲委员会提议的 EGD 将包括欧洲第一部欧洲气候法,以在立法中确认在 2050 年调和气候危机目标。

在欧盟地平线计划下拟建立的"洁净航空伙伴关系",旨在加速集成化的飞机技术开发和演示验证,实现更深层次的"脱碳"(净零碳排放),同时确保飞机的安全性。"洁净航空伙伴关系"的达成,将有助于加强欧盟、工业界对可持续发展目标、环境友好型技术的关注,并逐步协调电气化和数字化领域新的利益相关方参与其中,推动技术进步和产业革新。

欧盟此次颁布的文件给出了三项预期需求和计划产出成果:混合电动支线飞机的颠覆性技术、超高效中短程飞机的颠覆性技术和支持氢动力飞机发展的颠覆性技术。其中前两项技术将通过两个关键的飞机演示验证项目实现,这两个项目将使关键技术集成化成为可能,并能够为 2030 年前可实现的飞机环境影响提供明确的验证。

关于氢动力,"洁净天空 2"计划于 2020 年 6 月发布的报告《氢动力航空》中指出:与氢能源技术相结合的新型和颠覆性飞机、航空发动机和系统创新,可以帮助将由飞机飞行运动导致的全球变暖影响降低 50%～90%。

欧盟委员会特别重视接受和利用传统航空业以外的工业领域所能带来的协同作用和概念,例如纯电动、混合电力发电厂、氢动力推进等。其中,氢能技术在其他工业领域关键应用中高度安全应用数十年的经验,有望成为航空工业进一步发展的重要"助推器"。文件中特别指出,拟议的"洁净航空伙伴关系"行动应侧重于最有前景的路径和技术,这些路径和技术能够促进新产品的引入或诞生,并在 2030 年前发挥作用并产生重要影响[5]。

### 2.2.3　英国

英国航空发动机技术发展主要是通过制定和实施一系列航空发动机技术计划

来实现的,如高温涡轮验证装置(High Temperature Demonstration Unit, HTDU)计划、先进核心军用发动机(ACME)计划、先进小型涡轮发动机核心机计划、先进结构工程验证机计划等。在这些计划基础上,成功地研制出 RB199、RB211、V2500、RTM322 和 EJ200 等发动机。

英国从 1970 年开始实施的以阿杜尔发动机核心机为平台的高温涡轮验证装置(HTDU)计划是基础技术研究中一项通用的计划,这种相似于核心机的 HTDU 的主要目的是验证高温涡轮技术和鉴定冷却方案与涂层,验证先进制造技术以及发展先进测试技术。

英国 XG 系列构型验证机相当于技术验证机,其中 XG-20 和 XG-40 主要验证军用战斗/攻击机发动机技术,而 XG-15 和 XG-30 则验证垂直/短距起降飞机发动机技术。其中 XG-40 由罗罗公司于 1982 年发起,英国国防部提供支持,其最初的目的是验证寿命预测方法以及鉴定 EJ200 所用的新型材料,后来工作内容得到扩展。XG-40 验证的诸多技术都用在后来的 EJ200 发动机中。

小型发动机的特殊技术问题不能在大型发动机技术计划中解决。因此,英国开展了先进小型涡轮发动机核心机(ASTEC)和先进结构工程验证机(AMED)计划。前者以 RTM322 核心机作为试验器,分两个阶段验证大幅度改善功重比和耗油率的技术;后者主要验证热端的陶瓷部件。

ACME 计划是一项长期的综合高性能军用推进技术的研究和验证计划,其目标与美国的 IHPTET 计划相当。该计划由英国国防部、皇家航空研究院和国家燃气涡轮研究院发起,主要出资单位是英国国防部和罗罗公司,德国 MTU 公司和意大利菲亚特公司也提供了有限的资金。之后,英国又与法国合作,开展了先进军用发动机技术(AMET)计划,全面吸收了 ACME 计划所取得的成果。

2000 年 11 月,英国政府发起了为期 4 年的多电发动机和机翼系统计划,其目标是发展内置整体起动机/发电机和主动磁悬浮轴承,用电力系统取代机械、液压和气动作动系统,以降低飞机重量和成本,提高可靠性。同时,欧盟委员会也分别于 1998 年 4 月和 2002 年 1 月实施了主动磁悬浮轴承计划和灵巧航空发动机磁悬浮轴承计划。此外,英国还积极参与了欧盟委员会发起的高效环境友好型航空发动机(EEFAE)技术计划。

### 2.2.4　法国

法国由于在第二次世界大战期间被占领,航空工业瓦解殆尽,可以说,战后法国的航空涡轮发动机工业是从头开始搞起来的,因而大大落后于英国和美国。1945 年,法国着手恢复航空工业后,为保持独立军事力量和外交政策,把技术和财力集中于喷气战斗机发动机。21 世纪初,法国与英国联合实施了先进军用发动机技术计划,其目标是在 2008 年验证推重比 18 的军用发动机技术。

在大型民用涡扇发动机方面,法国没有基础,其与美国 GE 公司于 1971 年达成协议,利用 F101 军用发动机的核心机,联合研制 CFM56 民用涡扇发动机。通过 CFM56 的合作研制与生产,斯奈克玛公司从单一的军用发动机生产商转变为全面的民用和军用发动机制造商。为进一步提高法国在民用发动机市场上的竞争力,斯奈克玛公司与 GE 公司一起实施了为期 5 年(1999~2003 年)的 TECH56 计划,为 CFM56 的下一代打基础。TECH56 计划下验证的技术应用于 CFM56 - 7B 和 CFM56 - 5B 生产型中,以及为用户提供发动机升级服务。2005 年,斯奈克玛公司与 GE 公司的合资公司 CFM 国际公司又实施了前沿航空推进(LEAP)56 计划,为今后 30 年的民用发动机作技术准备。在该计划下研发的产品 LEAP 系列发动机被认为是 CFM56 系列的继任者,LEAP 发动机分为 LEAP - 1A/1B/1C 三个型号,LEAP - 1A 配装空客公司的 A320neo 系列(备选发动机之一),LEAP - 1B 配装波音公司 737MAX 飞机(唯一动力),LEAP - 1C 为 C919 飞机的唯一西方产动力。此外,法国还积极参与了欧盟多项计划,并与德国联合启动"未来作战航空系统"计划,开发下一代战斗机。

### 2.2.5　俄罗斯

苏联解体后,俄罗斯的航空工业沉寂了近十年,政府管理体制经常变化,对航空发动机产业的政策也多次调整,执行力大大削弱。随着俄罗斯经济复苏,国家重新掌握对国防工业的控制权,在总统普京的亲自推动下,俄罗斯政府采取了包括制定战略规划、航空发动机研制机构重组整合、启动重大研制项目、加大投资力度、加强国际合作等一系列措施。俄罗斯政府相继出台了《军工企业改革与发展规划(2002~2006年)》《2015 年前俄罗斯航空工业发展战略》《2002~2010 年及 2015 年前民用航空技术装备发展联邦专项规划(新修订版)》《俄罗斯 2013~2025 年航空工业发展规划》和《2020 年国防工业发展规划》《2030 年俄罗斯联邦航空运输业发展综合规划》,从国家意志的高度规划航空工业未来发展。

1996 年,为应对美国新研制的新一代轻型歼击机 JSF,俄罗斯空军推出了"歼击机-2000 代"计划,提出了多用途单发轻型前线飞机的战术技术要求。苏霍伊飞机设计局为此开发了 C - 56 和 C - 52/57 设计方案,米高扬飞机设计局也提出了"4.12 设计方案"和"1.27 设计方案"。留里卡发动机设计局特推出了代号为"产品 117"的涡扇发动机。2000 年,俄罗斯空军调整了新一代飞机及其动力研制计划,提出 PAK FA 计划(未来军用航空系统)。为此苏霍伊设计局开始研制 T - 50 歼击机(现命名为苏-57),在动力选择过程中,除留里卡设计局新研的"产品 117"外,莫斯科机械制造企业"礼炮"也推出了 AL - 31F 发动机的 3 种最新改型。最终,T - 50(苏-57)第一阶段动力选择了留里卡设计局的产品 117 发动机(属于第 4+代)。

在民用发动机方面,随着俄罗斯经济的复苏,民众对航空运输的需求量也在不断增长;装备了苏联时期研制的 PS - 90A 等发动机的客机已不满足国际民航组织在环保、噪声等方面日益严格的要求；另外俄罗斯政府力图进入国际市场，在利益丰厚的民航运输领域分一杯羹；诸多因素促使俄罗斯必须尽快按照国际民航组织的最新标准研制新一代民用发动机。苏霍伊飞机设计局决定进入支线客机市场，于是与伊留申飞机设计局以及美国波音公司联合公布了俄罗斯支线客机（Sukhoi Superjet，SSJ）计划。2001 年俄罗斯土星科学生产联合体与斯奈克玛公司达成协议共同研发新型发动机参与俄罗斯支线客机 SSJ 的动力竞争，合作研制新一代支线客机发动机 SaM - 146，并于 2003 年 4 月成为超级喷气 100 飞机的唯一动力装置。

在《俄罗斯 2013~2025 年航空工业发展规划》中确定了航空工业的发展任务，包括在航空发动机领域建立世界领先的技术储备、保证航空发动机具有市场竞争力、开展新一代发动机的科研工作等。具体体现为：掌握新一代发动机 PD - 14 的关键技术、研制高度通用的核心机，为未来客机研制发动机，为中程和高速直升机研制发动机，研制新一代无人机发动机，为通用航空研制动力，开展先进航空材料及构件工艺研究等。

## 2.3　科研机构支撑

### 2.3.1　美国

20 世纪 40 年代初，美国军方认识到活塞式发动机无法继续提高飞行速度，并且获悉英国和德国正在发展燃气涡轮发动机，于是立刻成立了国家航空咨询委员会（National Advisory Committee for Aeronautics，NACA）飞行推进实验室（现在的格林研究中心），开始研究航空喷气发动机技术。1958 年，NACA 改组成国家航空航天局，在行政上直属总统领导。国防部为进一步加强具有探索性的预研工作和审查三军预研计划，于 1958 年成立了国防高级研究计划局，掌管具有重大意义的国防科研项目。

各军种相继建立了科研管理机构，如空军武器系统司令部、海军航空系统司令部等，航空航天科研工作由军方直接领导，主要从事航空方面的应用研究和发展研究。美国空军装备司令部领导运行的最重要的科研机构为空军研究实验室，其管理着直接的空军科技研发资金，致力于探索、开发和集成可用的航宇作战技术，规划和执行空军科技项目，向美国军力提供航空、太空和网络空间作战能力所需的科学与技术，总部位于俄亥俄州莱特-帕特森空军基地。美国空军阿诺德工程发展中心（Arnold Engineering Development Center，AEDC）是美国空军下属最大的试验中心，其主要任务是用地面设备模拟空中实际飞行状态，对涡轮发动机、火箭发动机、宇航飞行器和其他相关武器装备进行试验研究。其中，对涡轮发动机只进行整机试验，原则上不开展零部件的试验研究。

美国大约有 100 所大学和学院设有航空系或与航空有关的专业，充分利用高等院校的科研力量，形成和拥有一支庞大的基础理论研究队伍，一些科研力量雄厚的大学还承担部分探索性技术开发工作。国防部一些高级官员经常过问有关大学的基础研究项目,并为之提供经费。

此外,美国还成立了一些航空相关协会与学会。例如,1919 年成立的美国航空航天工业协会(Aerospace Industries Association, AIA)由当时最先进的 100 家航空相关单位发起,主要职责是围绕会员开展新闻发布、研究咨询、专业图书整理出版等服务。美国航空航天学会(American Institute of Aeronautics and Astronautics, AIAA)成立于 1963 年,其使命是推动航空学和航天学领域的科学、技术和工艺的进步。

### 2.3.2　英国

英国的航空学术团体和科研机构,最初大多是由有志于航空事业的人士或社会知名人士兴办的,到第一次世界大战爆发后,英国政府才大量参与航空和其他科研事业的管理与投资。经过多次改组和变革,现在其航空科研机构分属于四大系统,即政府、军队、航空企业和大专院校。学术团体大多是民办的,但得到政府或垄断财团的支持和资助。

克莱菲尔德大学是英国一所综合大学,前身是 1946 年成立的克莱菲尔德航空学院。其航空分院属于该院的工程学院管理,是学院的主要院系,为飞机工业、航空运输业及三军等部门培养高级工程技术人员,教学重点在飞机设计和工程管理上。除教学外,航空分院还与其他学校或部门合作,从事航空研究。与很多大型科技企业不同,罗罗公司自身很少从事基础理论研究工作,而是依赖与世界顶级大学多年来建立的协同创新体系——大学技术中心(University Technology Centre,UTC)网络,将大学作为技术创新的发源地。依托公司自身的战略研究部对用户需求的理解和对前瞻性技术的把握,协同大学开展低技术成熟度研究,特别是成熟度在 1~4 级的基础研究工作。

英国皇家航空学会是一个致力于实现航空协会全球化的多学科型专业组织,成立于 1866 年 1 月。主要支持和维持航空领域的高专业标准,为专业信息提供独一无二的资料来源和交换意见的讨论会,在公众和业内舞台上扩大航空的影响力。

### 2.3.3　法国

法国四大航空研究和试验机构都是独立于企业之外的,属国家科研机构,其中法国国家航空航天研究院独立于政府部门之外,但受武器装备总署监管,另外三个(试飞中心、发动机试验中心和图卢兹航空试验中心)是国防部武器装备总署鉴定与试验中心局下属的研究试验机构。

法国国家航空航天研究院建于 1946 年 11 月,是法国在航空航天领域规模最大和权威最高的科研机构,兼有工业和商业性质,由国防部监管,拥有财务自主权。主要任务是: ① 开展并指导航空航天领域的科学研究;② 设计、制造并运转本院研究活动所必要的研究手段和制造商必要的试验手段；③ 保证研究成果的推广并促进这些成果为航空航天工业所用；④ 促进航空航天科研成果在航空航天以外领域的应用；⑤ 协助航空航天教育事业的发展。除完成科研任务外，还经常研制一些设备或制定工艺规范，作为专利出售给制造厂商。同时它还接受来自院外的研究、试验或试制订单。

图卢兹航空试验中心成立于 1940 年，主要任务是受航空制造技术局的委托，为国家鉴定和验收航空产品，并向制造厂商提供试验手段。它拥有大量的现代化试验设备，可对各种航空产品（包括机体和机载设备）从材料、零部件到整机进行各种试验和研究分析，如气动试验、静力试验、疲劳试验等多种合格试验和验收试验。

发动机试验中心前身为 1939 年创建的发动机与螺旋桨试验中心，主要任务是：① 作为一个公共试验研究机构，它代表政府检验航空发动机系统的质量和性能，并出具证明供申请适航证件使用；② 作为法国实力最雄厚的发动机试验研究机构，一方面从事发动机型号的先期开发试验研究活动，另一方面还向国内外制造厂商提供试验服务、设备与技术支援，或进行合作试验研究。从事的主要试验活动包括发动机台架试验、发动机飞行模拟试验和发动机吞入外物试验。

### 2.3.4　德国

德国的航空科研力量除少数几个政府科研机构外，主要是由私营航空科研机构、高等院校和大型航空企业三部分组成。政府航空科研机构，如德法圣路易研究所，主要从事国防技术基础研究和应用研究。私营航空科研机构一般是注册的民间科研机构，主要从事基础应用研究，是航空科研的骨干力量。国防部对这类科研机构的管理主要包括提供基本资助、确定科研机构的总目标和任务、在科研院所的监督机构中派驻代表及对研究成果进行检查和鉴定。高等院校和航空企业的科研机构国防部一般不提供资助，只是通过合同对承担项目的研究机构进行管理。

德国航空航天研究院是德国最大的航空航天专业研究机构，直属联邦研技部领导[6]，由三个各自独立的研究院合并而成：哥廷根空气动力试验院、联邦德国航空航天研究院和联邦德国航空航天试验院（三个研究院均是二战前的产物，二战结束时航空科研在联邦德国被迫中断），1953 年重建了上述老牌研究机构。由于研究任务和领域的变化，在 1969 年以前各研究机构曾多次分合。1969 年 4 月，所有专门从事航空航天技术研究的研究机构，终于合并成一个统一的航空航天研究试验院，名为联邦德国航空航天研究试验院，1989 年改名为德国航空航天研究院。1997 年，德国航空航天研究院与德国航天局合并，具有很强的政府职能。根据该院章程规定，德国航空航天研究院承担以下任务：从事航空航天领域的理论研究和部分应用研究；协助制定并参与实施航空航天工程计划；建造和使用大型试验设备；与高等院校协作，培养科技人才；为政府主管部门提供咨询和建议。DLR 的研究重点领域为航空、航天和能源技术三个方面,其科研力量是根据这三个方面来组织的[7]。

斯图加特大学高空试验室于 1964 年开始投入使用,并不断根据客户的要求进行扩展和改进,是德国唯一的高空模拟试验设备。它的设备能力已经过许多发动机和发动机部件试验得到了验证。试车台除了可用于测试飞行条件下的整机性能,还可以进行发动机核心机及发动机部件的高空试验。

### 2.3.5　俄罗斯

俄罗斯的航空科研体系基本上继承了苏联的科研体系。一般说来,航空探索性研究工作主要由航空院校负责,俄罗斯科学院有关研究所及有关院校参加协作。航空领域国家级研究院的主要任务是使探索性研究的成果能为设计局和生产企业实际应用,协调设计局和生产企业开展新机研制中的理论实际研究和实验工作,对航空技术装备的方案和草图设计进行鉴定,负责制定设计和生产所需的规范、标准、手册等。

中央航空发动机研究院建于 1930 年,由苏联中央流体动力学研究院的螺旋桨发动机部和苏联中央汽车内燃机研究院的航空发动机部合并而成。中央航空发动机研究院拥有大量最优秀的科技人员和重要的试验设备,主要从事军民用发动机的基础理论和民用技术研究、工程发展及国家鉴定试验,代表国家对新型号发动机发放许可证,并参加某些重要型号的研制工作,是俄罗斯各航空发动机设计局、各发动机生产厂和使用单位的主要技术后方和试验基地。从 1960 年以来中央航空发动机研究院先后为苏联和俄罗斯航空发动机研制事业做出了杰出的贡献,是当今世界上最闻名的航空发动机研究机构之一。2015 年 12 月俄联邦政府发布命令,中央航空发动机研究院与其他四家研究院纳入国家级研究中心茹科夫斯基研究院管理。

中央流体力学研究院于 1918 年 12 月创建。早期中央流体力学研究院设置了气动力和流体动力、材料、强度、飞机、发动机等研究部及设计局、试制厂,承担航空科研、产品设计和试验工作。1930 年后,发动机、材料、试飞和设计等部门先后分出,成为独立的研究机构,该院主要从事空气动力学和流体动力学研究,其任务是向设计局提供应用研究成果,评定新机预研方案和草图设计,协助设计局解决新机研制中的重大问题,以及研究俄罗斯飞机、导弹的发展远景。

飞行研究院建于 1941 年 3 月 8 日,由中央流体动力学研究院分部和重建的拉缅斯科耶机场组建而成,位于莫斯科。飞行研究院是一所综合科研院所,主要从事飞行器、动力装置和各种用途专用设备及其配合使用的研究。该院主要任务是:原型机的国家试飞;对批生产的飞机进行检验和鉴定试飞;改进飞行性能和作战使用性能;研究新的测试方法;制定试飞方法的指导性文件;编写飞机使用维护说明书;训练飞行员等。

俄罗斯高等院校分为三类:大学、综合技术学院、专业学院。1958~1959 年,高等院校开始建立研究机构：专题实验室从事上级批准的理论和实验研究；部门实验室则按与有关部门、团体和企业签订的合同进行工作。20 世纪 70 年代初，由高等院校完成的经济合同工作量占这类工作总量的 70%。高等院校与企业签订合同中通常规定研究成果仅能用于该企业。高等院校的科研工作由俄罗斯科学与高等教育部的科学技术委员会进行协调。委员会有四十个专业小组，包括各重要学科。参加小组工作的有高等院校、俄罗斯科学院、研究单位等方面的人士。俄罗斯空军和民航部有各自的航空工程学院，有些大学和综合技术大学也开设航空系。与航空有关的高等院校总计有三十多所。俄罗斯的航空学院在航空科研方面主要担负探索性研究任务。

### 2.3.6　日本

科学技术厅是日本政府主管科学技术发展工作的机构。2001 年，科学技术厅与文部省合并为文部科学省，发展航空和宇航技术是其重点之一。日本航空宇宙技术研究所是日本最大的航空航天科研机构，成立于 1955 年 7 月。该所主要进行一些有长远目标的预研项目，如该所在日本最早开展了高超声速方面的研究，目前也是日本在这一领域的主要科研力量。另外，该所还为解决飞机、发动机仿制生产及自行研制过程中的难点提供了一些有价值的研究成果，如参与了 YS-11、V2500 等项目的开发等。该所在航天领域的研究在日本首屈一指。该研究所的发动机部是目前日本航空发动机研究方面的主要力量，共设 9 个研究室（工程、压气机、涡轮、发动机气动、推进、发动机结构、发动机控制、系统性能、发动机测量），有较雄厚的技术力量和较完善的试验设备。

2003 年，日本文部科学省将宇宙开发事业团、宇宙科学研究所和航空宇宙技术研究所三家航天技术研究开发机构合并在一起，成立日本宇宙航空研究开发机构，以提高研究开发效率，加快日本航天事业的发展。日本宇宙航空研究开发机构的主要任务是研究卫星的空间利用、宇宙科学、宇宙探索、国际空间站、宇航输送、航空科学技术，从事宇航科学技术基础研究和教育与人才交流、产学研联合、国际合作、航空航天知识的公开/推广/普及，以达成日本国家宇宙开发利用、航空技术研究开发的目标为自己的重要使命。

工业技术院是综合性科研机构，下辖 16 个研究所和试验所。其中，工业技术院机械技术研究所的基础部从事热力学、燃烧学、流体力学、摩擦、润滑等研究；系统部从事系统设计、自动控制等研究；机械部从事机床、机械噪声、振动等研究；材料工程部从事材料特性、塑性加工等研究；机械技术协作所从事与航空及空间有关的研究、试验等业务。

# 第一部分参考文献

［1］ 驻德国经商处. 德国的航空航天产业简况［EB/OL］. de. mofcom. gov. cn/
    article/ztdy/201005/20100506922281. shtml［2010－04－15］.

［2］ 何鹏. 绿色航空 2050 技术愿景：全球航空业应对气候变化 2050 路线图报
    告［N］. 中国航空报，2020－12－27，A06 版.

［3］ Wells G. EEFAE- efficient and environmentally friendly aero engine－technology
    platform［J］. Air & Space Europe，2001，3（3）：163－165.

［4］ 徐德康. 欧洲"清洁天空"项目最新进展［J］. 国际航空，2013（8）：55－57.

［5］ 陈济桁. 欧盟委员会提出建立"洁净航空伙伴关系"倡议［N］. 中国航空报，
    2020－09－01，A07 版.

［6］ 李虹琳. 德国航空航天中心 2019 年工作重点［EB/OL］. www. dsti. net/
    Information/News/114107［2019－03－04］.

［7］ 沙南生. 刍议德国航空研究与发展计划管理［J］. 航空科学技术，1994（5）：
    33－36.

# 第二部分

## 标杆企业组织管理

航空发动机是典型的技术密集和高附加值的高科技产品。其发展水平是一个国家综合国力、工业基础和科技水平的集中体现,是国家安全和地位的重要战略保障,发达国家一直将它列为国家战略性产品来管理,其核心技术严禁向国外出让或者转移。世界上航空发动机技术发达的国家有美国、英国、俄罗斯和法国等。这些国家在航空发动机领域内不仅具有雄厚的技术基础,而且具有非常先进的组织管理方法和研发模式,可以毫不夸张地说,科学的组织管理方法是它们技术成功的关键。

　　世界航空发动机领域的标杆企业有美国的通用电气公司与普惠公司、英国的罗罗公司和俄罗斯的联合发动机集团等。这些航空发动机公司都具备雄厚的技术基础、经济实力和先进的组织管理方法。

# 第3章
# 普惠公司

## 3.1 公司概况

　　普惠公司成立于1925年,现为雷神技术公司(Raytheon Technologies,RTX)的子公司。该公司是世界著名的航空发动机研制、生产和维修商,为世界上民用、军用、支线、公务和通用航空飞机提供发动机、辅助动力装置及机队管理服务和售后维护、修理和大修服务,同时还研制和生产工业和船用燃气涡轮发动机以及航天推进用发动机(图3.1)。普惠公司的愿景是"超越,可信赖的发动机",选择鹰作为公司标志寓意为航空器稳定、安全与可靠地翱翔提供动力。2017年普惠于巴黎航展上首次推出其全新品牌理念"勇于超越"(Go Beyond),彰显其"生产推动人类进步的发动机"这一信念(图3.2)。

军用发动机　　公务/支线发动机　　辅助动力装置　　航天发动机　　民用发动机

图 3.1　普惠公司是世界主要的航空燃气涡轮发动机制造商之一

图 3.2　普惠公司标志

## 3.2　发 展 简 史

普惠公司历史悠久,至今(2022 年)已有近百年的发展历程(图 3.3)。1925年,气冷径向发动机设计先驱弗雷德里·B. 伦奇勒(Frederick B. Rentschler)成立普惠飞机公司,1929 年普惠飞机公司在康涅狄格州东哈特福德建立研究中心,1934 年波音、联合航空、普惠、西科斯基、汉密尔顿共同组建联合飞机公司(后改为"联合技术公司",United Technologies Corporation, UTC)。第二次世界大战期间,普惠开始研究燃气涡轮和喷气推进,建造了风洞、实验室和工程设施,二战时提供了30 万台普惠发动机。1952 年普惠发动机 J57 配装 B - 52"同温层堡垒"远程轰炸机首飞,现今的 B - 52 采用的是 TF - 33 发动机,该发动机现在仍有 1 000 多台在美国空军和世界其他用户中服役。1954 年 JT3 双转子发动机首次配装美国民用飞机波音 707 原型机飞行。1964 年 J58 发动机配装 SR - 71"黑鸟"高空战略侦察飞机,同年普惠 PT6 涡轴发动机开始服役。1984 年汉密尔顿引入商业全权限数字电子控制系统(full authority digital engine control, FADEC)到飞机发动机上,配装波音757 的 PW2037 发动机采用 FADEC。2006 年 F135 发动机配装到 F - 35 闪电 II 联合攻击战斗机上进行首飞。2008 年投资研发 GTF 发动机,到 2016 年,GTF 发动机

图 3.3　普惠公司部分馆藏图

成功服役,力促耗油率、排放、噪声和运营成本获得两位数的改进。2020 年,普惠的母公司——联合技术公司剥离了与其核心航空航天能力无关的电梯制造(奥的斯)和空调(开利)两大商业部门,携柯林斯、普惠等航宇业务板块与雷神公司合并成立新的航空防务集团“雷神技术公司”,组建的新公司将成为新的强大的防务和航空集团,也是世界上最大的航空航天公司之一,其产品包括导弹、喷气发动机和驾驶舱电子设备等。

## 3.3　组　织　架　构

普惠公司董事会是公司决策机构,公司下设民用发动机部、军用发动机部、空间推进装置部、动力系统部及普惠加拿大公司。公司总裁负责公司全面工作,首席运营官(主管民用发动机部工作)和主管工程的执行副总裁(主管军用发动机部工作)协助总裁完成工作。其余公司管理人员包括战略副总裁、财务副总裁、首席律师、首席信息官、人力资源与组织副总裁、环境健康与安全副总裁、质量副总裁、空间与俄罗斯项目副总裁、高级工程副总裁、政府业务开发副总裁、运营副总裁、UTC航空航大供应管埋副总裁、动力系统部总裁、通信副总裁等。

关于普惠公司的工程部门,过去是各部门分割,互不来往,机构重叠,效率较低,到 1994 年工程部实施改革,推行集成产品开发(integrated product development,IPD),打破部门之间的壁垒,消除障碍、精简机构,大大提高了工作效率。IPD 的特点是将发动机分解成不同的零部件单元,同步规划和平行开展所有部门的工作,将型号研制全过程的各阶段进行综合思考并同时做好准备,采用共同的数据库,通过电子计算机联网,使各部门能同时及早了解对自己的工作要求,得到必要的数据和信息。普惠公司按照 IPD 的要求,将工程部门改组为三个主要部门:推进中心(主管军民用的大发和中发)、部件中心(如压气机、燃烧室、涡轮、喷口和控制等)、产品中心(包括军用、民用产品,下设 11 个专业部门,每个专业部门中包括气动、结构和强度等)。以前技术人员分别集中在各部门,单打独斗,互不相关,中间靠文件周转,协调十分困难。改革后则要求工程技术人员化整为零,深入到各部门,要求每个人的知识面广,能处理设计中的各种技术问题。例如部件设计,不同型号的部件都由同一个工程技术小组负责,并包括气动、结构、强度,这样有利于不同型号技术的借鉴、继承和创新,有了新技术也能很快地用于各种型号,从而加快型号研制,提高质量。

“获得竞争优势”(achieving competitive excellence,ACE)是根据普惠的实际情况,融合了精益生产方式的思想和工具设计的一套管理模式,其应用从主要用于持续改善产品质量和提高生产效率扩展到组织整体业务流程的优化设计和系统改进,发展成为可以使企业持续改进、增强综合领导能力、不断提高客户满意度的经营绩效的企业文化和管理模式。ACE 的架构是以客户为导向的流程,在创造价值的流程中有任何偏差则立即更正。普惠从 1996 年开始实施 ACE 后,业绩增长取得显著成效,随后很快在原 UTC 旗下的 500 多家子公司及其 5 000 多个供应商中开始推行 ACE。ACE 主要由三个基本要素组成:文化、工具和能力。其中,文化是基础,工具是手段,而能力是最终目标。三个要素之间相互促进、相互依存,日常交融构成运营系统。该系统的目标输出结果是质量完美、及时交付、员工工作环境安全以及财务收益最佳。

普惠公司和几乎所有的美国公司一样,早在 20 世纪 80 年代就尝试了数种不同的质量管理方法,结果好坏参半。20 世纪 90 年代,普惠公司融合精益制造和质量管理,共同形成了独具自身特点的运营管理系统 ACE。这是一个关于如何运转公司的详细且规则清晰的系统。与其他质量/生产率举措显著不同之处在于,ACE 的特点是它基于"市场反馈分析"。简言之,ACE 从客户和他们对公司的评价开始。问题是什么? 普惠公司的"记分卡"看起来怎么样? 然后分析客户预期与实际所得之间的差距。原则是,根据客户的需要来确定改进的目标。很快,普惠的每位员工都知道"6S"[seiri(标准)、seiton(整顿)、seiso(清扫)、seiketsu(清洁)、shitsuke(素养)、security(安全)],如何界定流程,定义标准工作,以及如何准确地对标和评估价值流地图。ACE 在推行过程中也遭遇了抱怨和阻碍,但最终卓有成效。普惠 ACE 的另一个特点是一旦选定,持续改进,沿用至今,避免了员工对经常变换管理方式的质疑,能够全员真实参与,亲自验证其有效性。2005~2006 年,公司内项目最高水平部门的周转金提高了 13%,员工的平均收入增长了 20%,报废、返工、维修效率提高了 20%。另一个有说服力的统计数据是,自从 ACE 真正开启普惠公司的盈利增长以来,普惠公司的年均利润增长了 20%,公司的销售额增长了110 亿美元。在工程领域,每一个问题都是学习知识的机会。例如在 PW6000 的研发中,压气机设计在很大程度上依靠计算机仿真,却没有通过硬件来验证技术成熟度。普惠公司总裁路易斯·切纳韦特当时指出,技术验证项目可以避免产生上述问题,今后"技术成熟度"将是标准作业程序,将与详细的工程标准工作规程相结合,以确保项目达标。标准作业是整个 ACE 架构的关键部分,是指使用团队开发的最佳做法,每一个可重复的过程都一致且无浪费。这些信息可以在整个公司共享。因此,标准作业意味着每次都用最少的资源获取最优的结果。

在组织机构创新方面,为了加快新型发动机的创新和研制工作,普惠公司 2018年 6 月创建了一个全新的快速原型设计部门——鳄鱼工厂(Gator Works),致力于快速、敏捷地研发可靠、低成本的军用发动机。

## 3.4 规 模 能 力

普惠公司目前的员工人数为 3.6 万人。2020 年度的净销售额约为 168 亿美

元,受新冠肺炎疫情影响,与 2019 年相比同比下降 20%;主营利润为 5.64 亿美元,
同比下降 70%[1](图 3.4)。普惠公司当前的业务板块内容主要有:总部、民用产
品部和制造部设在美国康涅狄格州东哈特福德;军用产品部设在佛罗里达州西棕
榈滩,负责研制和试验普惠军用发动机;普惠加拿大公司生产涡扇、涡桨、涡轴发动
机,用于支线飞机、商务机以及直升机等,也设计和制造辅助动力和工业用发动机;
普惠航空动力(AeroPower)的前身是汉密尔顿动力系统的分部,2012 年加入普惠,
产品有飞机 APU、GPU、可消耗涡喷发动机;1996 年与 GE 对半合资成立发动机联
盟公司,专门负责生产 GP7000;与日本航空发动机公司、德国 MTU 航空发动机合
资的国际航空发动机 IAE 公司,负责生产 V2500。

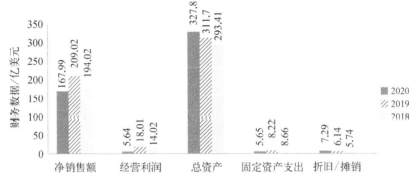

**图 3.4　普惠公司近三年财务数据(来源: 普惠公司年报 2020)**

普惠公司配备各种试验设备 130 多台,包括发动机高空模拟试车台和核心机
低周疲劳试验台。公司于 1950 年在东哈特福德建成了安德鲁-威尔古斯涡喷发动
机试验中心,之后又多次扩建,早在 1970 年就已有 19 个试验台,其中 9 个发动机
整机试车台和 10 个部件试车台,到 1973 年可以进行从海平面到 27 400 m,$Ma \leqslant 3$
的任何飞行条件下的航空发动机试验。1976 年,已发展到具有 130 多台试验器,其
中包括发动机高空模拟试车台和核心机低周疲劳试验台等整机和部件试验器。目
前,在佛罗里达州有 C10、C11、C12 和 C14 共 4 个露天试车台,A1~A10 共 10 个军
用试车台;在康涅狄格州米德尔城有 P1~P8 共 8 个发展型室内试车台,东哈特福
德有 X7、X8、X18、X234、X235、X236、X308 和 X314 等至少 9 个整机性能和特种用
途试车台。这样普惠公司至少有 30 多个整机试车台,有 C4、C5、X210、X217 等至
少 8 个高空模拟试车台。另外又陆续改建和新建了一些部件和附件的试验设备。
普惠公司在民用市场为宽机身、窄机身和大型支线飞机,在军事市场为战斗
机、轰炸机、加油机和运输机生产和发展大型发动机系列。普惠加拿大公司(Pratt
& Whitney Canada, PWC)为世界上的通用和商用航空飞机提供发动机,也是区域
航空公司、通用和军用飞机和直升机发动机的主要供应商之一。普惠公司和普惠

加拿大公司也生产、销售和维修民用和军用飞机的辅助动力装置。普惠公司的产品主要出售给飞机制造商、航空公司和其他飞机运营商、飞机租赁公司以及美国和其他国家政府。

普惠公司自成立以来已研制成功了许多航空发动机,如 J25、J57、J58、J60、J79、TF30、TF33、F100(用于 F - 15、F - 16)、F119(用于 F - 22)、F135(用于 F - 35)、F117(用于 C - 17)、JT3D、JT8D、JT9D、PW2000、PW4000、PW6000、V2500 和 GTF 等先进军民用航空发动机,表 3.1 给出了普惠公司主要民用发动机产品及其适配机型。

表 3.1　普惠公司主要民用发动机产品及其适配机型

| 产 品 型 号 | 配 装 机 型 |
| --- | --- |
| JT8D 系列 | |
| JT8D -7/7A、JT8D -9/9A、JT8D -15/15A、JT8D -17/17A、JT8D -17R/17AR、JT8D -217C、JT8D -219 | 波音 727、波音 737 -100/200、DC -9、波音 MD -80、Super27 更换发动机项目(古德里奇公司) |
| JT9D 系列 | |
| JT9D -7、JT9D -7Q、JT9D -7R4 | 波音 747、波音 767、A300、A310、DC -10 |
| PW2000 系列 | |
| PW2037、PW2040、PW2043 | 波音 757、伊尔-96 |
| PW4000 -94 系列 | |
| PW4052、PW4056、PW4060、PW4062、PW4062A、PW4152、PW4156A、PW4156、PW4158、PW4460、PW4462 | 波音 747 -400、波音 767 -200/300、MD -11、A300 -600、A310 -300 |
| PW4000 -100 系列 | |
| PW4164、PW4168、PW4168A | A330 -300、A330 -200 |
| PW4000 -112 系列 | |
| PW4074、PW4077、PW4077D、PW4084、PW4084D、PW4090、PW4098 | 波音 777 -200/300 |
| V2500 系列 | |
| V2500 - A1、V2522 - A5、V2524 - A5、V2527 - A5、V2530 -A5、V2533 - A5、V2525 - D5、V2528 - D5 | A319、A320、A321、MD -90 |
| PW6000 系列 | |
| PW6122 -ID、PW6124 | A318 |
| GP7000 系列 | |
| GP7268、GP7270、GP7277 | A380、A380 - F |
| PW1000G 系列 | |
| PW1214G、PW1524G、PW1400G | 加拿大庞巴迪 C 系列飞机、三菱 MRJ 支线客机、MC -21 等 |

在民用发动机市场方面,截至 2019 年底,普惠公司收到了超过 10 000 台的确定和意向订单,已有约 1 400 台 GTF 发动机在六大洲服役,2019 年有 14 家航空公司开始了 GTF 飞机首飞。随着对 GTF 发动机的需求增加,普惠公司正在扩大其全球维护、修理和大修(Maintenance, Repair and overhaul, MRO)网络。到 2019 年底,全球已有 40 多个维修和大修点加入全球维护网络。另一款引人注目的发动机是普惠公司的 PW800,它是为长途公务旅行而设计的。PW800 发动机超越了该领域的行业标准,包括性能、可操作性、燃油效率和可靠性等。该机型是同类发动机中最安静的,而且比同类发动机提高了 10% 以上的燃油效率。

在军用发动机市场方面,普惠公司拥有广泛的军用飞机发动机项目。2019 年,美国国防部授予普惠公司 57 亿美元的合同,为美国军方和国际客户生产 330 多台 F135 发动机。该项目是历史上最大的 F135 生产合同。F135 发动机是目前最先进的战斗机发动机,为第五代战斗机 F-35 "闪电 II" 的所有三种型号提供动力。

在新机研发方面,2019 年 10 月,普惠公司发展的 PT6 E 系列发动机面市,作为首款应用双通道集成螺旋桨与发动机控制系统的发动机,提高了通用航空发动机性能、控制系统、数据智能和服务解决方案的标准。此外,作为联邦航空管理局(Federal Aviation Administration, FAA)持续低能耗、排放与噪声(Continuous Lower Energy, Emissions and Noise, CLEEN)计划第三阶段项目的一部分,普惠还在研发一款超级安静的发动机风扇和先进的燃烧技术;而且,美国国家航空航天局的混合热效率核心机(Hybrid Thermally Efficient Core, HyTEC)项目还选中普惠为其开发一款供新一代单通道飞机使用的先进高压涡轮。为此,普惠 2021 年在加利福尼亚州卡尔斯巴德市开设一座陶瓷基复合材料工程与研发设施,同时在北卡罗来纳州阿什维尔市开设一座先进涡轮叶片制造设施,将陶瓷基复合材料等先进新材料作为实现最大化热效率、减少燃油消耗并减轻重量的可持续发展战略的关键。同时普惠还持续开展对其发动机使用高达 100% 可持续航空燃油(Sustainable Aviation Fuel, SAF)的验证工作,并与同行业监管机构合作制定支持 100% 可持续航空燃油使用的技术标准。

## 3.5　服务保障

2017 年普惠公司公布了全新 EngineWise 服务品牌,旨在向客户分享普惠公司的发动机专业知识与机队信息,便于优化发动机性能并令其运营保持平稳。当前在全球设置 60 家办事处,超 150 名现场服务代表共同形成外场服务网络。EngineWise 主要服务包括机队管理计划、发动机大修服务、航材解决方案等。EngineWise 还利用了联合技术公司的相关大数据分析技术,通过相关数学模型预测空中停车事故,防止计划外的换发并预测未来的维修行动。

在 EngineWise 商用发动机服务平台上,普惠采用先进的数据分析及实时信息帮助预测与预防运营中断的发生,通过大幅投资全新技术以提升服务的响应速度与灵活度,持续增加的服务产品组合为客户提供更智能、更直接的解决方案,推动普惠与客户之间以更加透明、更加紧密的联系方式进行沟通。EngineWise 代表普惠公司目前与未来的服务战略,反映了普惠对发动机以最佳状态持续运营的承诺。此品牌目前涵盖由普惠公司生产的大型商用发动机。普惠公司推出的先进诊断与发动机管理工具可以在线收集大量不同飞行阶段的发动机数据。该数据分析平台采用一套基于互联网的软件工具,对在役的 7 000 多台发动机提供实时健康数据的专家分析。在数据获取方面,普惠研发了一款名为 eFAST 的产品与服务整合系统,用于数据的获取、存储与传输。在整个飞行周期内,普惠公司的 eFAST 数据生态系统可以捕捉发动机及飞机数据界定区域内的几万个数据,而非仅对起飞或巡航中的个别数据进行抓取,从而可以利用这些全飞行数据更好地监测发动机的性能,使运营中断最小化,并预测未来返厂维修次数。

静洁动力齿轮传动涡扇发动机与 V2500 发动机相比,增加了 40% 以上的传感器数量,每台发动机每次飞行可以生成近 400 万个数据点,使得普惠公司可针对飞行范围的不同时间段收集大量数据,包括发动机的启动、飞机爬升及降落,产生更多监测方面的报告。再加上先进诊断与发动机管理工具支持对这些新增数据的分析,使普惠可以更好地识别任何对性能产生影响的不利事件,从而大幅减少计划外的维护工作。普惠公司通过获取和分析产品周期不同阶段的数据,使发动机在设计、生产及运营中的性能达到最佳状态。例如,针对飞行中不同时段采集到的发动机性能数据,普惠公司可利用分析工具对这些数据进行分析,将分析结果反馈至设计和生产阶段,最终从根本上提高发动机的可靠性[2]。

## 3.6　供应商管理

普惠公司的母公司联合技术公司(UTC)将供应商分为多种类型:

(1) BTP - UTC 成员,指具有 UTC 出具的图纸中指定部件号的产品和/或组件的供应商,包括铸件和锻件供应商,也包括从第三方购买部件的承包商;

(2) 校准服务提供商,有资质进行测量或测试校准服务的组织;

(3) 设计负责供应商,指根据授权图纸或设计提供产品的供应商;

(4) 批发商,指负责购买、存储、分发和销售产品,同时不进行产品改装、组装或优化的组织;批发商限制在原材料、工业标准件和成品件范围内;

(5) 工业原材料制造商,指符合指定行业或国家权威标准规范的原材料的制造商;

（6）工业标准件制造商,标准件制造商;

（7）实验室服务提供商,有资质进行测试(化学、冶金学或电气测试)的组织;

（8）特殊工艺供应商,只提供特殊工艺服务的供应商。

UTC 公司针对这些供应商均制订了相应的标准规范,如《测量和测试设备校准要求》等,要求供应链内所有的供应商通过国际航空航天质量组织( International Aerospace Quality Group, IAQG)认证,其中批发商还需经行业权威组织认证。为了防止和消除伪劣产品,UTC 要求所有供应商及各自供应链(包括批发商)遵守电子元件 SAE AS5553 和非电子元件 SAE AS6174 的要求。

UTC 公司制订了《航空航天供应商质量要求》系列文件,适用于旗下柯林斯航空航天公司、普惠公司(包括普惠加拿大公司)。其中,《UTC 生产型部件验收程序》要求供应商利用在线部件验收程序软件提交所有的验收计划和目标证据,证明其满足文件规定的所有要求。

UTC 公司禁止采用不可追溯或非授权供应商的材料和硬件,除非经过特别批准。供应商应确保其供应链所有成员符合 AS/EN/JISQ 9100 和 ASQR - 01 中的相应要求。此外,UTC 要求供应商根据 SAE AS13004 创建和存档工艺流程图,图中应按次序包含从接收材料到存储及最终产品交付之前对其进行的所有操作。

对不合格品,UTC 要求供应商根据 SAE AS13000 中的 8D 方法进行根本原因和修正措施流程,在已经交付的产品中怀疑存在不合格品的,无论目的地,应在 24 小时内通过 ASQR - 01 的流程告知 UTC。所有返修的产品都应存档记录所有操作,对于处于流程冻结控制中的不合格品,供应商应向 UTC 呈报获得批准后才可返修。

UTC 公司向供应商传递合同、图纸、各类详细规范(网上可查新),要求供应商建立图纸、文件的控制程序并检查。提供给供应商的工程文件均有版本控制要求,供应商可在网站上查找或向公司索取相关文件的最新版本。

UTC 公司对供应商的质量保证计划进行审核,同时审核供应商提交的不合格品信息,开展供应商年度审核计划,参加产品审核,监督整改情况。同时规定供应商相应人员必须参加培训,培训内容包括各类规范,其中更新后的内容要及时进行培训。

# 第4章
# GE 公司

## 4.1 公司概况

GE 公司是世界上最大的多元化服务性公司,也是高质量、高科技工业和消费产品的供应商,下属 GE 航空公司是目前世界上最大的喷气发动机的承包商,世界领先的民用、军用、公务和通用飞机喷气及涡轴/涡桨发动机、部件和集成系统制造

**图 4.1 GE 公司标志**

商,GE 公司图标如图 4.1 所示。目前 GE 航空公司 42%的销售收入来自美国市场,58%来自美国以外的国际市场。在全世界范围内,每 2 秒钟就有一台由 GE 公司的发动机提供动力的飞机起飞。民用发动机 GE90、CF6-80C/E、涡轴发动机 CT7-8 系列都是 GE 公司的杰作,波音 737 使用的 CFM56 发动机、波音新型客机 777X 的动力 GE9X、747-8 型洲际飞机发动机 GEnx、C919 客机发动机 LEAP-1C 也是 GE 公司研发的。GE 公司还在继续引领新一代自适应变循环发动机的研发。

GE 公司的愿景和使命是"梦想启动未来"(1999 年提出)。以科技及创新改善生活品质,目标是成为世界上最有竞争力的企业,让公司的每个业务领域都能在市场上占据第一第二的位置。公司致力于满足不同客户的需求,其客户来自石油和天然气、航空航天、医疗、能源、运输及电力行业等不同的领域[3]。

## 4.2 发展简史

GE 公司成立于 1892 年,由爱迪生通用电气公司与汤姆森-休斯敦电气公司合并而成。公司凭借着其经济实力(以摩根财团为后盾)和研究开发能力(1900 年就建立了公司最早的研究实验室),在市场竞争中获得了成功。

GE 公司经历了几次重大并购和剥离,已成为一家综合性技术与服务公司。20

世纪 20 年代,曾与西屋电气公司、美国电话电报公司、美国无线电广播公司实行合资经营。到 1980 年,GE 公司在塑料、民用电器、核反应堆和喷气发动机方面的销售收入达 250 亿美元。1986 年并购了美国无线电公司。1990 年收购了基德尔·皮博迪投资银行公司。1990 年,GE 公司进入东欧,收购了匈牙利国斯拉姆照明公司的大部分产权。1991 年收购英国索恩光源公司的产权。1994 年,GE 在中国的控股公司 GE 中国有限公司正式成立。与此同时,公司内部的结构也在不断调整和完善。GE 公司制定的发展策略是只保留在世界市场上地位领先的业务。1980~1989 年间,公司卖掉了相当于 1980 年销售额 25%的子公司,将重点集中在医疗设备、信贷服务。2003 年,GE 公司把飞机发动机业务与交通业务整合在一起,成立了 GE 交通运输集团。2005 年,GE 公司内部重组,整合为基础设施、工业、商务融资、消费者金融、医疗和 NBC 环球六大产业集团,将飞机发动机业务归入 GE 基础设施集团[4]。

2021 年 11 月,GE 公司宣布:GE 航空、GE 医疗以及由"GE 可再生能源、GE 发电和 GE 数字集团"合并而成的专注于能源转型的业务公司,将成为三家独立的全球领先的投资级上市公司,并计划在 2023 年初免税拆分 GE 医疗,在 2024 年初免税拆分 GE 可再生能源和 GE 发电。完成这些交易后,GE 将转型成为一家以航空为核心业务的公司,聚焦打造未来航空。

在管理层方面,现任 GE 董事长兼首席执行官拉里·卡尔普担任独立后的 GE 医疗公司的非执行董事长,并将继续担任 GE 董事长兼首席执行官直至第二次业务分拆完成。此后,他将领导专注于航空业务的 GE 公司。彼得·阿尔杜伊尼 (Peter Arduini)于 2022 年 1 月 1 日起担任 GE 医疗的全球总裁兼首席执行官。斯利特·斯特拉兹克(Scott Strazik)担任将"可再生能源、发电和数字业务"合并后专注于能源转型业务公司的首席执行官,而约翰·斯莱特里(John Slattery)继续担任 GE 航空的首席执行官。

GE 董事长兼首席执行官拉里·卡尔普表示:GE 在今天迎来了决定性的时刻。对此,我们已经做好了准备。我们在改善财务状况和强化运营方面已经收获了显著的成效,与此同时,我们不断深化专注于持续改进的精益管理文化。我们将继续前行,不断减少负债,提高运营业绩以及战备性地部署资本,以推动长期营利性增长。我们还要快马加鞭,打造未来航空,实现精准医疗,引领能源转型。我们所建立起来的发展势头,使我们有能力在 GE 的转型中迈出这激动人心的一步,并充分发挥我们每个业务的潜能[5]。

## 4.3　组　织　架　构

GE 航空集团总部在美国俄亥俄州辛辛那提,在全球拥有 40 多个生产基地和工作场所,截至目前,产品包括超过 37 种发动机、超过 91 种航空器系统以及超过

42 种海洋和工业用系统。

GE 航空集团分为 GE 航空和 CFM 国际公司两部分,GE 航空是 GE 的全资公司,而 CFM 是 GE 公司与法国斯奈克玛公司在 1974 年组建的合资公司,各占 50%股份。据统计,CFM 国际公司全球用户有 430 家,平均每隔 3 秒钟就有一架以 CFM 发动机为动力的飞机起飞,据统计,如今该公司生产的 CFM56 发动机交付数量已超过 32 200 台。

GE 航空集团按业务划分为五个事业部,如图 4.2 所示:

**图 4.2　GE 航空集团业务结构图**

航空材料事业部:负责供应飞机、发动机、备品备件所需材料,业务主要分布在美国达拉斯和英国加的夫。

航空租赁事业部:负责飞机、发动机、备品备件的租赁,业务主要分布在美国康涅狄格州的斯坦福德和俄亥俄州的辛辛那提。已于 2021 年被 AerCap 收购。

中间件系统事业部:主要负责设计、生产、维修、技术服务、备品备件,业务主要分布在美国马里兰州的巴尔的摩和泰国的乌塔堡(U-Tapao)。

配套服务事业部:主要负责点火系统、电力系统、线路系统、管路系统、传感系统配套服务,业务分布比较广泛,主要包括美国、墨西哥、加拿大和泰国。

GE 现行的组织结构是建立在韦尔奇接手后进行组织结构改革的基础上,不断进行调整完善形成的。由于战略的转变必将影响组织的内部特征,因此在过去的 20 多年间,GE 的组织结构也在不断地进行调整,以适应战略需要,适应环境、优化自身。自 1981 年 GE 的组织结构改革大体经历了三个阶段,各阶段的机构互有交叉,但重点不同[6]。

第一阶段以组织的扁平化为重心,从 1981 年韦尔奇接任 GE 公司 CEO 开始,到 1990 年左右大体结束,通用也称之为"零层管理"。当时的 GE 处于严重的官僚化阶段,组织结构庞大臃肿、大量终身员工身居闲职、官僚机制低效、管理层级繁多,有着层层签字的审批程序和根深蒂固的等级制度。其主要层次自上而下主要包括:公司董事长和最高执行部—公司总部—执行部—企业集团—事业部—战略集团—业务部门—职能部门—基层主管—员工。由董事长和两名副董事长组成最高执行局,公司总部中 4 个智囊部门由董事长直辖,另外 4 个由两名副董事长分别负责。下设 6 个执行部,分别由 6 位副董事长分别负责,用以统辖和协调各集团和事业部。执行部下共设 9 个集团、50 个事业部和 49 个战略经营单位。虽然庞大的组织结构曾给 GE 带来丰厚的利润,但此时只能拖延 GE 前进的步伐。

在扁平化的过程中,大量中间管理层级被取消。GE 将执行部整个去掉,使得 GE 减少了近一半的管理层,同时对部门进行削减整合、裁减雇员、减少职位。从原来的 24~26 个管理层减少到 5~6 个,而一些基层企业则直接变为零管理层。同时扩大管理跨度,增加经理的直接报告人数,由原来的 6~7 个上升为 10~15 个,充分利用人力资源,提高效率。

第二阶段以业务重组为重心,不断放弃不利业务,加强有利业务并引入新业务,以公司使命为方向,以战略计划为指导调整组织结构。GE 提出了一个中期战略——"第一第二"的战略目标,只要不是全球第一第二,就改革、出售或关闭,以此来对公司业务范围、规模、机构设置、管理体制等各方面进行改革。韦尔奇运用了"三环图",将公司分为服务、技术和核心业务三部分,这很快筛选出了有问题和需要重组或者清除的业务。仅在头两年 GE 就卖掉了 71 条产品线,完成了 118 项交易,又相继卖掉空调和小型家电、消费类电子产品等,共出售了价值 110 亿美元的企业,同时又大胆买进了 260 亿美元的新业务。

伊梅尔特接任 GE 后,延续了这一战略的运用,继续对业务进行重组管理。自 2001 年,GE 出售了保险业务、消防车、工业用金刚石、印度市场的外包业务、通用电气物流公司、新材料业务等,同时对有增长能力的业务给予大力支持,这些业务有:能源、医疗保健、基础设施、运输业、国家广播公司、商业金融和消费者金融业务。通过业务重组的组织结构调整仍会进行下去,这是由 GE 的使命和战略决定的。

第三阶段为无边界化组织阶段。在组织学中,无边界化组织主要包括以下几种经典组织形式:扁平化组织、多功能团队、学习型组织、虚拟企业、战略联盟等。GE 提出的无边界理念侧重于学习型组织的建立。这是由于前期扁平化组织的建立,使组织中管理跨度增加,再加上严重官僚化的影响,使组织在横向信息交流上产生障碍,信息交流和知识共享要在更多的成员之间实现,这种高效的沟通需要无边界化来实现。无边界化能克服公司规模和效率的矛盾,具有大型企业的力量,同时又具有小型公司的效率、灵活度和自信,打击官僚主义,激发管理者和员工的热情。

GE 航空集团研发组织分为两级研发:GE 集团的全球研发中心和航空集团内部研发,技术成熟后进入 NPI(new product introduction,新产品线引入)管理模式。

从公司创立伊始,GE 公司便开始有组织、有计划地开展公司的研究开发工作,从而开始了"以基础研发为核心"的研究开发流程。1900 年 GE 成立了第一个实验室,这也是美国从事基础研究的第一家工业实验室。从建立第一间实验室之日起至今天,GE 的全球研发中心几乎覆盖了所有科技和工程领域,其研发中心的构成包括总部研发中心、事业部研究机构、业务部门研究机构在内的三大层次体系。同时,研发中心也由纽约的一家变成了五家(图 4.3)。GE 公司有 2 000 多名博士(科

核心研究中心

**图 4.3　GE 公司全球研发中心（2017 年前）**

学家和工程师），每年生成约 3 000 份专利，每年约 10 万名到访人员。

　　GE 公司的研究开发管理模式结合了总部研究院模式和并行多研究中心模式（图 4.4），在纽约总部的研发中心负责管理整个公司的研发工作，包括市场调研、对外技术联系等，同时指导全球其他的研发中心[7]。纽约全球研发中心面向公司全业务域的所有技术和产品，重点关注公司中长期市场增长点相关技术路线规划和基础前沿技术的开发。各大洲研发中心承接纽约全球研发中心任务，既面向本地的市场和业务部门，同时也对全球市场互相协调、合作，重点关注全球市场短期增长点，聚焦成熟技术的工程化应用及产品化实施。项目主要面向整个公司的各

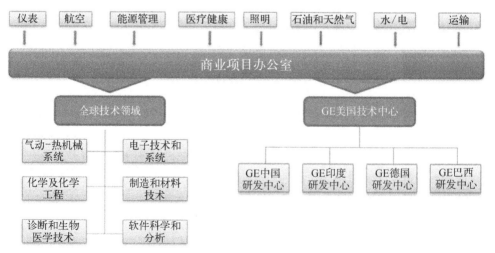

**图 4.4　GE 公司的研究开发管理模式**

个业务部门的产品。位于全球其他的四个研发中心主要负责全球的研发任务,既面向与本地的市场和业务部门,同时也对全球市场互相协调、合作。各个业务部门的研发中心则主要负责本业务产品的研发项目,涉及近期项目需求和客户直接需求。

GE 每年投入的研发费用比较大,预计每年投入约 60 亿美元,和业务部门结合,根据竞争对手和市场需求,以三年为周期做远景规划。研究方向包括基础科学、能源互联网和材料科学等。GE 的全球研发中心的经费,不到 40% 由 GE 自己承担,超过 60% 由政府、社会投资与合作方承担。其研究成果直接用在 GE 业务中,以及提交给政府部门与合作方。

GE 公司的研究工作主要分为三类,即基础研究、应用研究、工程开发,它们之间的区别主要反映在研究目标上。

➤　基础研究在研究方法、目标、对象上是绝对自由的,宗旨在探求新知识,很少或几乎不考虑实际应用的问题,主要是研究市场前瞻性的技术,为公司的技术做储备。

➤　应用研究是针对特定问题而开展的探求新知识的过程,是对现有的市场或者产品所必需的研究,从而提高产品的性能或者技术含量。

➤　工程开发是对现有知识的经济利用,在实际运作过程中,从纯科学研究到机器故障检修,只要与工程相关的项目都归于工程开发。

GE 正在由一个多元化的企业向数字工业转型。第四次工业革命是基于平台的专业化运行,与专业化运行思想相匹配的组织架构,已经不是“建立一体化的等级制管理团队”,而是需要类似阿里巴巴提出的“中台”,或者类似“工业 4.0 创新平台”提供的价值。据此,GE 于 2017 年裁减了大部分研究中心,将此前分散于全球的基础科研工作,集中由位于美国和位于印度的两个研发中心承担,使本部研究中心聚焦到为工业互联网平台服务,更符合时代的需要。

GE 公司发动机数字化研制流程分为立项论证阶段、方案和技术设计阶段(包括方案设计阶段和技术设计阶段)、工程研制阶段(包括详细设计阶段和试制、试验阶段)、定型阶段(分为设计定型阶段和生产定型阶段)四个阶段。在数字化协同平台环境下,通过产品数据管理共享产品数据库,利用数字化设计和管理技术,采用 IPD(integrated product development,集成产品开发)组织模式,提前考虑设计下游各环节中的诸多因素,让下游阶段的 IPT 成员提前参与到工作中来,减少设计错误传递到下游阶段的机会;在每个阶段,各相关专业 IPT 成员在集成化的协同工作环境下通过协调机制和信息资源的充分共享及交流实现多学科人员并行开展工作,逐渐迭代和优化设计,以提高设计效率和质量。通过各阶段的主要工作、输入输出要求、阶段技术审查和基线设置来实现流程。

图 4.5 展示了 GE 公司航空发动机由概念到飞机整机装配的全部流程和参与

单位。在概念阶段,GE 公司的全球研发中心基本上都参与了包括初步设计、设计和维修工程、飞机总装设计等相关工作。细节设计完成后进入地面测试中心评估,紧接着进入适航测试和飞行测试,最后由飞机制造商进行飞机集成测试。

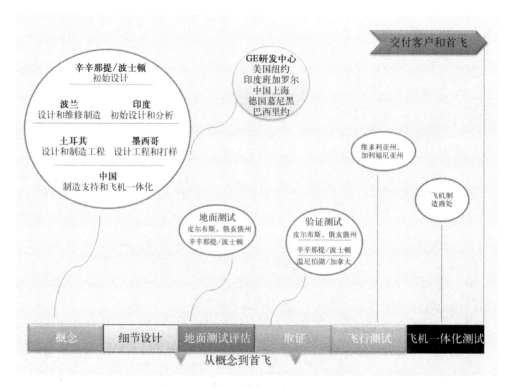

**图 4.5　GE 公司航空发动机研制流程图**

## 4.4　规　模　能　力

　　GE 集团公司是一家成立于 1892 年的全球高科技综合性公司,业务多元。提供从飞机发动机、发电、石油和天然气生产设备到医学成像、金融和工业相关的产品和服务。客户遍布全球 180 多个国家和地区,员工约 168 000 人(2021 年数据)。公司旗下工厂中有 162 家位于美国的 34 个州和波多黎各,另有 297 家位于其他 41 个国家。GE 公司是美国第 8 大、世界第 27 大企业。2021 年 8 月 20 日,2021 胡润世界 500 强排行榜发布,GE 公司以 7 120 亿元人民币市值,位列第 130 名。

　　GE 集团公司旗下的 GE 航空公司是世界领先的军用、民用、公务和通用飞机喷气及涡桨发动机、部件和集成系统制造商。截至 2021 年 10 月,约有 37 700 台民用发动机及 26 500 台军用发动机在役,全球员工约 40 000 人。

**表 4.1　GE 航空集团 2020 年度财务报告**

（a）2020 年度财务报告

| GE 航空 | 2020 年 | 同　比 |
|---|---|---|
| 收益 | 22 042 百万美元 | （33）% |
| 利润/（损失） | 1 229 百万美元 | （82）% |
| 利润/（损失）裕度 | 5.6% | （1 510）bps * |
| 订单 | 21 590 百万美元 | （41）% |
| 存量 | 260 412 百万美元 | （5）% |

（b）发动机部业绩

| | 订单金额/百万美元 | | 销售额/百万美元 | |
|---|---|---|---|---|
| | 2020 年 | 2019 年 | 2020 年 | 2019 年 |
| 商用发动机 | 678 | 2 390 | 1 487 | 2 863 |
| LEAP 发动机 | 351 | 1 568 | 815 | 1 736 |
| 军用发动机 | 1 023 | 801 | 683 | 717 |
| 备件出货率 | | | 18.0 | 31.0 |

（c）三年财务指标比较

| 条　目 | 金额/百万美元 | | |
|---|---|---|---|
| | 2020 年 | 2019 年 | 2018 年 |
| 设备 | 34 486 | 39 131 | 37 831 |
| 服务 | 225 927 | 234 114 | 185 696 |
| 总存量 | 260 412 | 273 245 | 223 527 |
| 设备 | 8 119 | 14 459 | 15 268 |
| 服务 | 13 741 | 22 280 | 20 248 |
| 总订单 | 21 590 | 36 738 | 35 517 |
| 商用发动机和服务 | 13 017 | 24 217 | 22 724 |
| 军用 | 4 572 | 4 389 | 4 103 |
| 系统及其他 | 4 453 | 4 269 | 3 740 |

截至 2020 年 12 月 31 日，GE 航空业务订单相比 2019 年度减少了 151 亿美元（41%），收益减少了 108 亿美元（33%），利润减少了 56 亿美元（82%）。其主要原因是：民用方面，航空公司的客户减缓或减少了新的发动机订单，且由于新冠肺炎疫情下现有机队大多停飞，维护保障也减少或推迟了；因为有新的研制订单，军用

---

\*　100 bps = 1%。

发动机订单相比去年增加了 21%;由于波音 737MAX 项目搁浅、生产减缓,相比 2019 年民用发动机及备件交付量减少了 1 376 台[8]。

由 GE 航空公司及其客户赞助的研发支出总额与 2018 年保持一致。与上一年相比,GE 航空公司研发支出资金有所减少。然而,客户方持续增加军机业务的资助力度。GE 公司的数字化举措,包括关于飞行运营、技术运营和先进制造的分析,使其客户、内部运营和供应商能够降低成本、缩短周期和提高质量。2019 年度,GE 公司为波音和空客平台交付了 1 736 台 LEAP 发动机。LEAP 仍然是美国强劲的发动机项目,截至 2020 年 12 月 31 日,GE 航空公司的 LEAP 发动机订单达到 9 600 台,其中约 1 500 台 LEAP - 1B 为 2020 年的延迟订单;737MAX 项目的相关净收益约为 170 亿美元。对于 GE 航空公司而言,LEAP 发动机仍旧是重点项目,2021 年将向波音和空客交付 815 台 LEAP 发动机。

GE 公司目前有 33 000 台发动机正在服役,在军民用喷气发动机制造领域是当之无愧的世界巨头,其发动机在性能、可靠性和成本方面都处于世界领先地位。GE 公司在民用市场为宽窄机身及大型支线飞机提供发动机产品,每年在民用喷气发动机的研发上投资约 10 亿美元。GE 公司在军事市场为战斗机、轰炸机、加油机和运输机生产和发展大型发动机系列,表 4.2 和表 4.3 列出了 GE 公司主要民用和军用发动机型号和配装机型。

**表 4.2 GE 公司的民用发动机型号和配装机型**

| 产 品 型 号 | 配 装 机 型 |
| --- | --- |
| GE90 | 波音 777 |
| GE9X | 波音 777X |
| GEnx | 波音 787/747 - 8 |
| GP7200(GE 和普惠) | A380 |
| CF6 | A330、波音 747/767 |
| CFM56(GE 和赛峰) | 波音 737、A320 等 |
| LEAP | 波音 737MAX、A320neo、C919 |
| CF34 | 挑战者 601、RJ100 |
| CT7 | Saab340A |

**表 4.3 GE 公司在役的军用发动机型号和配装机型**

| 产 品 型 号 | 配 装 机 型 |
| --- | --- |
| CF34 - 10/Passport | B - 52H |
| ACE(Adaptive Cycle Engine,自适应循环发动机)(在研) | 未来先进战斗机 |

续　表

| 产　品　型　号 | 配　装　机　型 |
|---|---|
| F110 | F - 15E、F16C/D |
| F404 | F - 18 |
| F414 | F/A - 18E/F |
| T700 | UH - 60、ΛH - 64 |
| F108(CFM56) | 波音 KC - 135R、波音 E - 6/3 |
| F138 | C - 5 |
| F101 | B - 1 |
| F118 | B - 2、U - 2 |
| J79 | F - 4E/F |
| T58 | CH3、Marine One |
| T64 | CH - 53、MH - 53E |
| TF34 | A - 10、挑战者 601 |
| TF39 | C - 5 |
| J85 | F - 5B/E/F、T38 |

COVID - 19 对全球航空产业产生了极其不利的影响。GE 航空公司的民用发动机和服务业务的一个主要驱动因素是全球商业空中交通,而这又是由经济活动、消费者和商业旅行倾向所驱动的。自 2020 年第一季度疫情暴发以来,全球市场的复苏程度各不相同。政府的旅行限制、公共卫生建议、个人的旅行倾向以及持续的病毒感染病例都影响了航空旅行的水平。

由于全球航空业萎缩,GE 航空公司客户不得不采取措施以解决市场需求减少的问题,这反过来又继续对 GE 航空的运营和财务业绩产生重大影响。因此,公司的长期服务协议账单比前一年减少了约 19%,部分原因是客户终止合同、修改合同,以及每年合同规定的发动机最低飞行时数减少。GE 航空公司正在密切关注政府的行动以及经济和行业预测,然而这种预测持续演变,反映了商业空中交通下降的严重性和持续时间的不确定性。GE 航空公司定期跟踪全球的航线起飞情况,截至 2020 年 12 月 31 日,这一数字比 COVID - 19 疫情之前的基线低了约 40%。GE 航空公司经常与航空公司和飞机客户就商业航空旅行、新飞机生产和售后服务的前景进行对话。鉴于目前的趋势,GE 航空公司预计国内旅行航线(主要由窄体飞机提供)将在长途国际旅行航线(主要由宽体飞机提供)之前得到恢复,但发动机的售后服务复苏滞后于机队。根据行业预测,GE 航空公司估计市场恢复的时间可能跨越多年,这取决于控制病毒的传播、有效的接种方案和政府合作鼓励旅行,特别是在检疫要求方面。

GE 航空公司已采取了若干行动,以应对当前的不利环境,包括在全球范围内裁员约 25%。截至 2020 年 12 月 31 日,GE 航空公司运营成本减少了 10 多亿美元,现金节流了 20 亿美元,员工总人数减少了 11 000 多名。该公司正在积极监测市场需求恢复的速度,以确保公司的规模适合未来。此外,继续与航空公司和租赁客户合作,并与飞机合作伙伴密切合作,以调整 2021 年及以后的生产率[8]。

商业空中交通、维修和备件需求、机队退役以及对新飞机的需求影响了 GE 航空公司的运营和财务业绩。作为 GE 航空公司长期规划过程的一部分,必须监测和预测这些因素,这可能会导致更多的业务重组。鉴于全球 COVID - 19 的严重程度和持续时间的不确定性以及对航空部门和特定客户的这些因素的影响,如果实际结果与 GE 航空公司目前的估计有很大差异,未来 GE 航空公司可能需要记录费用、损害或其他不利的财务影响。

在军事环境方面,GE 航空公司预测有强劲的军事需求,因为美国国防部和外国政府继续分配预算对其现有机队进行升级和现代化,为公司的军用业务创造了未来增长的机会。2020 年期间,GE 航空公司面临供应链执行方面的挑战,导致发动机和备件交货量少于上一年。该公司正在积极处理这些问题,以促进未来军事业务的增长。

与上一年相比,由于商业环境的变化,包括由公司、客户和合作伙伴出资的工程费用和非经常性工程费用在内的工程总额有所减少。与 2019 年相比,截至 2020 年 12 月 31 日,公司自筹的研发支出有所减少,而且预计将继续按照上述行动减少开支。然而,与前一年相比,GE 航空公司的军事业务中,由客户和合作伙伴资助的工程工作有所增加。2020 年 9 月,GE 航空公司宣布获得 GE9X 发动机的 FAA 认证。GE9X 发动机是目前世界上最大的商用飞机发动机。

目前,随着全球航空业的复苏,GE 航空公司也正在采取行动。虽然其近期的重点仍然是应对 COVID - 19,但是 GE 航空公司在创新和技术领导方面有着悠久的历史,商业发动机安装大约有 37 700 台,军用发动机安装大约有 26 500 台,长期服务协定覆盖了大约 12 500 台发动机,订货额高达 2 600 亿美元,这些都是保证公司长远发展的基本要素。GE 航空公司正在采取行动,保护和加强其业务,努力从这场危机中恢复过来,并期待未来的不断壮大。

通过包括近期 GE 航空金融服务交易在内的一系列战略性业务重组举措,GE 更聚焦,财务风险更低,从而转型为一家更精简、更强大、更专注的高科技工业公司;通过推行以客户为中心,去中心化的运营模式,从而强化了客户关系,并改善了 GE 在近 30 个损益表中的表现;在全公司普及精益管理理念,推动业绩改善和文化转型;改善业务运营表现,以实现稳定、可持续的现金流,同时提高财务透明度和灵活性,以便有针对性地对高增长领域追加投资;通过改组董事会,任命新管理层,任命新的审计公司,以强化领导和治理能力;各业务从新冠肺炎疫情的影响中逐步复苏,并持续改善现金流、拓展交流合作,并通过投资带动增长。GE 还将持续改善经营,以实现长期的利润增长。

GE 公司下一步的运营重点是帮助客户提高效率和可持续发展能力,聚焦打造未来航空,提供差异化的服务和产品。在推进与系统方面力争处于全球领先地位;在效率、可靠性和生命周期经济性等领域,打造极具竞争力和技术创新性的飞机发动机产品。

## 4.5　服 务 保 障

在航空制造领域,受各种新技术和新材料的推动,新一代飞机、发动机等系统的模块化、集成度越来越高,部件数越来越少,导致对维修的需求越来越少,维修的方式也在发生着变化,而且维修手册日趋简化。原始设备制造商(original equipment manufacture, OEM)在知识产权、先进技术、数据分析等方面占据着天然优势,因而 OEM 正在努力通过建立部件附件共享库、提供贴近客户的全面维修保障服务、销售时打包长期服务协议等多种手段,越来越多地参与售后服务市场,致力于为客户提供更好服务的同时能够获得更多盈利[9]。

作为在整个大中华区拥有近 4 400 台 GE 和 CFM 发动机以及 1 700 多台订单的发动机 OEM,GE 航空在为用户提供高性能、高可靠性发动机产品的同时,也致力于为用户提供全面、覆盖全寿命周期的售后保障服务。2016 年 4 月 4 日,GE 航空集团推出了其全新的商用航空发动机维修服务——"TrueChoice 系列产品"。"True"代表了 GE 航空对客户的承诺,即会在发动机全生命周期内对产品和服务技术进行持续投资;"Choice"则代表选择权始终归属于客户,不仅表明 GE 航空可为客户提供宽泛的服务范畴和客户化的定制服务方案,也表明了 GE 航空支持并尊重客户对于维修供应商的选择,客户可以在 GE 航空、GE 航空授权的维修服务商或独立第三方维修企业之间自由选择。换而言之,TrueChoice 系列产品清楚地定义了 GE 航空所能够提供的售后服务选项,更好地描述了 GE 航空为发动机从投入运营到退役的全生命周期中所能够提供的全部选择。

### 4.5.1　方案策略

GE 航空集团推出的 TrueChoice 系列产品的服务范围覆盖 GE 航空集团旗下的所有商用发动机,包括 CF34、CF6、GEnx、GE90 和 CFM56 发动机,目标客户为飞机运营商、飞机租赁公司和独立维修企业。TrueChoice 系列产品是对于 GE 航空现有商用发动机售后服务业务的延伸,重新定义了 GE 航空发动机的售后服务体系,主要包括四大系列的产品和服务选项。

1. TrueChoice 飞行小时

TrueChoice 飞行小时协议的实质为此前广受客户青睐的 OnPoint 服务方案,包括大修、现场紧急支援、新件和二手零件、部件修理、技术升级、发动机租赁和诊断服务等服务项目。该协议的具体架构与 OnPoint 服务方案一致,每份协议都将在与航空公司客户密切合作的基础上量身定制,可帮助客户优化发动机全生命周期内的拥有成本,并具有灵活的风险转移和支付选项。

2. TrueChoice 大修

TrueChoice 大修协议是基于 GE 航空现有的“工时+航材”大修服务模式,不论是单台发动机还是整个机队,都可根据其返厂大修目标、经济性和所有权性质而定制工时和材料大修工作包。将“工时+航材”大修服务纳入 TrueChoice 品牌,有助于提高用户对 GE 航空大修服务的品牌辨识度。GE 航空表示,在 TrueChoice 系列产品推出后不久,已有很多用户表示对其 TrueChoice 大修服务很感兴趣,而在之前却并不了解 GE 航空也能提供“工时+航材”大修服务。

1) TrueChoice 材料

TrueChoice 材料协议为航空公司和维修企业提供优质的 OEM 新旧零备件、先进的修理技术和技术升级,以提升全生命周期内发动机的性能,帮助用户获得更高的发动机产值。数据表明,相较于在维修中应用航空器零部件制造人批准书(PMA)和责任工程代表(DER)等非 OEM 航材的发动机,选择应用 OEM 航材的发动机产值高出 50%。

2) TrueChoice 产权转移

TrueChoice 产权转移协议是一组专为短期运营状况定制的服务。在飞机租赁领域,飞机作为一种资产在飞机所有者或运营商之间进行转手的情况并不少见;随着飞机机龄的增长,大多数飞机会从大型航空公司向小型航空公司流转,数据显示每年有近 15% 的航空公司机队会发生易手的情况;更值得注意的是,“成熟机队”是目前民航市场上最活跃的租赁对象之一,这些步入成熟期的飞机处于全寿命周期后期,因此与新飞机相比有其自身的特别需求。对于这些处于短期运营状况的客户,TrueChoice 产权转移协议为其提供了范围宽泛的所有权转移选项,包括短期剩余可用寿命的发动机租赁、备发交换和零备件回购,以及为客户定制较短的发动机修理目标寿命和发动机零备件使用最大化工作包,为客户定制最符合其机队规划的发动机送修工作范围。

### 4.5.2　操作案例

2016 年 7 月,阿联酋航空(Emirates)公司延长了与 GE 公司签订的 TrueChoice 飞行小时协定,为配装其波音 777 - 300ER 飞机的 54 台 GE90 - 115B 发动机进行维护、修理和大修。延长后的合同价值超过 4 亿美元。Emirates 公司目前拥有世界上数量最多的波音 777 机队，共有 118 架波音 777，航线遍布六大洲。作为 GE90 发动机的最大运营商，Emirates 公司依赖于发动机的可靠性来满足客户需求。

2020 年 1 月 29 日，GE 开始为 T700 直升机发动机提供 TrueChoice 服务计划。该服务计划下还包括了配装 T700 - 701D 的 Sikorsky S - 70i Firehawk，以及配装 T700 - 701C/D 的 UH - 60 黑鹰。TrueChoice 飞行小时还为 CT7 涡轴发动机系列提供服务，包括配装 Bell 525 Relentless 的 CT7 - 2F1、配装 Leonard AW189 的 CT7 - E1 以及 Sikorsky S - 92 的 CT7 - 8A。T700/CT7 发动机系列已经累计超过 1 亿个飞行小时。

2020 年 6 月 24 日，LOT 波兰航空公司和 GE 公司宣布签署了一份为期 5 年的 TrueChoice 大修服务协议，涵盖其 18 架 Embraer E170/175 飞机上配装的 CF34 - 8E 发动机。TrueChoice 大修协议为这些发动机提供工时和航材的定制服务，协议价值超过 1 亿美元。

## 4.6　供 应 商 管 理

### 4.6.1　准入管理

供应商的选择和准入工作是确保产品质量的非常重要的基础工作，需要严肃、谨慎地完成，该过程也是对双方的考验，整个工作决定了后续供应商管理的有效性[10]。GE 公司在寻源准入方面，对供应商从初期信息搜集至与供应商签约生产，执行严格的多阶段考察审核，逐步缩小供应商名单；在寻源阶段，供应商管理团队会常态化持续搜索潜在供应商，并持续上传信息至供应商信息系统。为了实施对供应商的管理，将其质量管理体系要求贯彻到供应商，制订了一系列以 S - 1000《GE 供应商质量管理体系要求》为核心的供应商要求和标准，以确保全球合作大环境下配套产品的质量与可靠性。该体系适用于零部件供应商、特殊工艺供应商、原材料供应商，也包括 GE 的子公司、经销商和仓库。GE 通过 S - 1000 向供应商传达质量管理的基本要求，并对 GE 产品按该要求进行控制。S - 1000 规范既是供应商建立质量管理体系依据的文件，也是 GE 对供应商审核依据的文件。

然而，取得 S - 1000 认证只是满足了 GE 的基本要求，代表供应商具备了承担配套任务的基本条件，而能否承担产品的生产任务，还要按照 GE 的要求，通过其组织的管理培训，确保完全理解其质量要求后，方可承接订单。承担特殊工艺或产品生产任务的供应商，在承接订单前，还要完成特殊工艺"首件包"，经过质量工程师认可后，方可承接订单。GE 对供应商首件生产过程相关的加工方法、检验手段、首件产品各项特性值结果等进行严格控制，确保供应商后续批量生产产品质量的稳定性、可靠性和一致性。

GE 的供应商准入程序如下:

(1)供应商依据 SAE AS9100D《航空航天和国防组织质量管理体系要求》建立质量管理体系,通过独立第三方认证机构的认证,获得 SAE AS9100 体系证书;

(2)供应商依据 S-1000 进行自我评估,并且进行改进,使供应商的质量管理体系符合 GE 的相关要求;

(3)GE 质量工程师对供应商进行调查,确认供应商是否通过第三方认证,是否需要进行现场评审,供应商是否准备好接受评审;

(4)GE 对供应商质量管理体系进行评审;

(5)若承接的产品订单与特殊过程相关,还必须通过相关特殊过程的认证;

(6)GE 批准供应商通过供应商质量评审;

(7)GE 将供应商列入供应商名录;

(8)GE 供应商准入程序持续时间比较长,如某厂利用 1 年多时间建立了 SAE AS9100 质量管理体系,之后通过 GE 质量工程师审核的 S-1000 认证,耗时 4~5 个月完成首件包,相关人员经过 GE 组织的相关培训,至此才具备承接 GE 产品的资格。

### 4.6.2　采购产品过程控制

在质量保证方面,GE 制订了 S-1002《GE 航空产品的特性识别和验证》,要求供应商按此对所有零部件(包括铸件、锻件)制定质量计划,包括特性识别、验证、首件生产及后续批产的控制要求。

在原材料采购方面,GE 公司要求供应商在所有采购文件上注明 GE 是最终用户(可追溯),供应商采购的原材料测试报告应由经 GE 批准的具有 S-400 金属材料或者 S-450 非金属材料测试资质的试验室出具。当 GE 图纸或者规范明确时,原材料必须从指定供应商处采购,部分非重要件的原材料 GE 不指定出处。采购的材料按要求标识(炉批号、批次号等),材料与报告应文实相符。有专职人员审核原材料报告,确保满足图纸规范要求。人员必须经过培训,具备阅读、解释、评估报告的能力。审核报告人员的上岗培训考核必须建立档案文件,以供 GE 审核。

在不合格品控制方面,GE 公司拒收或者退货最多的原因是外观缺陷,很多缺陷完全不影响产品性能,而且发动机装在飞机内部,平时并不被看到,但重视外观体现了一种严谨的态度。GE 对不合格品的处理要求非常严格,若不合格品需要返修,应通过管理系统呈报 GE 批准;若希望原样接收,也应通过管理系统呈报 GE 批准,批准后才可接收。同时,特别规定了供应商对不合格审理人员进行培训考核,建立培训档案的要求。

在文件和要求传递方面,GE 公司向供应商传递合同、图纸、各类详细规范(网上可查新),要求供应商建立图纸、文件的控制程序并检查。提供给供应商的工程文件均有版本控制要求,供应商可在网站上查找或向公司索取相关文件的最新版本。

对供应商的审核及培训方面,GE 公司均对供应商的质量保证计划进行审核,同时审核供应商提交的不合格品信息,实施供应商年度审核计划,参加产品审核,监督整改情况。同时规定供应商相应人员必须参加培训,培训内容包括各类规范,其中更新后的内容要及时进行培训。

### 4.6.3　评价考核

供应商绩效评价结果是指导供应商等级评价、奖惩和整改工作的重要指导依据,其目的是提高供应商的工作积极性和供应商产品研制质量。

GE 公司供应商绩效评价方法为:80%网站系统客观打分、20%质量工程师主观打分。其中,客观打分结合交付情况、产品质量情况等进行;主观打分结合平时的审核、过程确认情况等进行。网站系统打分实时进行,结合过程审核情况、质量问题和交付及时性、改进情况进行评价,每次审核或不定期飞行检查都会对供应商绩效评价产生影响,供应商的绩效等级随时可以在线查看。供应商绩效评价分为5 个等级,最低等级直接淘汰。GE 同类产品存在多个供应商,产品需求信息在网上发布,符合要求的供应商以类似"抢订单"的形式向 GE 提出承包申请,GE 结合供应商的绩效评价结果、质量策划方案、价格方案等决定最终的合同承包方及份额。对于绩效评价结果等级较高、持续改进、有强烈合作意愿的供应商,签订战略合作协议,重点培养,订单向该类供应商倾斜。

# 第5章
# 罗罗公司

罗罗公司是全球动力系统市场的杰出领导者,善于利用其工程技术专长、全球运作以及深厚的行业知识积累,在民用航空、防务航空、船舶、核能和动力系统等领域为客户提供优异的解决方案和服务体验。

## 5.1 公司概况

罗罗公司,是欧洲最大的航空发动机公司,也是世界三大航空发动机公司之一,其标志如图 5.1 所示。罗罗公司成立于 1906 年 3 月,总部位于英国伦敦。目前,罗罗公司由民用航空航天、防务和电力系统三大核心业务单元组成。根据 2020 年年报,罗罗公司有员工 48 200 人,是欧洲最大的航空发动机企业。罗罗公司业务领域跨越全球 50 个国家和地区,为陆地、海洋和空中交通运输提供各种动力装置,基于燃气涡轮核心技术在世界上创造了最广泛的航空发动机产品系列。

**图 5.1**
**罗罗公司标志**

罗罗公司的企业愿景为"Pioneering the power that matters"(引领关键源动力)[11]。在发展战略发面,罗罗公司积极推进电气化战略,同时借助数字化推进创新变革,并借助"自由工厂"助推创新。

## 5.2 发展简史

罗罗公司在 1906 年成立之后,一直以机械动力制造作为核心竞争力。最初,公司主要从事汽车设计、生产和销售。一战爆发后,罗罗转型响应政府军备需要,设计推出第一款鹰式发动机。由此,罗罗公司开启航空发动机制造的新篇章。二战爆发,罗罗推出的动力强劲的梅林发动机,战时产量超过 16 万台,广泛应用在喷气战斗机和威灵顿轰炸机上。1973 年,随着全球经济高速发展,航空发动机工业进入国际化高度竞争阶段,罗罗做出重大改组,将汽车业务剥离,专注于开发大推力新型航空发动机。罗罗独创的三转子结构 RB211 涡扇发动机奠定了其在民用发动机领域的地位。20 世纪末期,可靠性和燃油效率成为航空业关注的重点。基于三转子结构优势,罗罗推出遣达系列发动机,广泛用于波音和空客多种宽体机型。同时,罗罗将燃气涡轮技术拓展到船舶和能源行业。2014 年,罗罗进一步明确以动力制造为核心战略,通过收购,拥有工业应用广泛的往复式发动机和推进器产品线,从而全面构建了包括民用航空、防务航空、动力系统、船舶及核能在内的五大业务板块的运营体系。当前,结合机械工程与电气工程领域的深厚知识和技术优势,罗罗继续突破转型,进入数字化发展新时期。在发动机设计、制造和服务领域,罗罗公司致力于以创新解决方案为客户创造更大价值。

## 5.3　组织架构

进入 21 世纪以来,罗罗公司大幅度推行企业改革,减少管理层、实行扁平化管理,以便缩短总裁和基层的距离和更好地面对市场。以"想用户之所想,急用户之所急"为准则,紧密配合飞机方要求,制定公司的发展战略计划。经历一系列的组织变革甚至重组后,罗罗公司已形成一套适合自己的独特管理模式与运营机制。

罗罗公司以资产为纽带将其下属公司和企业紧密连接在一起,形成了一个高度统一和高度集中的企业集团。从结构上看,整个公司分为三大板块:航空航天集团、工业动力集团和海外公司,如图 5.2 所示。

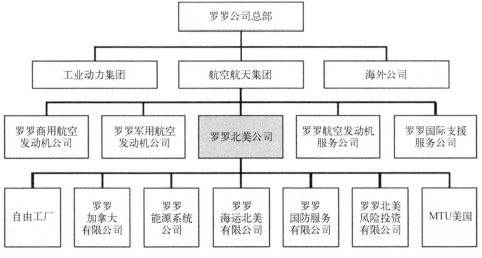

图 5.2　罗罗公司组织结构图

罗罗公司保持了一般私营公司传统的金字塔式的以市场营销、工程技术、财务和人事管理四大职能为主干的组织模式。同时又在此基础上实行了一些改革,例如民用航空发动机公司和军用发动机公司均采取矩阵式管理模式。以民用发动机公司为例,其组织结构如图5.3所示。

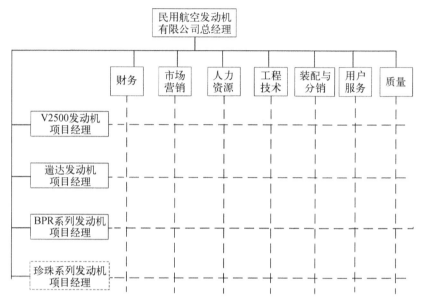

**图 5.3　罗罗公司民用发动机公司组织结构图**

在上面民用发动机公司组织矩阵结构中,横向按职能设立财务、市场营销、人力资源、工程技术、装配与分销、用户服务和质量七个管理机构;纵向按产品项目设立管理机构,目前有遄达、V2500发动机等几个发动机项目管理机构。各个项目管理机构又设立若干个主管和经理。以遄达项目为例,在项目董事领导下,设有项目管理总经理、工程主管、采购主管、财务主管、市场营销主管、执行项目经理、用户服务主管等。这种矩阵式结构能够在一个项目中囊括各个有关业务部门人员,以利于最有效地利用公司资源、方便定期总结、考核、奖惩和升迁等。

与此同时,这些机构和职位也是动态、灵活变更的,因为公司内部环境和外部市场竞争环境都在改变,如工业动力集团的电力工程公司需要为客户解决贷款问题,因此在该公司内部设置了信贷机构。此外,罗罗公司非常注重培养个人与组织的关系。罗罗公司认为最有效地发挥个人潜力的组织是最好的组织,组织应该帮助员工找到最合适的岗位,发挥最大的价值。

罗罗公司的研发能力很大程度上得益于公司研发中心和创新的研发组织机构,其中以"自由工厂"为代表。罗罗公司在2005年8月成立了"自由工厂",该团队主要承担先进技术的研发,参与了多项预研项目,提供了重要的技术保障。

电气化是罗罗公司当前及未来航空动力的重要发展方向,公司已经将电气化作为谋取航空"第三时代"竞争优势的战略选择。公司在继续发展传统燃气涡轮发动机的同时,已经从组织架构、技术和产品等方面全面布局电推进系统。近年来,公司在将商业、海运业务剥离的同时,与电气化相关的部分保留了下来。例如,罗罗公司在挪威特隆赫姆设有一个智能电动机(SmartMotor)的设计集团,在向康斯伯格公司出售一些业务时,罗罗公司将该集团保留下来,并更名为罗罗电气挪威公司(Rolls-Royce Electrical Norway)。罗罗公司还拥有动力系统(Power Systems)公司,该公司已经完成了混合动力列车、微电网和潜艇技术的研究。2019 年 4 月,罗罗公司收购了西门子电力及混合电力航空推进业务,以助力其实施电气化战略。为了推进公司的电气化战略,罗罗公司还新成立电气化部门——罗罗电气(Rolls-Royce Electrical, RRE),专门负责电气化相关的新工业战略,以促进电推进技术的发展[12]。2021 年 6 月,罗罗建成了全球最大、最智能的室内航空发动机试验台,用来测试未来混合动力和全电动飞行系统,当前其混合电动验证发动机在试验中已经突破了兆瓦。2021 年 11 月,罗罗"创新精神"号全电动飞机以 555.9 km/h 的速度飞行了 3 km,打破了电动飞机速度的世界纪录。

为实现智能发动机目标,罗罗还在 2017 年 12 月启动数据创新加速中心——$R^2$ 数据实验室。通过利用高级数据分析工具、工业人工智能和机器学习技术,$R^2$ 数据实验室开发的数据应用能够充分释放罗罗在设计、制造和运作效率方面的潜力。

## 5.4　规　模　能　力

当前,罗罗公司是世界第二大军用发动机制造商,世界上有 25% 的军用飞机在使用其生产的发动机。罗罗公司也是欧洲最大的军用发动机制造商,目前有超过20 000 台出其生产的军用航空发动机在役,配装在军用运输机、直升机、教练机、战斗机和无人机等各个机种。同时,罗罗公司是世界顶尖的三家民用发动机制造商之一,其在民用喷气式发动机的市场份额达到了 30%。

截至 2020 年,罗罗公司的员工人数约为48 200 人。罗罗公司 2020 年的盈利由五个部分组成:占比第一的是民用航空业务,占盈利总数的 42%;第二位是动力业务,占比 22%;第三位是军用航空,占比 28%;第四位是 ITP 航空部分,占比 6%;剩余的 2% 来自非核心业务。2020 年,罗罗公司民用航空业务结构为:维修服务占 55%;发动机销售占 45%(图 5.4)。

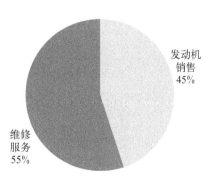

**图 5.4　罗罗公司民用航空
2020 年业务结构**

受新冠肺炎疫情影响,罗罗公司在 2020 年的经营情况相比 2019 年有明显下降。2020 年 5 月罗罗提出重组计划,剥离了数个部门,包括出售 ITP 航空业务,金额达 17 亿欧元;为在 2022 年底实现 13 亿美元的降本目标,2021 年底,罗罗撤销了8 500 个工作岗位。在发动机交付上,2020 年罗罗公司交付了 264 台大型发动机和184 台公务机发动机。大型发动机长期服务合同(Long-Term Service Agreement,LTSA)飞行小时仅为 2019 年的 43%。罗罗公司 2019 年和 2020 年的发动机交付和维修业务情况如表 5.1 所示。

表 5.1  罗罗公司 2019、2020 年民用航空运营情况

|  | 2019 年 | 2020 年 |
|---|---|---|
| 大型发动机交付量/台 | 510 | 264 |
| 公务机发动机交付量/台 | 219 | 184 |
| 发动机总体交付量/台 | 729 | 448 |
| 大型发动机 LTSA 飞行小时 | $15.3 \times 10^6$ | $6.6 \times 10^6$ |
| 大型发动机 LTSA 主要翻新次数 | 306 | 272 |
| 大型发动机 LTSA 检查及维修次数 | 660 | 559 |

对于罗罗公司来说,发动机设计核心的创新包括公司所有的大型民用发动机上采用的三转子方案。罗罗公司在 20 世纪 70 年代初开始研制 RB211 系列发动机,包括 3 个子系列:-22、-524 和-535。20 世纪末期,可靠性和燃油效率成为航空业关注重点。基于三转子结构优势,罗罗推出遄达系列发动机,广泛用于波音和空客多种宽体机型。遄达系列发动机是罗罗公司民用航空业务主要的收入来源,其销售收入占比 71%,在役的遄达发动机数量超过 4 000 台,十年后将达到 7 500台左右。遄达共有 7 个子系列,按照时间顺序为 500、700、800、900、1000、XWB 和7000(图 5.5)。

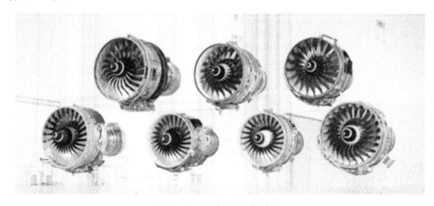

图 5.5  遄达系列发动机

近年来,为了应对飞机升级需求,罗罗公司以代表最新技术成果的遄达 1 000 发动机核心机为基础,应用高效和环境友好航空发动机(EEFAE)计划验证的新技术,放大设计,发展出了遄达 XWB 发动机。遄达 XWB 是遄达发动机家族中尺寸最大的发动机,它融合了遄达家族发动机设计的完美经验和最新技术,专为空客 250~300 座的中型远程宽体双发客机 A350XWB 系列量身定制。同时,它也是目前燃油效率最高、对环境影响最小的一款大型发动机。自首次飞行以来,遄达 XWB 累积飞行超过 15 亿英里*——相当于往返地球和太阳之间 8 次左右。截至目前,它已经有 3 款衍生型号,总订单量已经超过 1 100 台,有望成为遄达系列产品史上最畅销的一款发动机之一。在遄达 XWB 发动机基础上,罗罗公司又发展了遄达 1000 发动机的改进型发动机。同时,采用遄达 XWB 发动机核心机,充分借鉴最新型遄达系列发动机的技术和经验,发展了用于空客 A330neo 的遄达 7000 发动机[13],表 5.2 示出了遄达 XWB 系列发动机参数。

表 5.2　遄达 XWB 系列发动机参数

| 发动机型号 | 最大推力/kN | 压　　比 | 涵　道　比 |
| --- | --- | --- | --- |
| 遄达 1000 | 370 | 52∶1 | 11∶1 |
| 遄达 XWB | 420 | 52∶1 | 9∶1 |
| 遄达 7000 | 320 | 52∶1 | 10∶1 |

基于对民机动力发展需求的预测,罗罗公司制定了分阶段进行的未来 10 年航空发动机技术和产品发展路线:第一阶段以遄达 XWB 发动机为起点,开发验证 Advance 核心机与发动机;第二阶段以 Advance 核心机为基础,引入齿轮传动结构,开发和验证了具有颠覆性技术特征的"超扇"(UltraFan)发动机。

Advance 发动机源于罗罗公司 2012 年推出的预研项目,旨在长期、持续推进大涵道比涡扇发动机技术的研究与发展。该发动机强调技术创新,其核心将采用新的高压压气机和中压压气机、贫油燃烧室、陶瓷基复合材料(ceramic matrix composites, CMC)封严段和先进冷却涡轮叶片。它的涵道比将超过 11,总增压比将超过 60,耗油率和二氧化碳排放量将比目前的遄达 700 发动机降低至少 20%。

超扇发动机是在 Advance 发动机基础之上发展出的采用齿轮传动结构的发动机(图 5.6)。驱动风扇的齿轮系统将为未来大推力、大涵道比

图 5.6　超扇发动机

--------

　*　1 英里(mile)= 1.609 344 km。

发动机提供高效动力,能够使超扇发动机涵道比达到15,压比超过70,而油耗比遄达700至少降低25%,同时实现可靠性提高,耗油率、使用与维修成本、噪声均降低的技术目标。2019年,超扇发动机取得了里程碑式的进展,完成了复合材料风扇系统试验。

虽然受新冠肺炎疫情影响,罗罗公司2021年宣布在2022年完成超扇发动机验证后将暂停该项目。但罗罗公司以超扇发动机为基础,准备在发动机轴上安装嵌入式电起动机发电机,将此先进的燃气涡轮发动机更多地发展成电气化机械产品,输出更多电力。罗罗公司认为,这将是未来双通道宽体客机实现电推进和低排放目标的关键举措。

罗罗公司正在实施"嵌入式电起动机发电机"(Embeded Electrical Starter Generation,E2SG)计划。在该计划中,公司将嵌入式电起动机发电机安装在一台阿杜尔军用发动机的低压轴和高压轴上进行试验。基于E2SG计划的成果,罗罗公司已经着手开发一种嵌入式电起动机发电机初始样机,额定功率为40 kW,用于AE3007涡扇发动机。而且,罗罗公司后续还会发展一系列功率高达150 kW的嵌入式电起动机发电机,以满足大型飞机的电力需求。

罗罗公司将航空混合电推进系统的未来市场应用分为4块:一是2~4座的轻型和超轻型飞机,主要用作飞行训练和航空运动飞行;二是空中出租车或电动垂直起降(electric vertical take off and landing,eVTOL),主要用作城市交通运输;三是20座及以下的支线飞机,这类飞行器也可采用垂直起降;四是20~100座的支线飞机。针对这几类目标市场,罗罗公司正在开发相应的混合电推进系统。

罗罗公司还在积极参与全电飞行器的研究。罗罗公司正在与YASA公司和航空初创公司Electroflight合作开展"加速飞行电气化"(Accelerating the Electrification of Flight,ACCEL)飞机项目。罗罗公司负责航空设计、可靠性验证;YASA公司负责电动机和控制器;Electroflight公司负责传动系统和能量存储系统。这项由英国政府资助的项目旨在打造全球最快的全电动飞机。

2020年,罗罗公司加入了联合国"零排放行动",希望在引领可恢复性、包容性的"净零碳未来"方面发挥主导作用。这将使罗罗公司在2030年实现业务上的净零碳排放,更重要的是,确立了一个目标,即通过开发新产品和新技术,在整个行业在"2050年达到净零碳排放"方面发挥主导作用。作为这项承诺的一部分,罗罗公司将重点发展的关键技术包括:

(1)提高发动机效率,与燃料行业一起大幅提高低碳替代燃料的利用率;

(2)建造小型模块化核电站,可大规模提供清洁的低碳电力;

(3)加速开发具有颠覆性的新技术,以开发未来的低排放产品,包括开拓飞行电气化领域;

(4)继续在铁路和海运市场中部署混合动力系统,并将这些功能转换为航空技术;

（5）微电网解决方案,提供高稳定性和备用电源;

（6）计划到 2030 年,通过使用 100%可再生能源,在高价值金属上率先采用闭环制造技术,并部署先进的微电网,实现运营和设施的温室气体净零排放。

公务机市场是罗罗公司重要的经营领域。罗罗公司目前为超过 3 200 架现役公务机提供动力,主要产品有推力为 30～52 kN 的 AE3007 系列发动机及推力为 65～72 kN 的 BR700 系列发动机,且 BR700 系列发动机占据较大的市场份额。

2018 年 5 月,罗罗公司在日内瓦欧洲公务机航展上推出全新的公务机发动机——珍珠(Pearl)系列[14]。珍珠 15 是该系列的首台发动机(图 5.7),被庞巴迪选中作为其环球 5500 和环球 6500 公务机的动力装置。同年,罗罗公司又推出了该系列的最新成员珍珠 700 发动机,被选中作为湾流 G700 公务机的动力装置。2020 年 2 月,珍珠 700 发动机装配在湾流 G700 公务机上完成了首飞。

图 5.7　珍珠 15 发动机结构图

珍珠系列发动机由罗罗公司位于德国达勒维茨的公务航空发动机研发中心开发。珍珠系列发动机继承了源自罗罗 Advance2 技术验证机项目的创新技术和现今最成功的公务航空发动机 BR700 发动机成熟的特色技术。与 BR710 发动机相比,珍珠系列发动机的特点是短舱包线相同,但动力更强,最大认证推力为 67.8 kN,单位油耗下降达 7%,累积噪声降低 2 dB,$NO_x$ 排放量降低了 20%。珍珠 15 发动机于 2015 年完成地面测试,2019 年批产型珍珠 15 发动机交付。

罗罗公司在欧洲的下一代战斗机研发中,参与了英国"暴风"项目,负责推进系统的开发。为了实现"暴风"战斗机先进的技术特征和关键能力,罗罗公司设计了一型全新的发动机,一方面注重优化与飞机的一体化设计,同时采用革命性的新技术提高发动机自身的能力。

在提升发动机效率方面,罗罗公司在 2019 年获得英国皇家空军快速能力办公室价值 1 000 万英镑、为期两年的合同,以开展先进高马赫数推进系统的设计、发展、分析和试验研究,主要是更好地理解反应发动机(Reaction Engine)公司的强预冷技术，及其在燃气涡轮发动机上的集成应用。

　　美国超声速飞机制造商 Boom 公司在 2020 年选择与罗罗公司合作，共同探索超声速客机 Overture 的推进系统。两家公司组成的研究小组将调查现有的发动机结构是否能适应超声速飞行，而 Boom 公司的内部团队将继续开发 Overture 的机身。两家公司都认识到超声速旅行必须符合未来的净零碳（net-zero carbon）排放目标，研究团队将合作解决 Overture 客机设计和运营中遇到的诸多问题。

　　进入 21 世纪以来，伴随着大数据、人工智能等技术的萌芽和发展，罗罗与微软签署合作协议，结合航空工程和包括高级分析与物联网（internet of things，IoT）在内的云计算领域的顶级解决方案，从根本上转变发动机相关的运行和维护工作。建立在微软 Azure 云平台上的全新数字化功能，可利用微软 Azure 物联网套件从分布在不同地理位置的数据源收集和汇总数据，并利用数据智能分析预测工具和工程专业知识来挖掘更多价值，以帮助航空运营商进行排故、维修预测、航油管理、航线规划、团队与设备部署等，从而减小燃油消耗、提升航线效率和实现利益最大化。

　　2018 年 2 月，罗罗推出开创性的智能发动机（Intelligent Engine）愿景，描绘了航空动力的未来，借助数字化，通过更强的互联性、情景感知以及理解力，进一步提升发动机的可靠性和效率。如图 5.8 所示。

**图 5.8　罗罗公司的智能发动机愿景**

　　为实现智能发动机愿景，罗罗计划在大部分发动机在研项目中引进数字孪生技术。数字孪生技术以数字化方式创建物理实体的虚拟模型，它借助数据模拟物理实体在现实环境中的行为，可用于理解、预测和优化物理实体性能。在智能发动机愿景的指引下，罗罗将利用这些数字服务工具和方法，形成罗罗运营的全方位虚拟模型，将对发动机部件的理解和质量提升到一个全新的水平。打造具备更强互联性、情感感知以及理解力的先进航空发动机。通过更强的互联性、感知力和理解力,运用数据分析、人工智能和机器学习技术,进一步提升发动机的可靠性和效率。

在数字化时代,除设计、测试和维护发动机之外,智能发动机愿景描绘了航空动力的未来,更强的互联性、情景感知以及理解力,将有助于进一步提升发动机的可靠性与效率。

罗罗公司认为,项目管理水平的高低是企业能否取得成功的关键。任何一款型号发动机的开发不仅耗资巨大,而且伴随很大的市场风险,有效控制好相关支出和风险以及开发进度和质量显得格外重要。为了提高项目管理水平,提出了要借助标准化流程的全面推进,积极开展高效的项目设计,并对项目管理专业人员进行严格考核。同时,通过开展标杆管理活动,罗罗公司找出了与国际上优秀公司在效率上的差异。公司质量管理部门实施了旨在提高工作质量、过程质量和产品质量的阶梯形质量改进计划,宗旨是让公司每一个员工都要进一步牢固树立质量意识,提高责任心,以进一步提高顾客的满意度[15]。

## 5.5　服 务 保 障

Total Care(全面呵护)是罗罗公司为满足不同客户需求提供的一种灵活服务。航空公司根据双方协商认可的发动机单位飞行小时费用付费,由罗罗公司为发动机的支援和维修提供一个优化的解决方案。Total Care 协议与客户确定的是一种长期的伙伴关系,合同期通常是 10~15 年,也可覆盖发动机的全寿命期。Total Care 是一个固定的付费计划,航空公司可通过完全控制维修成本来改进财务计划。签署了全面维护协议的航空公司,可将技术、财务风险以及发动机的管理交给罗罗公司处理[16]。

Total Care 模式的　个关键创新是解决航空公司所面临的不可预测的发动机修理和维护的时间、成本问题。通过将这些问题集成到一个服务包中,按商定的每台发动机飞行小时(engine flight hours,EFH)收费,这种收费模式也被称为“按小时收费”(power by the hour,PBH)。罗罗公司根据发动机为飞机提供动力的飞行小时数收取费用。当发动机不能使用时(如发动机不能工作或正在维修),航空公司不必支付费用。

Total Care 的创新在于将发动机商品转化为使用服务的等同工具——“发动机”即“服务”,完美协调了罗罗公司和客户之间的运行机制。当发动机运转良好时,航空公司从飞行中获得收入,罗罗公司也能得到报酬。如果发动机没有投入使用,或在需要的时候不能为飞机提供动力,航空公司就不必向罗罗公司支付费用。

Total Care 有 3 种主要模式,即“全面呵护固定期限”(Total Care Term)、“全面呵护无固定期限”(Total Care Life)和“全面呵护弹性”(Total Care Flex),分别与航

空公司运营商在其发动机全寿命周期内不断变化的需求相匹配[17]。

Total Care Term 是罗罗公司最初推出的套餐,客户签署一份固定期限的套餐,即签署一份固定期限的保修协议,按发动机飞行小时支付固定费用,客户只支付在协议期限内预期的费用。这是根据在一定时间内返厂维修的费用除以预计飞行小时数计算得出的,将上门的维修费用除以发动机飞行小时。

2007 年,罗罗公司推出了 Total Care Life。与 Total Care Term 一样,该服务是为发动机在其生命周期的早期设计的。因此,维护和返厂修理的目的是最大限度延长在翼时间,从长远看能够为运营商提供最有效的结果。

Total Care Life 与 Total Care Term 的重要区别在于:一是合同没有终止日期,只要客户愿意,合同就会一直持续下去;二是维修所确定的按小时费率通过维修成本除以两次维修期间的飞行小时数来计算,基本上是按比例计算,反映了整个运行期间发动机维修的实际成本。因此,如果客户希望在两次大修期间将飞机卖给另一家运营商,则卖方已经为下一次大修所做的贡献也卖给买方(如果他们也选择 Total Care,这就将被无缝整合到合同中)。

2015 年,罗罗公司又推出 Total Care Flex,采用成本节约策略来拓展对老旧发动机的支持选项。例如,仅在需要的范围内修理和恢复发动机单元体;使用从其他发动机中回收的二手航材,这些航材仍有足够的残存寿命;换用"绿色时间"发动机。

Total Care 服务的购买渠道有四条:一是直接客户销售。当航空公司或租赁公司采购发动机时,同时签订 Total Care 合同。罗罗公司的销售团队直接与用户协商交易,几乎所有遄达发动机的销售都附有长期的 Total Care 协议。二是通过维护商店(Carestore)。罗罗成立 Carestore 的目的是提升用户对一系列服务的认识,并从中选择部分 Total Care 服务包。Carestore 网站标识不同类型的 Total Care 套餐可用的选项。三是通过机体原始设备制造商推销 Total Care 服务。机体 OEM 日益成为罗罗公司发动机的专用渠道。四是客户关系。在传统的"工时+材料"模式下,罗罗客户关系是交易型的,主要集中在发动机销售和备件合同,以及提供常规的MRO 服务。

自 2001 年以来,罗罗公司 80% 的新发动机订单或客户都选择了 Total Care。在此推动下,罗罗公司遄达发动机市场份额不断增长,已赢得全球大型发动机市场50% 的份额。罗罗公司 60% 的销售收入来自其售后服务市场。

Total Care 为客户带来的好处包括[18]:

(1)能够了解在 5 年、10 年内运营发动机所需的费用,即这笔钱是可以预测、可知的。

(2)能够得到现场服务,保证飞机正常飞行。

(3)降低固定资产投入,不必购买备用发动机。在一般情况下,根据所购买飞机机队的规模,需要配置一定数量的备用发动机,或者向制造商租赁发动机,这需要大量资金。如果签订了全面维护协议,就不再需要这笔开支,还能保证机队正常运营。不必购置大量备件。签订全面维修协议后,航空公司就不必储存大量的备件了。因为罗罗公司会始终监控机队经营的状况,了解备件的使用情况,确保及时提供备件,而不需要航空公司临时订购或寻找备件。不必购买维修发动机所需的各种工装、工具。减少运营中断时间。因为罗罗公司有专门人员管理备件,能够保证及时供应备件。

除了 TotalCare,罗罗还针对公务机发动机推出售后服务计划——CorporateCare,帮助客户最大限度提高运营能力和控制成本,以可预测的固定价格全面转移发动机的离翼维修风险,能让运营商消除非计划维修事件的相关风险,让维修成本可以预测,易于规划。罗罗公司是公务机航空动力的主要供应商,在采用罗罗公司动力的公务机中,目前超过 2 000 架选用了 CorporateCare 服务[19]。

2019 年 1 月 1 日,罗罗公司推出面向全新和在翼的公务发动机的 CorporateCare 增强版,增加大量面向 AE3007 和 Tay 发动机的服务项目,包括无上限排障和承担移动维修团队的差旅费等。对于珍珠 15、BR710 和 BR725 发动机,该服务还包括发动机整机维护服务,以及与发动机短舱、发动机组装和反推装置相关的服务等。从 2019 年起,该计划将成为所有新客户的标准服务,同时还可以对现有合同进行升级。罗罗公司称,CorporateCare 增强版为客户带来显著的财务和运营优势,如增加资产价值和流动性,转移维护成本风险,防止意外成本,为全球任意地点发生的非计划维护事件提供保障等。客户可享受的更多优势还包括:更高的飞机可用性、更低的管理负担、全面风险转移、直接优先享用罗罗服务基础设施以及偏远地点援助服务等[20]。

## 5.6　供应商管理

罗罗公司在打造全球化供应链时,力求形成独特开放的生态系统,推动产业升级和价值流动。在罗罗民航制造成本中,约 70% 用于从世界各地的供应商购买产品和服务,包括:① 用于制造组装发动机的物料、铸件、锻件、已经加工并装配好的部件和单元体、压气机、附件齿轮箱、电气系统、传感器等;② 保障业务顺畅运作的各种服务,包括物流、运输、信息技术支持、设备管理等。从发动机研发到制造,再到售后服务支持,罗罗和供应商的紧密合作贯彻发动机的整个生命周期[21]。

罗罗公司对各种供应商合作,重点关注质量、交付与成本效率,而不是规模大小和地理方位,供应商要具有高水准的技术,精益求精的信念,实现零缺陷的决心和举措,才能满足业务要求。罗罗公司对选择和管理全球供应商制定了严苛的条件:

（1）体系认证和产品认证必须满足罗罗专有航空标准；

（2）试制的批量产品必须要有完整、合格的性能数据；

（3）产品在批量供货前，必须要通过罗罗公司工程技术部门的现场审核等。

数字经济时代，罗罗公司与全球供应商共同探索数字化技术在智能制造领域的应用，以继续引领关键源动力，通过全球化运作，为客户提供更大价值。

## 5.7　借助数字技术应对新冠肺炎疫情

面对新冠肺炎疫情的冲击时，罗罗公司加速了对数字技术的应用，确保能够远程为客户提供技术支持，手段包括[22]：

1）数据助力机队规划

在规划机队时，高质量的数据对制定最佳决策至关重要。通过收集发动机的海量数据来准确预测维护需求，确保发动机的可用性和在翼时间，最大限度地缩短与维护相关的延误，可以向航空公司展示发动机的可靠性、健康状态、效率以及维护周期。

另外，通过使用数字孪生体对发动机的性能表现进行建模，预测维护计划、成本以及各部件寿命，然后利用这些数据帮助客户增强发动机可用性。

借助机队（包括发动机）的高质量数据，规划人员可以根据效率和维护时间确定飞机的优先使用等级，保证旅客搭乘的飞机准时起飞。

2）帮助发动机解封复飞

在飞机停飞期间，航空公司的工程师也要努力确保发动机得到妥善维护。罗罗公司会为这些工程师提供专家建议，确保发动机保持最佳状态，随时准备起飞。解封时需要对发动机进行检查，罗罗的工程师通常会利用全新数字技术对发动机进行远程检查，以保障发动机的无缝复飞。

# 第 6 章
# 赛峰集团

## 6.1 发 展 概 况

赛峰集团是一家国际化的高科技集团公司,业务涉及航空(推进系统、飞机外部设备和机舱内设备)、防务和航天市场,其集团标志如图 6.1 所示。公司核心理念是致力于构建更安全、更可持续的世界,主要体现在更环保、更舒适和更可实现的空中运输。赛峰集团的业务遍布全球,雇员约 78 900 人(数据源自 2020 年年报),其部分核心业务在欧洲乃至世界范围内处于领先地位。2020 年 8 月,赛峰集团名列 2020 年《财富》世界 500 强排行榜第 451 位。2021 年 5 月,赛峰集团位列"2021 福布斯全球企业 2000 强"第 497 位。

图 6.1 赛峰集团标志

## 6.2 发 展 简 史

赛峰集团旗下子公司众多,其最早的子公司 Zodiac 始于 1896 年,生产用于体育和旅游活动的飞艇。1905 年,Gnome 发动机公司成立,生产飞机使用的旋转发动机。1911 年,Hispano-Suiza 工厂成立,生产汽车,3 年后,该公司开始生产飞机发动机。1912 年,Société des moteurs Le Rhône 公司成立,2 年后成为 Gnome 发动机公司最大的竞争商。1915 年,Gnome 发动机公司收购 Société des moteurs Le Rhône 公司,成立新发动机公司 Société des Moteurs Gnome & Rhône。1920 年,Messier 汽车公司成立,很快成为 SFMA 公司。1921 年,飞机设备公司 Labinal 成立。1925 年,Sagem 公司成立,最开始做机械设备,很快就专为法国海军生产精密设备。1931 年,飞机部件公司成立。1932 年,Messier 汽车公司更名为 Messier 公司,专注于生产飞机起落架。

1938 年,透博梅卡公司成立,生产飞机发动机。1939 年,Sagem 公司接管 SAT 公司。1940 年,飞机部件公司更名为 Dowty 设备有限公司。1944 年,法国成立了 SEPR 公司,该公司专门生产火箭推进系统。

1945 年,Gnome & Rhône 被国有化,改名为斯奈克玛公司。1960 年,Dowty 设备有限公司加入英国 Messier 公司。1968 年,Hispano-Suiza 加入斯奈克玛公司。1969 年,SEPR 和斯奈克玛公司的火箭发动机分部合并成为 SEP 公司。1973 年,斯奈克玛公司和透博梅卡公司联合开发 Larzac 喷气发动机。

1974 年,斯奈克玛通过与 GE 公司成立合资公司 CFM 国际,合作研制 CFM56 涡扇发动机,打入民用航空发动机市场。1978 年,Zodiac 公司收购 Aérazur Constructions 公司,一跃成为民用飞机系统和设备重要供应商。1993 年,萨基姆收购 Morpho 公司。1997 年,斯奈克玛公司完全控制 SEP 公司。

2000 年,透博梅卡公司和 Labinal 加入斯奈克玛集团。

2005 年,法国斯奈克玛集团控股的斯奈克玛公司和萨基姆公司合并成立赛峰集团。从此,赛峰集团成为控制斯奈克玛和萨基姆所有子公司的控股公司。

2006 年,赛峰集团旗下斯奈克玛公司开始研发下一代商务喷气发动机——银冠。2008 年,欧洲发布名为"洁净天空"的研究计划,赛峰集团也参与其中。同年,赛峰和 GE 续签其 CFM 国际公司合作协议至 2040 年。2009 年,中国 C919 飞机选用 CFM 国际公司的 LEAP 涡扇发动机。2010 年,赛峰大学成立。2012 年,赛峰旗下萨基姆公司和 Thales 成立了合资企业 Optrolead。

2014 年初,赛峰集团成立研究与技术(Research & Technology,R&T)中心,作为赛峰集团首个集团总部级研发中心,整合全集团的研究、技术和创新力量,发现和孕育新技术,促进不同子公司间的技术协同,使全集团的 R&T 活动形成一个整体,加速赛峰集团在航空航天、数字技术、材料、工艺和传感器等领域的技术突破。

2016 年,赛峰集团旗下所有子公司统一标志和公司名称前缀。

2018 年,赛峰集团控股 Zodiac 宇航公司,显著扩展其飞机设备业务。

## 6.3 组 织 架 构

赛峰集团业务涵盖航空航天推进系统、飞机装备、防务安全和通信等领域,旗下有 9 家子公司,分别是:赛峰飞机发动机公司、赛峰直升机发动机公司、赛峰电子与防务公司、赛峰航空陶瓷技术公司、赛峰航空航天推进器公司、赛峰短舱公司、赛峰传动系统公司、赛峰电气与电源公司和赛峰起落架系统公司[23]。

### 6.3.1 赛峰飞机发动机公司

赛峰集团拥有 110 余年飞机发动机制造历史,通过旗下子公司赛峰飞机发动机公司,独立或者合作设计、研发、生产、销售用于民用、军用飞机以及卫星的发动机。通过投资新技术、研发对环境更加友好的发动机,提前规划以满足客户不断变化发展的需求。

赛峰飞机发动机公司和通用电气公司 50/50 的平股合资公司——CFM 国际公司研发、生产、销售 CFM56 发动机,以及其继任产品 LEAP 发动机。2008 年,赛峰飞机发动机公司与通用电气公司将其 CFM 合作伙伴关系续签至 2040 年,并扩大合作范围至服务领域。

### 6.3.2　赛峰直升机发动机公司

赛峰直升机发动机公司可提供广泛推力级别的涡轴发动机,推力范围涵盖500~3 000 轴马力*。其下属子公司赛峰动力装置公司,专注于设计和制造民用和军用航空航天动力系统,飞机和直升机的辅助动力装置(auxiliary power unit,APU)和起动系统、导弹和靶机的涡轮喷气发动机。

### 6.3.3　赛峰电子与防务公司

赛峰电子与防务公司光电与防务业务部门拥有全球最先进的用于军队和安全领域的光电系统和设备技术。产品包括便携式观测系统和光电设备、惯性及混合导航、制导和瞄准系统、机载信息和驾驶仪系统、驾驶舱显示屏等航电设备和系统、Cassiopée 应用程序。

### 6.3.4　赛峰航空陶瓷技术公司

赛峰航空陶瓷技术公司在导弹及航天运载火箭所需的各种固体燃料发动机的设计、开发和制造方面处于世界领先地位。公司产品方向包括核能材料和热结构复合材料技术。

### 6.3.5　赛峰航空航天推进器公司

赛峰航空航天推进器公司致力于飞机和火箭发动机部件、组件及试车台的设计、开发、生产及建造。赛峰航空航天推进器公司每年将营业收入的20%投入到研发,用以开发具有创新性的一体化方案来不断提高发动机性能。赛峰航空航天推进器公司在其各业务领域均居于世界领先地位。

### 6.3.6　赛峰短舱公司

赛峰短舱公司负责设计、制造和维护飞机发动机短舱。

---

* 1 马力(hp)= 745.700 W。

### 6.3.7　赛峰传动系统公司

赛峰传动系统公司于 1904 年成立,专注于高性能传动系统的设计。

### 6.3.8　赛峰电气与电源公司

赛峰电气与电源公司负责设计和制造飞机电气系统,是赛峰集团在"多电飞机"领域实现战略突破的先锋队。

如今飞机电气化的趋势越加明显,越来越多的飞机采用电气系统来取代传统的液压系统和气动系统。为了应对这一趋势,赛峰集团将电力系统相关的所有业务归入了赛峰电气与电源公司。

### 6.3.9　赛峰起落架公司

赛峰起落架系统公司为各型飞机提供起落架及刹车系统的设计、生产及支持服务。

## 6.4　规 模 能 力

2020 年,赛峰集团营业收入达到 164.78 亿欧元,员工 78 900 多名。通过单独研发或者合作的方式,赛峰集团在其核心市场占据欧洲乃至全球领导地位。赛峰集团大力开展研发项目,以满足快速发展的市场需求。赛峰集团是巴黎泛欧交易所上市公司。赛峰集团 2020 年全球布局及营收组成如图 6.2 和图 6.3 所示。

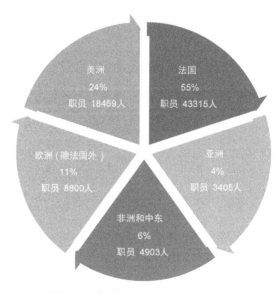

**图 6.2　赛峰集团 2020 年全球布局**

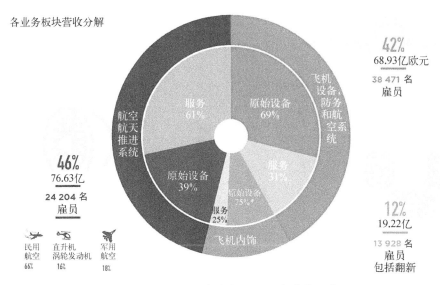

图 6.3　赛峰集团 2020 年营收组成

　　赛峰集团的商用飞机发动机居世界第一,针对窄体客机,与 GE 公司合作创立 CFM 国际公司,生产了适用于单通道飞机的 CFM56 发动机,该发动机是商用发动机史上最畅销的发动机,截至 2020 年底,交付量超过 31 865 台。CFM56 以其显著的可靠性和低运营维护成本而闻名,为在役的 13 400 架左右的飞机提供动力。其继任产品 LEAP 为新一代单通道商用喷气飞机提供动力。LEAP 发动机在提供卓越性能的同时,保持了 CFM56 的传奇可靠性。

　　LEAP 发动机由赛峰飞机发动机公司和通用电气公司通过 CFM 国际公司设计、研发、生产和销售。已经有三种不同 LEAP 发动机型号为世界领先制造商的新一代单通道商用喷气机提供动力:用于空客 A320neo 的 LEAP - 1A、用于波音 737 MAX 的 LEAP - 1B 和用于中国商飞 C919 的 LEAP - 1C。这一先进的涡扇发动机采用了两家母公司当时最好的技术与材料,如第四代 3D 气动设计、采用树脂压铸成型(resin transfer moulding, RTM)工艺的 3D 编织碳纤维复合材料和钛铝合金等。其结果是显著减少燃油消耗和二氧化碳排放,显著降低了噪声,同时保持了 CFM 发动机行业标杆的可靠性。CFM 国际公司 LEAP 发动机三款型号已经获得了 1.4 万台(数据源自赛峰集团官网)订单和承诺订单。在宽体飞机方面,赛峰也有所涉猎。参与了大型涡扇发动机的生产,包括通用电气的 GE90、GP7200、CF6 - 80 和 GE9X。在支线飞机市场,赛峰飞机发动机公司与俄罗斯同行土星科学生产联合体一起成立了 PowerJet 合资公司,一起为苏霍伊超级喷气 100 支线飞机生产 SaM - 146 发动机。另外,赛峰飞机发动机公司还利用其作为商业发动机制造商的长期经验,为超中型和远程公务机市场开发新一代银冠涡扇发动机。

在军用飞机发动机业务领域,赛峰集团居世界第四,为世界上 30 个国家和地区的武装部队设计、开发、生产和销售 20 种不同类型的飞机发动机,有接近 4 700 台军用发动机在役,包括战斗机发动机 M88(配装阵风战斗机)、M53(配装幻影2000)、Larzac(配装教练机)。

在直升机发动机业务领域,赛峰集团居世界第一。旗下负责直升机发动机生产的赛峰直升机发动机公司成立于 1938 年,目前有 18 000 台发动机在役。如今,世界上平均每 9 秒左右就有 1 架配装赛峰直升机发动机的直升机起飞,而全世界售出的直升机发动机中,每 3 台就有 1 台来自赛峰直升机发动机公司。

## 6.5　创新发展战略

### 6.5.1　创新策略

创新是赛峰集团企业文化中不可分割的组成部分,也是集团战略的关键核心所在。赛峰集团不仅进行了大量的投资,还拥有众多顶尖设施和从事研发的工作人员。研究能力与技术进步是推动企业不断发展的主要动力之一。同时赛峰集团大力倡导员工驱动型创新,创新文化融入集团各个层级。秉承开放创新的理念,赛峰集团与供应商紧密合作,落实协同创新策略,并携手全球范围内的多个合作伙伴共同创新,其中包括著名实验室、久负盛名的院校以及专门的研究项目团队等。

1. 开拓创新资源

为支持集团的创新策略,赛峰集团于 2014 年成立了两所全新的世界级研究中心——"赛峰科技"和"赛峰复合材料研究中心"。"赛峰科技"这所新型研究与技术中心肩负着培育新兴技术的重任,研究重点为先进的飞机系统、数字技术、材料、工艺和传感器。"赛峰复合材料研究中心"专注于复合材料零部件研发,中心汇集有 150 名专家。

除了赛峰集团自己的创新和研究技术团队,赛峰集团还成立了由 300 名专家组成的内部专家团队,负责研发最尖端技术。

2012 年 5 月赛峰集团成立了自己的"智囊团"——创新与长期规划组。其成员包括业界和学术界著名人士,以及赛峰集团各下属公司创新部门的成员,旨在明确 2040~2050 年集团在航空运输领域的长期发展目标。

赛峰集团在产品设计和服务过程中所采用的创新战略也同样适用于工厂。增材制造技术是赛峰集团最突出的成果之一,该技术通过 3D 模型逐层塑造零部件,可以制造出传统方法所无法完成的复杂单件,将研发时间缩短 60%。

2. 建设创新文化

培育内部创业文化。赛峰飞机发动机公司在位于巴黎附近的蒙特罗地区设立了服务创新工作室。2014 年,工作室下属第一间微观装备实验室正式成立。

员工驱动型创新——创新义化融入集团各个层级。除了上述重大研究项目,创新还存在于赛峰集团每个人的思维理念中,并完全融入商业建议、工业生产流程、组织结构管理等诸多领域。在赛峰,鼓励每个员工带来并分享他的创新想法和建议。2014 年,来自员工的超过 7 万个创新理念及建议被赛峰集团采纳并得到应用。

3. 开放创新

协同外部力量共同发挥创造力,赛峰集团借助共享专业知识的优势不断创新。通过与大型研究实验室以及供应商合作来落实这种协作理念。赛峰集团携手供应商落实协同创新策略,同供应商一起部署协同创新方式,进一步拓展创新范围,凝聚了专业知识,从而惠及所有重要参与方。

### 6.5.2　创新案例:应用于 LEAP 发动机组装的创新

自 2011 年投入商业运营以来,赛峰飞机发动机公司已获得 14 000 多台 LEAP 发动机订单。该发动机在维拉罗什(Villaroche)工厂组装,在这家工厂里,已经按照工业 4.0 的相关要求,对装配厂房进行了增强现实、协作机器人和深度学习方面的优化(图 6.4)。

**图 6.4　LEAP 发动机装配线**

LEAP 的脉动式生产线上,针对赛峰飞机发动机公司的三个关键要求:工作站人体工学、安全性、质量与绩效,进行了相关设计,触摸屏可控制每台发动机的运动,而用于悬空运送的铰链式装配架可使其沿水平轴旋转,避免了高空作业。

通过屏幕直观显示每个零件的确切位置和定位,还可遵循 LEAP 数字模型的指令。在用数字模型的信息指导完成各项装配工作以外,之后会通过操作人员在每个检查点反馈的数据扩展数字模型和随附文档。

另外,还装备了三条装配 LEAP 发动机风扇模块的移动式组装线,风扇装在升降车(装有摄像头、导向系统和射频识别标签)上,可自动从一个工作站移到另一个工作站,无须操作人员运送,减少了零件运送的需要和工具的数量,优化了工作空间同时提高了人体工学与安全性。

在客户交付中心,交付团队利用协作机器人在预定义的检查点从不同角度拍摄一系列图像,然后用 AR 将这些图像与 LEAP 发动机的数字模型进行比较。通过与品控人员协同工作,协作机器人每小时可检查 460 个检查点,每天可以检查 6 台发动机。

数字化转型动力是赛峰集团公司实现令飞机制造商和运营商一致满意的最终目标的基础。

# 第7章

# MTU 航空发动机公司

德国 MTU 航空发动机公司(简称 MTU 公司)是世界上领先的独立飞机发动机制造公司,以研制、制造压气机和涡轮为专长,同时该公司还是当今世界上最大的独立涡轮发动机维护、修理和大修厂家,为军用和民用飞机发动机提供维护、修理和大修服务。

## 7.1 公司概况

德国 MTU 航空发动机公司是德国领先的飞机发动机制造商,公司总部位于慕尼黑,能研制、生产和修理多种军用和民用飞机、直升机用发动机的部件和单元体,如压气机、燃烧室、涡轮和发动机控制等,是德国最主要的军用飞机发动机综合提供商(图 7.1)。MTU 公司虽然还未研制过完整的发动机,但是研制过发动机所有的单元体和部件,因此有能力研制整台发动机。同时公司还为多家飞机发动机的维护、修理和大修提供服务。近年来,随着数字技术在工业领域的不断深入,MTU 公司也发起了第四次产业革命,通过技术创新来推动军民用发动机产业的更新,同时加速新概念航空发动机技术的不断成熟。

近年来,在法国、德国加强欧洲自主防务体系建设的背景下,德国 MTU 公司与赛峰集团合作参与下一代欧洲战斗机发动机研发,其中 MTU 公司主要负责开发低压压气机、高压压气机以及低压涡轮。同时为了平衡法国、德国的工作份额,发动机的服役和售后阶段将由 MTU 公司来主导。MTU 公司与主要的几家发动机制造商都有合作,比如与普惠公司合作开展窄体和支线飞机发动机的研制,包括 GTF 发动机系列。在 GTF 发动机项目中,MTU 公司的市场份额在 15% ~ 18%。在 GTF 发动机维修方面,位于波兰的欧洲发动机公司已经开业,该公司由 MTU 公司和汉莎技术公司合资运营,投入运营后将首先为 PW1100G 和 PW1500G 发动机提供维修服务,并逐步拓展到 PW1400G 和 PW1900G 的发动机维修服务。

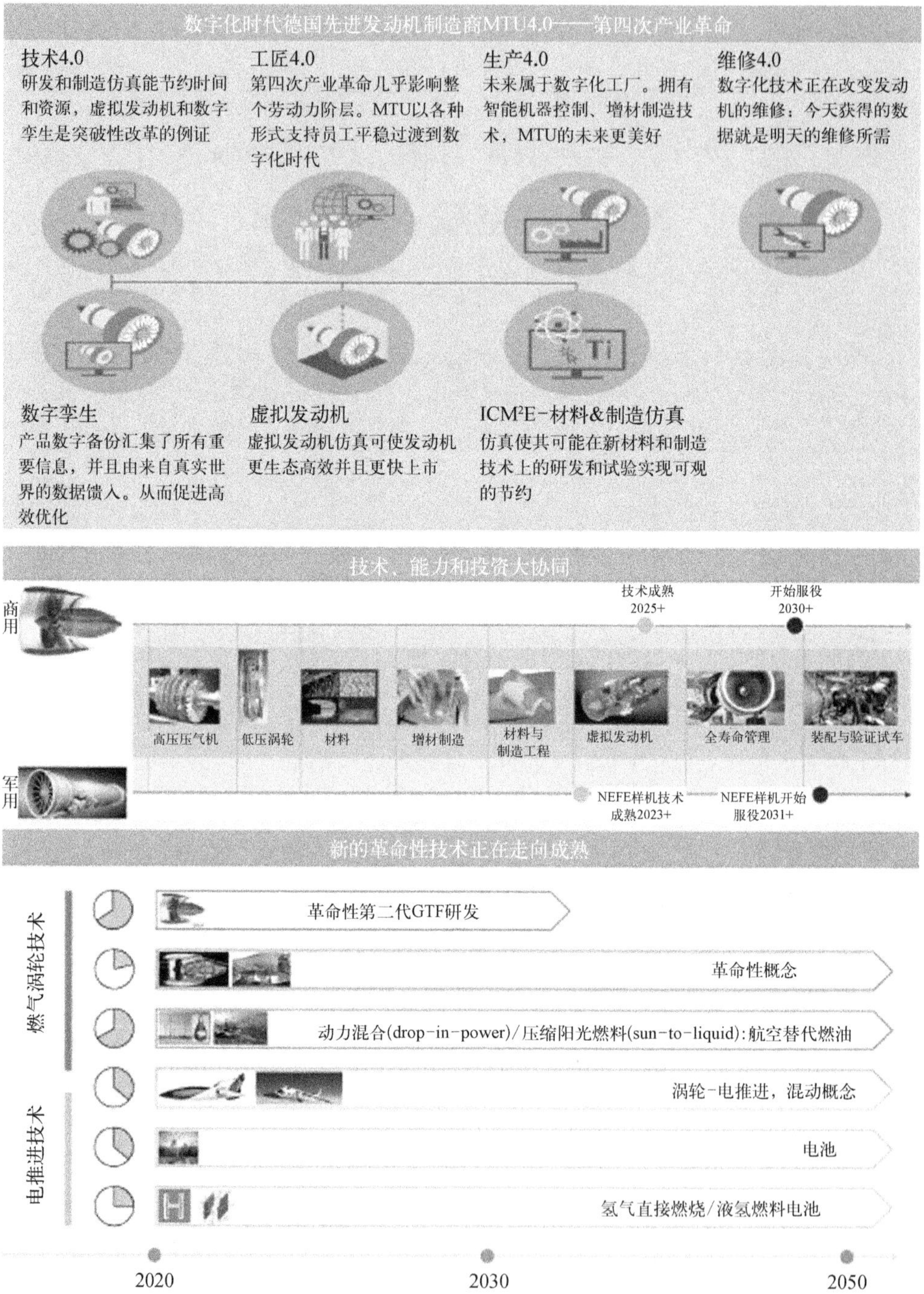

数字化时代德国先进发动机制造商MTU4.0——第四次产业革命
技术4.0
研发和制造仿真能节约时间和资源，虚拟发动机和数字孪生是突破性改革的例证
工匠4.0
第四次产业革命几乎影响整个劳动力阶层。MTU以各种形式支持员工平稳过渡到数字化时代
生产4.0
未来属于数字化工厂。拥有智能机器控制、增材制造技术，MTU的未来更美好
维修4.0
数字化技术正在改变发动机的维修：今天获得的数据就是明天的维修所需
数字孪生
产品数字备份汇集了所有重要信息，并且由来自真实世界的数据馈入。从而促进高效优化
虚拟发动机
虚拟发动机仿真可使发动机更生态高效并且更快上市
ICM²E-材料&制造仿真
仿真使其可能在新材料和制造技术上的研发和试验实现可观的节约
技术、能力和投资大协同
商用
技术成熟 2025+
开始服役 2030+
高压压气机
低压涡轮
材料
增材制造
材料与制造工程
虚拟发动机
全寿命管理
装配与验证试车
军用
NEFE样机技术成熟2023+
NEFE样机开始服役2031+
新的革命性技术正在走向成熟
燃气涡轮技术
电推进技术
革命性第二代GTF研发
革命性概念
动力混合(drop-in-power)/压缩阳光燃料(sun-to-liquid):航空替代燃油
涡轮-电推进，混动概念
电池
氢气直接燃烧/液氢燃料电池
2020
2030
2050


图 7.1　MTU 公司概况

## 7.2　发　展　简　史

　　MTU 公司的前身是 1934 年建立的宝马飞机发动机公司。1969 年,由戴姆勒-奔驰宇航公司的涡轮机部、梅巴赫-梅赛德斯-奔驰有限公司和奥格斯堡-纽伦堡机床制造厂涡轮有限公司合并成立 MTU 公司[24]。1985 年,原属 MTU 公司的奥格斯堡-纽伦堡机床制造厂涡轮有限公司将其掌握的 50% 的股份卖给了奔驰公司,从而使联邦德国最大的航空发动机公司成为奔驰公司下属的一个子公司。1989 年,MTU 公司成为德国戴姆勒-奔驰宇航公司的一部分。1998 年,戴姆勒-奔驰集团与美国克莱斯勒集团合并为当时世界第二大汽车集团,而其控股的戴姆勒-奔驰宇航公司也更名为戴姆勒-克莱斯勒宇航公司(简称 DASA)。2000 年,DASA 被欧洲航空防御和空间公司(简称 EADS)合并,MTU 公司被排除在 EADS 之外,成为戴姆勒-奔驰宇航公司的全资控股子公司。2004 年,戴姆勒-奔驰宇航公司将 MTU 公司出售给 Kohlberg Kravis Roberts(KKR)公司,这是一家跨国私人公司。MTU 公司在 2005 年 6 月成功上市,注册资金超过 5 亿欧元。2006 年 2 月初,KKR 公司出售了它持有的 29% 股份,归 MTU 公司持有。至此,MTU 公司成为一家独立上市公司。2011 年,MTU 公司收购了 PW1100G - JM 18% 的股份。2017 年,MTU 公司和汉莎技术公司达成协议,成立齿轮传动发动机维护公司,两公司均持有 50% 的股份。2018 年,MTU 公司和法国赛峰集团联手研发新一代欧洲战斗机发动机。

## 7.3　组　织　架　构

　　MTU 航空发动机公司与世界上很多重要的发动机制造商合作,在世界各地拥有很多子公司和维修中心(表 7.1),生产的发动机包括各个推力量级和重要的发动机部件和分系统。

表 7.1　MTU 全球子公司和分公司控股情况

| 公　司　名　称 | 控股方式 | 控股参股比例/% |
|---|---|---|
| MTU Aero Engines Investment GmbH, Munich | 全资 | 100 |
| MTU Aero Engines GmbH, Munich | 全资 | 100 |
| MTU Maintenance Hannover GmbH, Langenhagen | 全资 | 100 |
| MTU Maintenance Berlin-Brandenburg GmbH, Ludwigsfelde | 全资 | 100 |
| MTU Maintenance Canada Ltd. , Richmond, Canada | 全资 | 100 |
| Vericor Power Systems L. L. C. , Atlanta, USA | 全资 | 100 |

续 表

| 公 司 名 称 | 控股方式 | 控股参股比例/% |
|---|---|---|
| RSZ Beteiligungs-und Verwaltungs GmbH, Munich | 全资 | 100 |
| MTU Aero Engines North America Inc., Rocky Hill, USA | 全资 | 100 |
| ATENA ENGINEERING INC., Hartford, USA（i. L.） | 全资 | 100 |
| MTU Versicherungsvermittlungs-und Wirtschaftsdienst GmbH, Munich | 全资 | 100 |
| MTU Maintenance do Brasil Ltda., Sao Paulo, Brazil | 控股 | 99.9 |
| MTU München Unterstützungskasse GmbH, Munich | 全资 | 100 |
| EUROJET Turbo GmbH, Munich | 参股 | 33 |
| EPI Europrop International GmbH, Munich | 参股 | 28 |
| MTU Turbomeca Rolls-Royce GmbH, Hallbergmoos | 参股 | 33.33 |
| APA Aero Propulsion Alliance GmbH i. L., Munich | 参股 | 24.8 |
| Turbo Union Ltd., Bristol, Great Britain | 参股 | 39.98 |
| MTU Maintenance Zhuhai Co. Ltd., Zhuhai, China | 对等 | 50 |
| Pratt & Whitney Canada Customer Service Centre Europe GmbH, Ludwigsfelde | 对等 | 50 |
| Ceramic Coating Center S. A. S., Paris, France | 对等 | 50 |
| Airfoil Services Sdn. Bhd., Shah Alam, Malaysia | 对等 | 50 |
| Pratt & Whitney Canada CSC,（Africa）（PTY.）, Ltd. Lanseria, South Africa | 对等 | 50 |
| IAE International Aero Engines AG, Zurich, Switzerland | 参股 | 12.1 |
| Gesellschaft zur Entsorgung von Sondermüllin Bayern GmbH, Munich | 参股 | 0.1 |

# 7.4 规 模 能 力

MTU 公司负责生产民用和军用发动机的部件和单元体以及发动机总装,也是民用航空发动机维修服务的独立供应商。

## 7.4.1 民用发动机业务

MTU 公司研制和生产不同推力量级的民用发动机部件和单元体(表7.2)。参与研制 CF6、PW2000 和 V2500 风险与收益共担项目。全球几乎每三架民用飞机中就有一架使用了 MTU 公司的单元体和部件。MTU 公司在民用发动机领域的发展活动主要集中在空客 A380 使用的 GP7000 和 A318 使用的 PW6000 两个重要项目上。

表 7.2 MTU 公司参与生产的民用发动机及其配装机型

| 类 型 | MTU 参与部分 | 描 述 | 应 用 |
|---|---|---|---|
| PW4000 | 研制了 PW4000 发动机的低压涡轮 | 推力级为 340~440 kN 的双转子涡扇发动机 | 波音 777 用发动机 |
| GP7000 | 研制 GP7000 涡扇发动机涡轮中心架、低压涡轮和高压涡轮部件 | 推力级为 315~380 kN 的双转子涡扇发动机 | 空客 A380 用发动机 |
| CF6 | 研制 CF6 发动机的高压涡轮,并为 CF6 发动机的维护提供技术支撑 | 推力级为 180~320 kN 的双转子涡扇发动机 | 空客 A300、A310、A330,以及波音 747、波音 767、DC－10 和 MD－11 用发动机 |
| PW2000 | 研制 PW2000 发动机的低压涡轮、高压涡轮和机匣,并为 PW2000 发动机维护提供技术支撑 | 推力级为 170~190 kN 的双转子涡扇发动机 | 波音 757 用发动机 |
| V2500 | 研制 V2500 发动机低压涡轮,并为 V2500 发动机维护提供技术支撑 | 推力级为 100~150 kN 的双转子涡扇发动机 | 空客 A319、A320、A321 和波音 MD－90 用发动机 |
| PW6000 | 研制了 PW6000 发动机的高压压气机和低压涡轮 | 推力级为 98 106 kN 的双转子涡扇发动机 | 空客 A318 用发动机 |
| JT8D－200 | 研制 JT8D－200 发动机的低压压气机、高压压气机、低压涡轮和高压涡轮 | 推力级为 90~100 kN 的双转子涡扇发动机 | 波音 MD－80 系列用发动机 |
| PW300 | 研制 PW300 发动机低压涡轮和机匣 | 推力级为 18~30 kN 的双转子涡扇发动机 | 中型公务机和喷气支线客机用发动机 |
| PW500 | 研制 PW500 发动机低压涡轮和机匣 | 推力级为 13~20 kN 的双转子涡扇发动机 | 轻型和中型公务机用发动机 |

## 7.4.2 军用发动机业务

MTU 公司的军用发动机业务是其另外一个业务支柱。公司研制单元体和部件,包括涡轮、压气机、控制和监测系统的制造及修理。近年来,公司最重要的军用发动机项目包括欧洲"台风"战斗机的 EJ200 发动机、军用运输机 A400M 的 TP400－D6 发动机和"虎"直升机的 MTR390 发动机。

## 7.4.3 工业燃气轮机

MTU 公司是 GE 公司 LM2500 和 LM6000 涡轮机可靠的 MRO 解决方案供应商。MTU 公司为燃气轮机提供全年的远程趋势监测,如果数据参数出现异常,系统会及时提醒工程师,工程师对出现的问题进行分析后,向客户提出专家建议,用这种预警的方式,来减少停机时间。此外,MTU 公司还提供 24 小时电话服务,并为出现的紧急问题提供现场维修服务。同时,MTU 公司为客户提供了培训课程,并在泰国、巴西、澳大利亚和美国等地区设置了维修中心。

表 7.3 示出了 MTU 航空公司 2016~2019 年经营数据,其中 2019 年实现营业额 46.284 亿欧元。

**表 7.3　表 2.9MTU 航空公司 2016~2019 年经营数据[25]**

|  | 2016 年 | 2017 年 | 2018 年 | 2019 年 |
|---|---|---|---|---|
| 总资产/亿欧元 | 58.446 | 62.252 | 68.508 | 77.653 |
| 销售收入/亿欧元 | 47.327 | 38.974 | 45.671 | 46.284 |
| 净利润/亿欧元 | 2.712 | 2.854 | 2.615 | 0.802 |
| 研发费用/亿欧元 | 2.086 | 1.997 | 2.012 | 2.143 |
| 员工总数/人 | 8 368 | 8 846 | 9 731 | 10 660 |

## 7.5　服务保障

飞机发动机维修是 MTU 公司的核心竞争力之一。在该业务领域,MTU 公司是世界上重要的独立维修服务供应商之一。MTU 公司将其 MRO 活动整合成一个维修站点网络——MTU 维修。MTU 公司及其子公司遍布全球,除德国本土之外,MTU 公司在中国珠海、加拿大温哥华、马来西亚吉隆坡和巴西都设有运营点。

MTU 军用发动机服务系统为 MTU 公司的军用客户(德国军队)提供服务,提供的服务含 MRO、技术支持、机队管理、后勤支持、定制培训等。

此外,MTU 公司还实施了"MTU 价值关怀计划"服务项目(MTU ValueCare Program),该项目不仅提供发动机,更提供系统的专业知识和配套的本地化服务来满足客户的需求。"MTU 价值关怀计划"服务项目的服务范围涵盖了定制化维修解决方案、快速提供配件及耗材,如发动机冷却剂、发动机油和过滤器,以及改装引擎和服务配件以确保 MTU 公司的发动机能在整个生命周期达到最佳的峰值性能、长寿命以及优化的成本。凭借 MTU 公司广泛的授权经销商和服务商网络,"MTU 价值关怀计划"产品和服务远销全球。

# 第8章
# 联合发动机制造集团

## 8.1 集团概况

联合发动机制造集团成立于 2007 年 12 月,是俄罗斯专业从事军、民用航空发动机、航天项目、海军动力以及工业燃气轮机的研发、批产与维护的大型集团[26],其标志如图 8.1 所示,隶属于"俄罗斯技术"集团(简称俄技)。成立联合发动机制造集团的目的是俄罗斯政府为优化航空产业结构、强化管理发动机制造资产、集中力量开拓航空发动机领域具有前景的项目、增强航空动力的竞争力,从而对国内85% 的航空发动机研制企业进行整合。经过十多年的整合,联合发动机制造集团现有 10 家主要成员单位,部分单位属地及业务重点见表 8.1。2020 年联合发动机制造集团员工总数达到 9 万多。

图 8.1 联合发动机制造集团标志

表 8.1 联合发动机制造集团主要成员单位及其所在地

| 单位所在地 | 单 位 名 称 | 业 务 特 色 |
| --- | --- | --- |
| 莫斯科 | 车尔尼雪夫发动机厂 | 专业生产军民用航空发动机 |
| | 礼炮燃气涡轮制造科学生产中心 | 著名的军民用航空发动机批产厂 |
| 圣彼得堡 | 克里莫夫股份公司 | 燃气涡轮发动机主要设计单位,拥有自己的高空试验基地,掌握矢量喷管技术 |
| 雷宾斯克 | 土星科学生产联合体 | 主要研制军民用航空、海军船舶、能源及燃气输送设备用燃气涡轮发动机 |
| 萨马拉 | 库兹涅佐夫股份公司 | "NK"系列发动机、火箭发动机 |

续　表

| 单位所在地 | 单 位 名 称 | 业 务 特 色 |
|---|---|---|
| 彼尔姆 | 彼尔姆科学生产综合体[27][由UEC-彼尔姆发动机厂①和航空发动机股份公司(设计局)②组成] | 批生产军民用航空发动机和燃气轮机①主要研制民用航空发动机和燃气轮机② |
| | UEC-星股份公司 | 专业设计和生产燃气涡轮发动机自动控制系统 |
| 乌法 | 乌法发动机生产联合体 | 军用航空发动机主要研制单位,有著名的留里卡设计局 |
| | 发动机科学生产企业股份公司 | |

UEC的战略目标是:全面完成国防部任务及国家武器装备项目,维护国家安全;支持和发展航空发动机、地面与舰船燃气轮机、火箭发动机的研制;为预研和创新项目提供充足的资源保障。

## 8.2　发展简史

苏联解体前,航空工业企业、研究机构已达到300余家,整个行业从业人数高达100万人。但企业存在资源配置重复、资金分配分散、人员冗余、效率低下等问题。苏联解体后,航空工业深受重创。虽然俄罗斯从苏联继承了强大的航空工业体系,仍能研制、试验及生产几乎所有型号的现代航空装备,但在20世纪90年代,俄罗斯的航空发动机产业每况愈下,很多企业自筹资金进行科研生产、甚至关门倒闭。

面对窘迫困境,俄罗斯政府力图通过调整航空工业结构来优化航空工业现有的设施、人员、资金配置等,推动集约化合并,提高管理和投资效率。这样既可提高国家控股,加强政府对发动机行业的有利控制,在保持和发展科研生产潜力的同时,集中力量开拓航空领域具有前景的项目,从而增强航空工业的竞争力。为此,俄罗斯政府专门成立了航空工业企业整合委员会,对航空工业进行专业化重组。

2007年8月,俄罗斯总统普京走访了位于圣彼得堡的克里莫夫工厂,亲自过问航空发动机行业发展问题,并就发动机行业整合等问题举行会议,签署了关于成立联邦国有独资企业"礼炮"燃气涡轮制造科学生产中心的1039号俄联邦总统令,俄罗斯航空发动机整合大幕正式开启。

俄罗斯航空发动机行业整合第一步是成立四个控股公司[28]:第一个是以"礼炮"为基础的控股公司,合并了发动机附件工厂,即鄂木斯克巴拉诺夫发动机制造联合体以及加夫里洛夫-亚姆斯基"玛瑙"机械制造厂;第二个控股公司合并了雷宾斯克土星科学生产联合体、乌法发动机科研生产联合体和彼尔姆航空发动机股份公司;第三个控股公司以克里莫夫公司为基础,整合了莫斯科车尔尼雪夫工厂;第四个控股公司将生产NK系列发动机的萨马拉库兹涅佐夫科技生产联合体与另外两家企业整合成萨马拉航空发动机制造中心,以期挽救民族航空工业。从上述四个控股公司的整合来看,首先是完成制造厂与设计局的初步融合,如土星与乌法发动机生产联合体的整合,形成了从设计到制造服务系统的整合,建立包括产品研制、生产制造全流程的新模式,达到降低费用、增强企业综合能力的目的。

为了管理发动机制造资产,2007 年 12 月俄罗斯成立了国防工业集团公司的子公司——联合发动机制造集团,整合进入第二阶段。该集团是俄技国有集团下属的国防工业集团公司的全资子公司,整合了航空发动机制造领域绝大部分的企业,控制了俄罗斯航空制造业 85% 以上的行业资产。最初的成员单位有:土星科学生产联合体、乌法发动机生产联合体、彼尔姆发动机工厂、航空发动机公司(彼尔姆)、萨马拉库兹涅佐夫科技中心、发动机制造者(萨马拉)、萨马拉机械制造设计局、莫斯科车尔尼雪夫机械制造企业。此外还有:彼尔姆发动机股份公司、"星"股份公司、彼尔姆"茵卡尔"附件联合企业、萨马拉五金工人股份公司、"发动机"科学生产联合体(乌法)、"红色十月"股份公司(彼得堡)等。

2010 年"星"设计局和批生产厂彼尔姆"茵卡尔"附件联合体加入联合发动机制造集团,并使用统一名称——"星"股份公司。直到 2013 年"礼炮"完成与联合发动机制造集团的整合,俄罗斯航空发动机行业的超级大集团终于成型,但内部整合还在继续。2020 年 11 月 UEC 将位于彼尔姆市的两家航空发动机企业联合发动机制造集团-彼尔姆发动机(工厂)和联合发动机制造集团-航空发动机(彼尔姆设计局)合并,组建了联合发动机制造集团-彼尔姆发动机科学生产综合体,负责 PD-14 和 PD-35 民用发动机项目。

## 8.3　组 织 架 构

2007 年 10 月,俄罗斯国家杜马通过了成立俄罗斯技术集团的方案,同年 11 月,普京总统签署了成立该企业的决议。这家由国家全部出资的企业,其总经理直接由国家总统任免,并且由国家总统任命监事会主席。俄罗斯技术集团为总经理、董事局、监事会三权分立、互相监督的格局。公司管辖 700 多个企业[29],涉及航空、兵器、冶金、能源、汽车等多个领域。航空业务由 2015 年成立的航空部进行统一投资和管理,联合发动机制造集团为俄罗斯技术集团下属成员单位。需指出的是,除联合发动机制造集团外,联合飞机制造集团也于 2020 年 3 月并入俄罗斯技术集团。联合发动机制造集团的成立和发展体现了俄罗斯航空工业集团化、规模化发展的思想[30],将主要航空设计生产能力集中到了联合发动机制造集团、联合飞机制造集团、俄罗斯直升机公司、无线电电子技术集团和"技术发展"集团五家大型集团(图 8.2)。

联合发动机集团内部实行经理委员会制度,经理委员会成员由全体股东大会选举产生,公司管理层组织机构见图 8.3,内部的组织结构见图 8.4[31]。

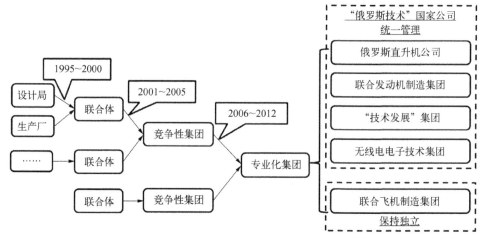

图 8.2 俄罗斯航空工业专业化集团的演变

图 8.3 联合发动机制造集团管理机关组织机构图

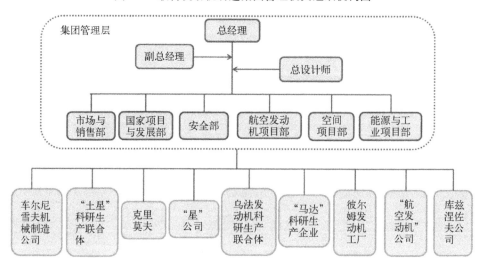

图 8.4 联合发动机制造集团组织结构图[32]

# 8.4　规模能力

联合发动机制造集团在俄罗斯国内军用发动机、教练机与远程飞机动力市场占据垄断地位,对外则通过俄罗斯武器装备出口公司(俄武)出售产品,合作对象包括中国、印度等国家;在民用发动机和运输机动力方面,联合发动机制造集团也为其 100% 提供动力,其发动机产品见表 8.2。在研型号包括民用发动机 PD - 14 和 PD - 35,军用五代机动力 30 号机,轻型军用运输机伊尔- 112 V 动力 TV7 - 117ST,先进直升机发动机,舰船燃气轮机及附件,工业燃气轮机等。

表 8.2　联合发动机制造集团主要产品(数据来源:联合发动机制造集团年报)

| 分　类 | 产　品 | 应　用　机　型 |
|---|---|---|
| 民用航空发动机 | TV7 - 117S | 伊尔- 114 |
| | SaM - 146 | 超级喷气-100 |
| | PS - 90A 系列 | 图- 204 - 100/- 300,图- 204S,图- 214 |
| | TV7 - 113SM | 伊尔- 114 - 300,伊尔 114 300T |
| | PD - 14 | MS - 21 |
| 军用航空发动机 | RD - 33 | 米格- 29 |
| | RD - 33MK | |
| | RD - 93 | |
| | AL - 55I | HJT - 36 |
| | AL - 31F | 苏- 30MKI,苏- 30MKM |
| | AL - 41F - 1S | 苏- 35 |
| | D - 30KP | 伊尔- 76MD,伊尔- 78 |
| 直升机发动机 | TV7 - 117 V | 米- 28,卡- 50,卡- 52,米- 382,米- 383 |
| | TV3 - 117 | 米- 14,米- 24 |
| | VK - 800 V | 卡- 226,米- 54 |
| | VK - 2500 | 米- 8MT,米- 17,米- 14,米- 24,卡- 32,卡- 50,卡- 52,米- 28N |
| | RD - 600 V | 卡- 62 |
| 火箭发动机 | RD - 107/108 | |
| | NK - 33 | |
| 工业燃气轮机 | GTD - 6(6 兆瓦级) | GTES - 12/24 |
| | GTD - 4(十兆瓦级) | GPA - 4 |
| | GTD - 110(百兆瓦级) | GTE - 110 |
| 舰船燃气轮机 | M75RU(7 000 轴马力) | 军民用舰船 |
| | M70FRU(14 000 轴马力) | 军民用舰船 |

　　经过几轮拆分合并,加上政府加大对航空发动机研制的投入,俄罗斯的航空发动机产业正在稳步复苏。2020 年联合发动机制造集团总收入为 1 093.7 亿卢布,纯利润达到 140.83 亿卢布。

### 8.4.1　强强联合,设计与生产融合

　　俄罗斯发动机行业特色是设计局有自己的试制厂,而工厂也有自己高技术水平的设计中心。在整合过程中,政府也有意将几个主要的发动机设计局和生产厂配对结合,形成了以乌法、土星、彼尔姆、礼炮为首的四大综合体,既有效促进了设计与加工更快更好地融合,又在各综合体之间设置了竞争。目前联合发动机制造集团主要有 7 家设计局、7 家工厂、3 个科研中心、4 家修理厂(图 8.5),可以说俄罗斯的航空发动机科研与生产能力得到了非常大的提升。

**图 8.5　联合发动机制造集团主要设计局及工厂**[33]

1. 土星科学生产联合体股份公司

　　土星科学生产联合体股份公司是前雷宾斯克发动机公司(工厂)与留里卡-土星公司合并的成果,主要从事客机和运输机用发动机、地面与舰船燃气轮机的研发

与生产,其主要产品见图 8.6[34,35]。雷宾斯克发动机公司成立于 1916 年,最早是生产汽车发动机的工厂,1924 年开始转型生产航空发动机。1935 年建立设计局,V. IA. 克里莫夫任总设计师。1938 年为歼击机雅克-1、雅克-3、苏-1/3 等研制 M-103、M-105 系列发动机。1970 年,著名的 A. M. 留里卡任总设计师,研制了 AL-21F-3 发动机。1970 年开始批产 D-30 KU 发动机,1976 年研制了第四代军用发动机 AL-31F。

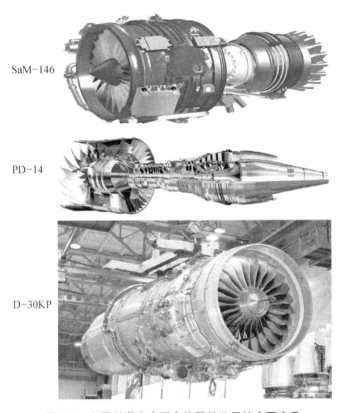

SaM-146

PD-14

D-30KP

图 8.6　土星科学生产联合体股份公司的主要产品

土星科学生产联合体股份公司总部(设计局和生产基地)位于雷宾斯克,在莫斯科设有办事处,在圣彼得堡和鄂木斯克市建立了科技中心,在彼尔姆市设置了工程中心(表 8.3)。至 2020 年土星科学生产联合体股份公司共有员工 14 054 人,平均年龄为 43.2 岁,30 岁以下的青年员工占 23%。土星科学生产联合体股份公司重视建立技术储备,在发动机研发技术和组织管理方面开拓创新,高效推动项目/产品的实现(图 8.7)。土星科学生产联合体股份公司还与莫斯科航空学院、哈尔科夫航空航天大学、萨马拉机械研究大学、彼尔姆国立技术大学、雷宾斯克国立航空技术大学等高校开展合作,培养人才队伍,提升技术人员专业能力。

表 8.3　土星科学生产联合体股份公司组织机构

| 类　型 | 名　　称 | 所在地 | 具　体　工　作 |
| --- | --- | --- | --- |
| 技术研发机构 | 实验-设计 1 部和 2 部 | 雷宾斯克 | 负责军民用航空发动机的设计 |
| | 科技中心 | 圣彼得堡 | 负责航空发动机前沿技术的预先研究等 |
| | 工程中心 | 彼尔姆 | 负责军民用航空发动机的试验等 |
| 生产工厂 | 1 号生产厂 | 雷宾斯克 | 军民用航空发动机的生产组装 |
| | 土星-燃气涡轮公司 | | 地面用燃气轮机机组的设计、生产、售后服务,以及发电站的组建和原子能发电站设备的生产 |
| | 俄罗斯机械公司 | | 生产雪地汽车、平底竞赛汽艇和四轮摩托等 |
| | 雷特卡利诺机械制造厂 | 莫斯科州 | |
| 合资公司 | Smartek 公司 | 斯奈克玛 | 负责结构设计工作 |
| | Powerjet 公司 | | SaM－146 的研制、取证、生产、销售以及售后服务 |
| | VolgAero 公司 | | SaM－146 发动机零、部件生产 |
| | Poluevo-Invest 公司 | | SaM－146 发动机试验 |

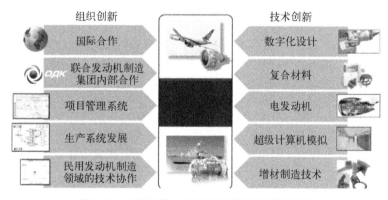

图 8.7　土星科学生产联合体股份公司的创新

**2. 乌法发动机生产联合体**

乌法发动机生产联合体是俄罗斯军用航空发动机重要的研制单位和最大的生产商,从事航空发动机及工业用燃气轮机的研制、生产、批产、维修[36]。乌法发动机制造联合体建于 1925 年 6 月 17 日,后改名为乌法发动机制造厂,1978 年在此基础上建立了乌法发动机生产联合体,1993 年成为乌法发动机生产联合体开放式股份公司。乌法发动机生产联合体总部位于乌法市,子单位有留里卡设计局(莫斯科)、雷特卡琳娜机械制造厂(图拉耶夫)。2020 年员工总数为 23 376 人。

乌法发动机生产联合体曾经为 170 个型号的飞机及其改型生产了 50 多个型号的发动机及其改型。目前,乌法发动机生产联合体承担了苏－35 飞机及其所有改型的 AL-41F-1S 发动机,苏-25 系列飞机的 R-95SH 和 R-195 发动机,图-334 飞机的 D-436T1 发动机,别-200 水陆两用飞机的 D436TP 发动机,卡-27、卡-28 和卡-32 直升机旋翼翼柱,米-26 直升机传动装置的生产任务。根据 117、117S 和发展军用航空系统第五代机的计划,与"土星"设计局联合生产第 4+代新型发动机的部件,并为轻型喷气式教练机研制小尺寸的 AL-55 发动机。被俄罗斯联邦政府选为第 5 代航空发动机批量生产企业之一,并对中等量级和重型直升机的发动机备件进行批生产。该企业还生产工业用燃气涡轮发动机:以 AL-31F 发动机为基础,生产用于 16 MW 天然气输送机组的 AL-31ST 燃气涡轮传动装置和用于 20 MW 发电站的 AL-31STI 燃气涡轮传动装置。

**3. 彼尔姆科学生产综合体**

2020 年 11 月,联合发动机制造集团将同位于彼尔姆市的"彼尔姆工厂"和"航空发动机"合并,成立彼尔姆科学生产综合体[37]。"航空发动机"也就是国内熟知的彼尔姆设计局,主要从事民用航空发动机、工业用燃气轮机装置以及航改燃机电站的开发工作,有各类试验设备 80 多台,其中包括加温、加温加压和露天台等 10 多个各类整机试车台、14 套气动试验设备、40 套强度试验设备和 17 套液压试验设备。目前研制的型号包括 D-30 系列、PS-90A2,在研项目 PD-14、PD-35 等。

**4. "礼炮"燃气涡轮制造科学生产中心**

"礼炮"之前是俄罗斯"两强争霸"的另一家企业,以莫斯科机械制造生产企业"礼炮"为基础组建。整合过程中,除了合并发动机附件工厂——鄂木斯克巴拉诺夫发动机制造联合体以外,"礼炮"还注入包括加夫里洛夫-亚姆斯基机械制造厂"玛瑙"等企业的股份。该企业是战斗机发动机 AL-31F 的批生产工厂,主要制造和销售战斗机、运输机和教练机用涡轮风扇和涡轮喷气发动机以及工业用途的燃气轮机。该企业在 2000 年后成立了设计室,在长期生产 AL-31F 发动机积累的经验的基础上,开始对该发动机进行改进改型。先后推出的改型有 AL-31F-M1、AL-31F-M2、AL-31F-M3,最新的改型 AL-31F-M3 已经进入了台架试验阶段。"礼炮"与独联体内许多发动机研究机构有着紧密的合作关系,从 1993 年开始为扎波罗热"前进"设计局研制的发动机 D-436T1 生产零部件,2004 年开始为该设计局生产用于雅克-130 教练机的涡扇发动机 AI-222-25。目前,"礼炮"积极致力于 AL-31F 发动机的深度改型,寄希望在俄罗斯新一代战斗机发动机研制中占有一席之地。另外,"礼炮"还投入很大精力开发环保型燃气轮机,例如 PGU-20S、PGU-60S 等产品用于发电和天然气输送。

**5. 克里莫夫公司**

克里莫夫公司是俄罗斯军民用燃气涡轮发动机主要研制单位,拥有自己的设计局、现代化生产中心和试验基地[38]。该公司前身是 1912 年在圣彼得堡组建的

"俄罗斯雷诺"工厂,最初主要研制活塞发动机。目前主要的发动机型号包括 RD - 33、RD - 93、TV7 - 117 V、TV3 - 117 和 VK - 800 V、VK - 2500 等。2019 年克里莫夫公司总收入 217 亿卢布,生产了 230 多台 VK - 2500/TV3 - 117 发动机。2019 年一年的科学研究试验设计工作经费超过 40 亿卢布。

克里莫夫公司现有 15 个整机试车台、60 多个部件和系统试车台、一套用于强度研究和附件试验的设备仪器,还有一个"试验中心工厂实验室",用于开展发动机零部件、材料的冶金试验,开展无损检测研究等。2018 年克里莫夫公司开始试验基地改造工作,预计花费 20 亿卢布。

6. 星股份公司

星股份公司是俄罗斯唯——家专业从事航空、地面、海洋用燃气涡轮发动机供油系统和控制系统的研制与批产的企业,包括研制 FADEC 电子附件、液压附件等,有多年燃气涡轮发动机全寿命周期的维护经验[39]。该公司的使命是通过不断发展发动机自动控制系统的研制与生产技术来稳固俄罗斯附件制造领域的领先地位。

### 8.4.2 政府投入不断增加

随着国内经济的逐步稳定,俄罗斯也在不断增加航空工业发展的投入。在《2013~2025 年俄罗斯航空工业发展规划》中,2013~2025 年的联邦拨款预算总规模达到了 4 015.57 亿美元。其中,航空发动机产业及总的预算拨款如表 8.4 所示。

表 8.4 俄罗斯 2013~2025 年发动机及总投资年度一览表

(单位: 亿美元)

| 年　　份 | 航空发动机 | 总预算内投资 | 占　　比 |
|---|---|---|---|
| 2013 | 9.71 | 261.01 | 3.72% |
| 2014 | 16.05 | 356.76 | 4.50% |
| 2015 | 5.09 | 411.73 | 1.24% |
| 2016 | 17.89 | 521.31 | 3.43% |
| 2017 | 21.05 | 556.21 | 3.78% |
| 2018 | 14.85 | 486.64 | 3.05% |
| 2019 | 15.59 | 327.87 | 4.75% |
| 2020 | 16.54 | 257.47 | 6.42% |
| 2021 | 15.62 | 182.73 | 8.55% |
| 2022 | 14.82 | 179.79 | 8.24% |
| 2023 | 8.65 | 165.66 | 5.22% |
| 2024 | 10.54 | 155.55 | 6.77% |

续　表

| 年　　份 | 航 空 发 动 机 | 总预算内投资 | 占　　比 |
|---|---|---|---|
| 2025 | 11.44 | 152.88 | 7.48% |
| 合计 | 177.82 | 4 015.57 | 4.43% |

数据来源:《2013~2025 年俄罗斯航空工业发展规划》

俄罗斯政府计划未来还会以每年投资约 14 亿美元用于航空发动机产业科研和研制,虽然与美国航空发动机产业投资占比还有很大差距,但相比苏联解体后的局面已经有极大改变,再加上企业和其他渠道的投资,这一规模还将进一步加大。

### 8.4.3　组建国家队加速自主研发,实施进口替代减少国外依赖

2011 年联合发动机制造集团组建"军用航空发动机"团队,由乌法发动机生产联合体牵头,负责经费管理和成员单位工作汇报[40]。成员单位有车尔尼雪夫机械制造厂、发动机科学生产企业、"礼炮"燃气涡轮制造科学生产中心、乌法发动机生产联合体子单位留里卡设计局和雷特卡琳娜机械制造厂。国家队主要任务是研制五代机第一、第二阶段动力、AL 家族和 RD - 33 家族发动机系列化发展。以 AL 41F - 1S 为例(表 8.5),以土星科学生产联合体为首联合俄罗斯航空发动机部件技术优势单位成立国家队,共同研制五代机动力。

表 8.5　AL - 41F - 1S 发动机主要研制单位分工

| 部件与系统 | 部件主研单位 | 参研单位 | 加工单位 |
|---|---|---|---|
| 低压压气机 | 发动机科学生产企业 | 土星科学生产联合体<br>彼尔姆航空发动机设计局<br>联盟设计局 | 乌法发动机生产联合体 |
| 核心机 | 土星科学生产联合体 | 发动机科学生产企业<br>彼尔姆航空发动机设计局 | 土星科学生产联合体 |
| 低压涡轮、后支撑、混合器 | 彼尔姆航空发动机设计局 | 发动机科学生产企业<br>联盟设计局 | 彼尔姆发动机厂 |
| 加力燃烧室 | 发动机科学生产企业 | 土星科学生产联合体 | 乌法发动机生产联合体 |
| 尾喷管 | 克里莫夫公司 | 土星科学生产联合体 | 红色十月厂 |
| 自动控制系统 | 土星科学生产联合体 | 星股份公司<br>克里莫夫公司 | 茵卡尔附件厂 |
| 飞发附件传动机匣 | 克里莫夫公司 | 发动机科学生产企业 | 乌法发动机生产联合体 |

在民用发动机、教练机与无人机动力方面,俄罗斯投入的人力、物力和财力远远赶不上军用发动机,导致在这些领域依然依赖于加拿大、乌克兰等国家的发动机。2014 年乌克兰危机爆发后,随着俄罗斯与乌克兰、欧盟的交恶,以及欧美随之

发起的对俄经济与技术封锁和制裁等,俄罗斯航空工业各大集团纷纷将进口替代纳入企业发展战略,并不断打破企业壁垒、加速资源和专业整合、优化供应链结构、提高产品在国际市场的竞争力,以摆脱受制于人的局面。其中,联合发动机制造集团针对进口需求产品制定了详细的"进口替代"计划(图 8.8),通过这些进口替代计划,联合发动机制造集团希望可以摆脱对国外产品的依赖,同时夺回在这些动力领域失掉的市场份额。

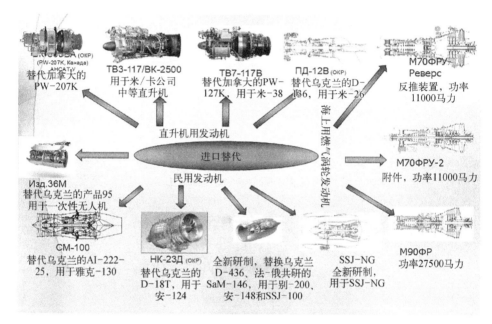

**图 8.8　联合发动机制造集团开展进口替代计划**

### 8.4.4　通用核心机及发动机系列发展路线

为了确保在航空发动机各个方面的优势,联合发动机制造集团着力通过五个维度来提升发动机研制与生产水平: 为了改进批产发动机以及研制全新的具有竞争力的先进发动机,不断建立科技储备;在通用核心机基础上,通过研制不同类型的发动机系列使发动机产品多用途化;在几个工艺中心框架下以研发先进工艺为基础建立一个统一的生产工艺基地;构建更优化合理的售后维护系统;在生产企业引进和发展先进的生产过程管理。

俄罗斯一直以来都是走发动机改进设计路线,使推力和效率不断提高,最终形成某一型号系列发动机,如 AL-31F 和 PD-14 发动机,见图 8.9 和图 8.10。

近年来,俄罗斯也开始走核心机派生发展路线。以 PD-14 发动机原始核心机为例,通过部件和系统的改进,可以研制出不同推力量级、甚至不同结构类型的发动机,用来配装不同用途的飞机和工业装置,见图 8.11。

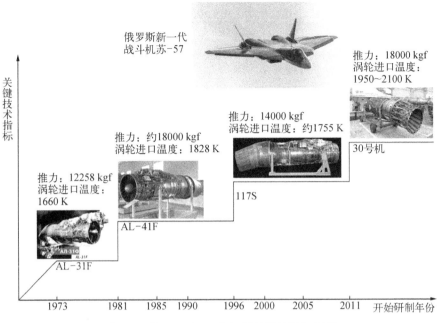

**图 8.9　从 AL – 31F 到 30 号机的继承与创新**

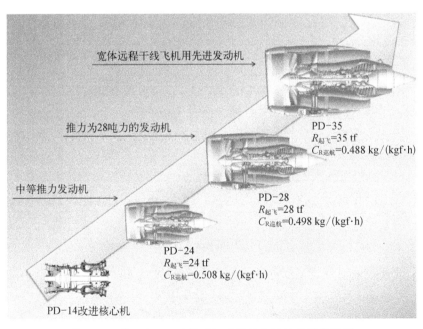

**图 8.10　基于 PD – 14 发动机改进核心机的系列发展图**

注：1 tf = 9.806 65 kN

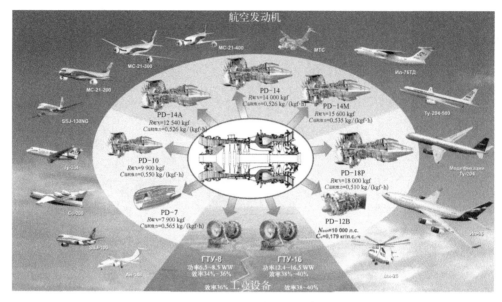

图 8.11    通用核心机理念

### 8.4.5    开展国际合作共同研发新机

为了积极占领和开发国际市场,联合发动机制造集团的土星、乌法公司分别与法国赛峰集团、美国普惠公司等开展国际合作,尤其是 2004 年土星公司与赛峰成立了合资公司 Power Jet 为 SSJ – 100 飞机联合研制 SaM – 146 发动机(图 8.12),专门负责 SaM – 146 发动机的设计、生产、营销、售后、用户管理、技术维护和发动机维修等内容。SaM – 146 发动机项目总预算拨款 8 亿美元,各付 50%,俄方财政预算来源于《2002 ~ 2010 以及至 2015 年前俄罗斯民用航空技术装备发展联邦专项规划》,法方财政预算由法国政府向斯奈克玛公司拨款 1.4 亿欧元支持 SaM – 146 发动机研制计划。SaM – 146 发动机的核心机设计充分借鉴赛峰斯奈克玛公司在 CFM56 发动机的成功经验和 Tech56 计划的研究成果,以其在 20 世纪 90 年代末开始发展的 DEM21 核心机的主要技术成果为基础,部分组件引入美国 GE – 90 的经验。2011 年 SaM – 146 进入商业服役。

法国赛峰集团
斯奈克玛公司

核心机
传动机匣
控制系统
飞/发一体化
和飞行试验

俄罗斯土星公司

风扇
低压压气机
低压涡轮
发动机最终装配和试验

图 8.12    SaM – 146 发动机项目分工

SaM-146 的合作研发体现了俄罗斯开放包容的航空发动机研制态度,通过国际合作不仅获得了发动机技术,还获得了欧洲航空管理局 EASA 的适航标准认证,为其民用发动机产品进入国际市场打开了缺口。

### 8.4.6　各级质量管理体系贯穿产品研制与生产

为保证俄罗斯航空发动机制造在国内外市场的竞争力,最大化满足客户需求,联合发动机制造集团基于完成国家武器装备计划和国防订单,对航空发动机制造、地面/舰船燃气轮机、航天发动机等领域给予支持和发展,提高业务效率和保证集团盈利,对先进项目和发展计划提供资源保障等质量战略目标,建立了集团级别及下属单位的质量管理体系。在严格执行国标 GOST ISO 9001、GOST RV 0015-002、国际标准 AS/EN 9100,在推行过程管理、风险管理、构型管理、设计管理基础上推行和完善质量管理体系,确定负责质量管理的职能部门(图 8.13)。

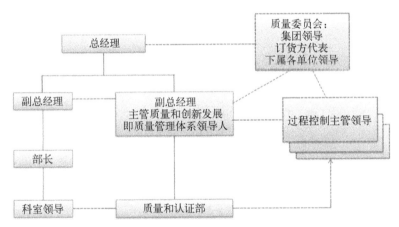

图 8.13　联合发动机制造集团质量管理职能部门[41]

集团层面的质量管理方案包括:根据 AS/EN 9100 发展集团质量管理体系;建立集团质量管理体系和各下属企业质量管理体系之间的相互联系;通过内部审计完善各下属企业的质量管理体系;制定和推行集团质量管理体系文件(质量费用核算、统计法、节约生产);制定集团内部索赔计算和分析系统;发展供应商,基于 AS/EN 9100 标准的要求确定与供应商的长期合作原则;发展售后跟踪系统、保证产品质量;企业员工的培训、发展和激励制度;发展售后服务。

以联合发动机制造集团下属单位燃气涡轮公司为例[42],其质量管理具体体现在:面向用户;测试、监控及分析工作结果;高效、开放的信息交流;指挥工作中领导人的权威性;风险识别思维;智慧选择并依次确认目标;吸引职工持续改进;减少损失;划清职责;完成应尽职责;持续增强员工职业能力;管控供应链、保障产品质量;国际合作伙伴;稳定发展;满足各利益方需求;集团文化;清查人为因素。

# 第9章
# 前进设计局

## 9.1 公司概况

乌克兰国营企业扎波罗热伊夫琴科·前进机械制造设计局(图 9.1、图 9.2)(下称"前进设计局")位于乌克兰扎波罗热市,是乌克兰国防工业部国家控股公司的子公司之一,也是乌克兰从苏联继承的唯一航空发动机设计单位,致力于航空燃气涡轮发动机的设计、制造、调试、试验、批产、认证和维修。

**图 9.1　乌克兰扎波罗热伊夫琴科·前进机械制造设计局标志**

**图 9.2　位于乌克兰扎波罗热市的伊夫琴科·前进机械制造设计局**

前进设计局在发动机设计、制造、维修和改进方面取得了由乌克兰国家航空管理局、欧洲航空安全局、中国民用航空局、船级社等颁发的 75 项资质认证,研制的航空发动机被广泛运用在 100 多个国家的 66 种飞行器及其改型上,燃气涡轮发动机的总运行时间超过 3 亿小时。2019 年前进设计局的纯收入约 6 200 万美元,总利润约 1 300 万美元,纯财政收益约 350 万美元。可以说,前进设计局代表了目前整个乌克兰航空发动机的研制水平,它在世界航空发动机发展进程中作为一股不可忽视的力量,为世界航空工业的发展做出了杰出贡献[43]。

## 9.2　发 展 简 史

20 世纪 30~40 年代,经历了第二次世界大战的苏联意识到了航空发动机产业及其自主研发能力在国防安全中的重要性,同时为应对二战期间日益增长的航空发动机需求、完善国内航空产业、提高航空发动机独立研制水平,苏联政府逐步将航空发动机工业的重心从原来发展高校转移到建立具备独立研究能力和制造能力的科研院所和制造工厂。因此,苏联政府当时建立了多所航空发动机试验设计局,其中就包括前进设计局。

1945 年 5 月 5 日,根据苏联航空工业人民委员沙胡林( А. И. Шахурин)的第 193 号令,在№478 工厂成立试验设计局,用于研制新型和改进现有民用中小功率的航空发动机,并任命工厂骨干设计师——即后来前进设计局的总设计师 А. Г. 伊夫琴科为试验设计局负责人。1966 年,试验设计局重新命名为"扎波罗热'前进'机械制造设计局"。

20 世纪 60~80 年代,前进设计局积极发展,推行研制最先进航空发动机样机的技术政策,自主研发能力不断提高,取得了令人瞩目的成绩:

(1) 研制出苏联首批三转子大涵道比发动机 D-36 和 D-18T;

(2) 研制出当时全世界功率最大和经济性最高的直升机用燃气涡轮发动机 D-136;

(3) 研制出苏联时期最早的涡轮桨扇发动机 D-236,通过了台架与飞行试验;

(4) 研制出当时技术指标最先进的涡轮桨扇发动机 D-27,涡轮前燃气温度 $T_{燃气}^*$>1 700 K、单位耗油率比当时在役先进涡轴发动机低 15%~20%、采用苏联产电子控制系统 FADEC。

20 世纪 80 年代末 90 年代初,苏联解体以及新国家成立之初的政治混乱与经济危机打乱了前进设计局发展的脚步,许多原定的发动机研制计划被迫中断搁浅。但幸运的是,前进设计局保留和继承了前期数十年的发动机研制经验,后来乌克兰利用这些宝贵经验建立了大量航空发动机科技储备,同时也成功跻身于世界少数几个具备独立研制航空发动机的国家之列。

1989 年 4 月 1 日,苏联航空工业国防部中断了与前进设计局的所有合同。在随后很长一段时间内前进设计局都面临着生产研发链断裂、科研经费缩水和短缺,因此前进设计局不得不调整生产模式,由从前依靠政府生存转而走商业合作发展的自救道路,并与发动机制造工厂成立生产联盟,大力发展对外合作。正因如此,前进设计局成为苏联第一家采用美元进行结算的企业。

1994 年,为纪念前进设计局创立者、首位总设计师、科学院院士 А. Г. 伊夫琴科对乌克兰航空发动机事业的杰出贡献,前进设计局改名为"扎波罗热伊夫琴科·前进机械制造设计局"。

2004 年,伴随着乌克兰航空发动机产业的改革与发展,试验设计局更名为乌克兰国营企业扎波罗热伊夫琴科·前进机械制造设计局。

2007 年 1 月 12 日,前进设计局与乌克兰最大的航空发动机生产企业马达·西奇签署了成立伊夫琴科集团联盟的协议。成立联盟旨在将前进设计局的科技研发能力与马达·西奇公司的强劲生产力结合起来,打造在国际航空发动机市场上的有效竞争力。

2010 年,乌克兰成立了国防工业国家集团公司,负责管理所有与国家经济和安全相关的企业。2011 年伊夫琴科·前进机械制造设计局归属乌克兰国防工业国家集团公司管理。

## 9.3　组　织　架　构

前进设计局在七十余年的发展历程中历经了四任优秀航空发动机总设计师的领导,依次是 А. Г. 伊夫琴科、В. А. 拉达列夫、Ф. М. 穆拉夫琴科、И. Ф. 克拉夫琴科(图 9.3)。目前,前进设计局由 2010 年接任总经理职位的 И. Ф. 克拉夫琴科领

| А. Г. 伊夫琴科 | В. А. 拉达列夫 | Ф. М. 穆拉夫琴科 | И. Ф. 克拉夫琴科 |
| (1945~1968年) | (1968~1989年) | (1989~2010年) | (2010年至今) |

图 9.3　前进设计局历任领导人

导,其下设两位第一副总经理和四位副总经理,以及多名分管不同领域的总设计师、总工程师、负责人等(图 9.4)。

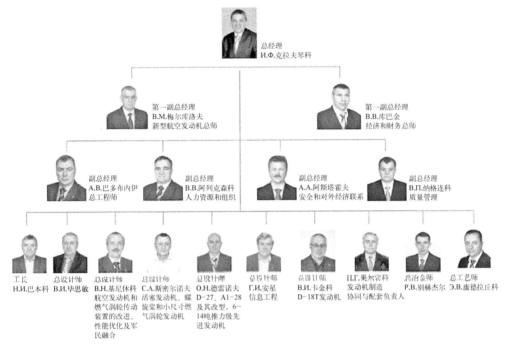

图 9.4　前进设计局现任主要管理人员

对外职能部门设置了人事部、法律部、安全部、新闻中心、对外经济联系处、材料配件采购部、批产发动机跟踪部、劳动生产保障中心、质量认证和管理部、市场营销和科技信息部;对内科研生产则设置了压气机室、燃烧室、涡轮室、气动计算与预研室、强度计算研究室、齿轮传动室、标准化室等(图 9.5)。

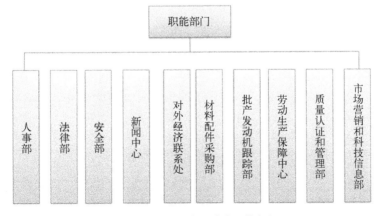

图 9.5　前进设计局对外职能部门

# 9.4　规　模　能　力

作为乌克兰最具实力的航空发动机研制企业,前进设计局在全球范围内与超过500家公司、企业建立了商业伙伴关系。在未来,前进设计局的发展目标是成为全球研制先进、可靠、环保航空发动机的领军企业之一。

## 9.4.1　软硬件设施

为实现该目标,前进设计局首先采取了一系列措施加强软硬件建设,例如:大力引进高性能计算机和应用先进软件,推广新技术、新方法;开设设计学校,实现员工技能培养和提升;建立材料基地,开展先进材料研究等。目前,前进设计局在高性能发动机研制中已实现 CAD/CAM 和三维模型进行产品设计和计算,以及高效冷却单晶涡轮叶片、高压压气机级、整体叶盘制造工艺、高强度粉末合金、复合材料以及其他先进制造技术的运用。

## 9.4.2　人才队伍水平

除软硬件建设外,前进设计局还积极发展与航空高等院校的联系,努力打造高水准的人才队伍。前进设计局现有员工 3 000 余名,划分为管理、专家、职员、工人和非产业人员等工作岗位。在前进设计局成立之初,其研发队伍主要依靠扎波罗热发动机工厂和鄂木斯克工厂的专家组成。其中大部分专家都接受了航空发动机研制与调试(如 M-11、M-88B、ASH-82FN)的专业培训,同时多年的工厂实践帮助他们积累了丰富的工程实践经验。到 20 世纪 40 年代末 50 年代初,乌克兰哈尔科夫国立航空航天大学成了前进设计局重要的人才培养基地,四届领导人中有三位——B. A. 拉达列夫、Φ. M. 穆拉夫琴科、И. Φ. 克拉夫琴科都毕业于该学校。截至今日,哈尔科夫国立航空航天大学仍在源源不断地向前进设计局输送大批掌握完备航空发动机理论知识的专业人才,他们在前进设计局成长为各个领域的专家:在管理人员中占 65%;在结构研究领导人中占 67%;在课题主要设计师和工程师中占 77%。

除人才资源联系外,前进设计局和哈尔科夫国立航空航天大学还建立了密切的科研合作和经济发展关系,主要是与航空发动机系(2 系)的三个教研室——负责航空发动机理论的 201 教研室,负责力学、机械系统和机器人机械系统的 202 教研室,负责航空发动机结构的 203 教研室开展了联合研究[44]。

表 9.1 示出了前进设计局和哈尔科夫航空航天大学的研究合作情况。

表 9.1 前进设计局和哈尔科夫航空航天大学的研究合作

| 哈尔科夫航空航天大学 | 伊夫琴科·前进机械制造设计局 |
| --- | --- |
| 与 201 教研室合作（航空发动机理论） | D－27 发动机压气机验证计算 |
| 与 202 教研室合作（力学、机械系统和机器人机械系统） | 适用于 AI－45 燃气传输装置的高寿命高压组件的研究 |
| 与 203 教研室合作（航空发动机结构） | 各型燃气涡轮发动机线性和非线性气动模型研究；<br>D－18T 和 D－27 发动机机载振动系统用自动系统优化合成法研究；<br>D－18 发动机参数地面诊断处理出现系统的研究；<br>D－18T 发动机燃烧室起动点/熄火基准计算模型研究，供油控制系统研究，以及 AI－22 发动机燃烧室内气体流动、混合和燃烧基准计算模型研究；<br>D－436T1 和 D－436TP 发动机主要零件寿命消耗计算法研究和测试；<br>航空燃气涡轮发动机支点热状态计算程序的调试研究等 |

### 9.4.3 业务能力

前进设计局的业务范围涉及五大板块、七大方向——即主要围绕飞机和直升机用发动机、工业用传动装置、能源装置、特种设备、工程技术服务五大板块，开展设计、加工、试验、调试、认证、交付批产和维修七大方向的业务，具体业务内容见图 9.6。

图 9.6 前进设计局具体业务内容

在航空发动机研制板块，前进设计局根据时代发展和市场需求，研制出了一系列航空发动机产品，涵盖涡轴、涡桨、涡扇、桨扇等类型发动机及辅助动力装置，其中 AI－222、AI－25、D－18T、D－36、D－436、DV－2、D－27、AI－20、D－136 等发动机在世界军民用飞机市场仍占有一定份额。前进设计局的主要航空发动机产品见表 9.2。

表 9.2    前进设计局的主要航空发动机产品[31]

| 发动机类型 | 发动机型号 |
|---|---|
| 涡轴发动机 | AI－450M/M1/M－B；AI－450；D－136；AI－136T/D－136T－2/AI－136T－2 系列 |
| 涡桨发动机 | AI－20 系列；AI－34 系列；TV3－117VMA－CBM1；AI－450C/CD/CP/CM 系列；AI－450C－2/CP－2 |
| 涡扇发动机 | AI－25；AI－25TL；AI－25TLK；AI－25TLSH；AI－322；AI－322F；D－36 系列 1、1A、2A、3A；D－36 系列 4A；D－436T1；D－436TP；D－436－148；D－436－148FM；D－18T |
| 桨扇发动机 | D－27 |
| 辅助动力装置 | AI－8；AI－9；AI－9 V；AI9－3B |

# 第 10 章
# IHI 集团公司

IHI 集团公司(英语：IHI Corporation；日语：IHI 株式会社,曾用名"石川岛播磨重工业")是日本最大的集航空发动机科研与生产为一体的航空发动机研制企业,同时也是日本第二大重型机械制造厂。公司多年来一直秉承以人为本、质量制胜的原则,从制定严格的质量管理和风险管控体系,为员工提供舒适的工作环境和个人提升机制,为客户提供优质服务方面,推进公司可持续多维度全面发展,最终在纷繁复杂的国际竞争环境中脱颖而出。图 10.1为 IHI 集团公司的标志。

图 10.1　IHI 集团公司标志

## 10.1　公 司 概 况

IHI 集团是一个跨行业的大型综合重工业企业。总部位于东京都江东区丰洲三丁目 1-1 丰洲 IHI 大厦,航空宇宙事业本部位于东京都田无市向台町。公司最具优势的技术包括高速旋转机械、燃烧/热和流体管理、模拟技术、传感和机械装置数据集成以及以材料工程、焊接等为代表的生产技术等。

公司的长期愿景为"致力于解决客户和社会的问题,创造新的企业价值"。公司的战略目标为：探求能源和环境、物流、运输和发动机、安全四大战略事业领域中最先进的技术,在造福社会的同时获取集团收益。2019 年公司的技术战略为：从传统技术侧重型企业转型为"从客户问题和社会问题出发"的技术开发型企业。公司以"开发能持续为客户创造价值的技术""主客一体发展"为口号,力争通过技术开发实现新的价值,使客户持续使用公司的产品和服务,充分感受高品质带来的满足感。航空航天业务领域方面的愿景为：以稳固的质量保证体系为基础,通过自有技术和产品制造能力,保持公司全球航空航天产业主要参与者的地位[45]。

# 10.2　发展简史

　　IHI 集团的历史可以追溯至 1853 年。当时江户幕府指令水户藩主德川齐昭下令于江户隅田川河口的石川岛(位于东京都中央区佃二丁目)建设造船厂,称为"石川岛造船厂"。一战后该公司开始涉足汽车及飞行器制造业务,二战时参与建造军舰及飞行器。其间多次更名,1945 年正式更名为"石川岛重工业株式会社"。1960 年,石川岛重工业株式会社与株式会社播磨造船所合并,组建"石川岛播磨重工业株式会社"。2000 年公司购入日产的军事及航太业务,2006 年收购了 IHI Marine United 公司,2007 年更名为"IHI 株式会社"。2011 年参与了先进的 GEnx 喷气发动机项目。目前,IHI 集团已经发展成为日本最大的喷气发动机制造商。IHI 的历史沿革和发展历程里程碑事件分别见表 10.1[46,47]。

表 10.1　IHI 集团发展里程碑事件

| 时　间 | 标 志 性 事 件 |
|---|---|
| 1853 年 | 1853 年(嘉永 6 年)-江户幕府指示水户藩于石川岛设立船厂,建造西式军舰 |
| 1893 年 | 改组为株式会社,更名为"东京石川岛造船所株式会社" |
| 1907 年 | "播磨船坞株式会社"成立,并于兵库县相生村(现相生市)动工建设船坞 |
| 1912 年 | 船坞落成启用,公司更名为"播磨造船株式会社" |
| 1924 年 | 设立石川岛飞行机制作所(现立飞企业) |
| 1945 年 | 公司更名为"石川岛重工业株式会社";制造日本第一台喷气式发动机 Ne20( ネ20) |
| 1958 年 | 世界第一艘排水量达 10 万吨级的运油轮"Universe Apollo"在吴造船部落成启用 |
| 1960 年 | 石川岛重工业株式会社与株式会社播磨造船所合并,成为"石川岛播磨重工业株式会社" |
| 2000 年 | 购入日产的军事及航太业务(现 IHI 航太) |
| 2006 年 | IHI Marine United 成为公司旗下全资子公司 |
| 2007 年 | 公司更名为"IHI 株式会社"(英文社名: IHI Corporation) |
| 2011 年 | 参与 GEnx 发动机项目 |
| 2013 年 | Epsilon 运载火箭成功发射 |
| 2015 年 | 涡轮增压器生产累计达到 5 000 万台[48] |

# 10.3　组　织　架　构

近年来,公司发展经营状况良好,受到各大投资公司的青睐,子公司和分公司遍布世界各地。为了确保业务的顺利开展和正常运行,公司建立了完整的组织管理机构,保证组织机构畅通;十分注重人力资源培训,建立了详细的教育培训体系;制定了高层薪酬管理体系,保证薪酬管理的公开、公平、公正。

## 10.3.1　公司组织管理机构

公司设有审计监事会,由审计监事会成员组成,审计监事会成员具有审计董事的职责。董事会由董事组成,除了负责董事的业务执行外,还负责公司和集团的所有重要事务。公司设外部董事,外部董事参与董事会的决策过程,提供建议。公司设有执行董事,以加强董事会的决策和监督职能,提高业务运作的效率。执行董事由董事会决议任命。公司设有薪酬咨询委员会,由 6 名成员组成:3 名外部董事、1 名外部审计及监事会成员、1 名人力资源主管、1 名财务及会计主管。公司设立了董事会提名咨询委员会,监督董事会对董事、审计及监事会成员候选人提名,审核任命是否适当,并提出意见。委员会有 4 名成员:1 名主席和代表董事、3 名外部董事。IHI 集团的组织机构图见图 10.2[49,50]。

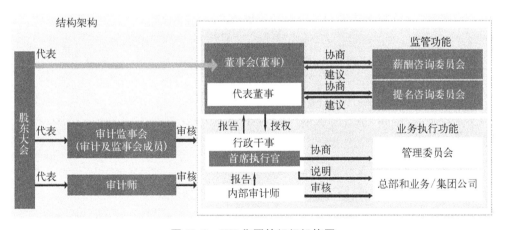

**图 10.2　IHI 集团的组织机构图**

## 10.3.2　公司下属企业概况

到 2006 年 3 月底,IHI 集团共有 195 家下属企业。其中,并表子公司(含海外) 85 家、非并表子公司(含海外)49 家、符合权益法的联营公司 25 家、其他联营公司 36 家。

为了将整个集团内与动力系统相关的管理资源统一起来,建立无缝连接的运营系统,提高效率和竞争力,更好地满足市场对销售方案的需求,IHI 集团进行了大规模的业务整合。在航空发动机方面,2019 年,IHI 集团对公司的发动机、推进系统及动力业务进行了整合。其中,动力工程业务转移至集团全资子公司——新潟动力系统,新潟动力还吸纳了集团大型发动机制造商柴油机联合公司(Diesel United)。此后,新潟动力系统更名为 IHI Power Systems,继续由 IHI 集团 100% 控股,但现有产品将继续保留新潟的品牌。

截至 2019 年,IHI 集团从事航空发动机业务的子公司情况见表 10.2。

**表 10.2　IHI 集团从事航空发动机业务的子公司情况**

| 公 司 名 称 | 业 务 范 围 |
| --- | --- |
| IHI Aero Manufacturing 公司 | 主要从事飞机喷气式发动机风扇叶片及压气机叶片制造 |
| IHI Castings 公司 | 主要从事精密铸造与制造和销售。工厂 Soma Plant 主要从事航空发动机和工业燃气轮机精密铸件产品制造和服务 |
| IHI Jet Service 公司 | 主要从事燃气轮机发电装置的设计、制造、销售和维护、飞机发动机和航天器的技术支持和生产支持、资材销售、卫星信息服务 |
| INC Engineering 公司 | 公司主要从事咨询、工程设计、防噪设备、防振设备、飞机和发动机操作设备、测试设备的制造 |

IHI 集团下属航空发动机厂共四个:瑞穗航空发动机工厂、相马第一航空发动机工厂、相马第二航空发动机工厂、吴市航空发动机和涡轮机械工厂。其中,瑞穗航空发动机工厂主要从事航空发动机、燃气轮机的装配和维修;相马第一航空发动机工厂主要从事航空发动机、燃气轮机叶片的生产;相马第二航空发动机工厂主要从事航空发动机、燃气轮机部件的生产;吴市航空发动机和涡轮机械工厂主要从事航空发动机、燃气轮机部件的生产。

### 10.3.3　人力资源管理

IHI 集团的人力资源管理理论为"人力资源是我们最宝贵的财富"。公司十分重视提高员工的潜力,通过为员工提供培训、创建积极的工作环境和改革企业文化来提高员工的职业技能;注重员工活力的发挥;在企业活动中充分采纳员工的建议,注重员工的活力和工作的灵活性;强调知识积累;营造透明、自由的企业氛围;提供安全健康的工作环境,以促进集团全体员工的不断成长[51]。此外,公司还非常注重教育和培训,建立了全面的教育培训体系,见图 10.3。

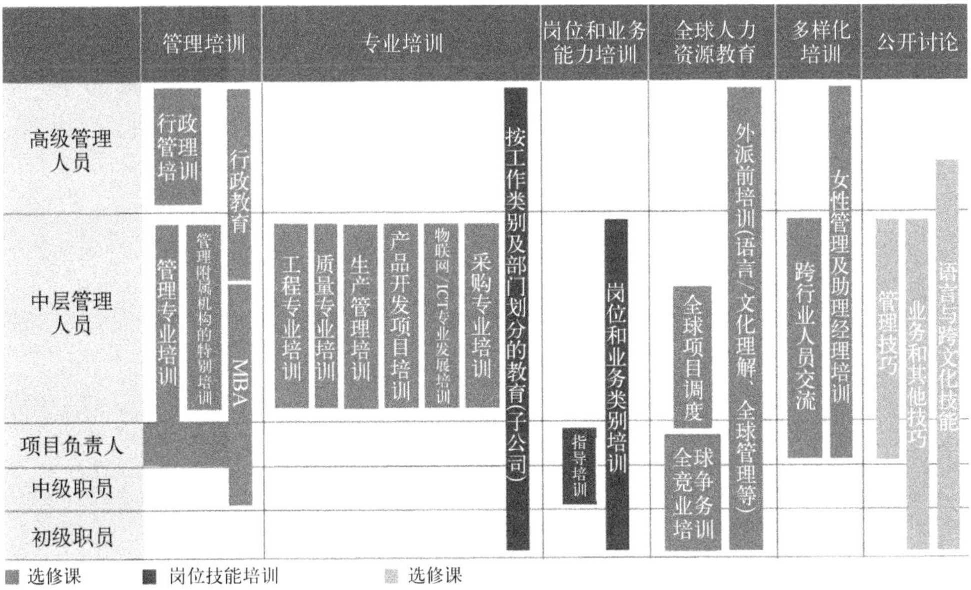

图 10.3 内容（表格/图示）：

| | 管理培训 | 专业培训 | 岗位和业务能力培训 | 全球人力资源教育 | 多样化培训 | 公开讨论 |
|---|---|---|---|---|---|---|

高级管理人员：行政管理培训、行政教育、按工作类别及部门划分的教育(子公司)、外派前培训(语言、文化理解、全球管理等)、女性管理及助理经理培训

中层管理人员：管理专业培训、管理附属机构的特别培训、MBA、工程专业培训、质量专业培训、生产管理培训、产品开发项目培训、物联网/ICT专业发展培训、采购专业培训、岗位和业务类别培训、全球项目调度、跨行业人员交流、管理技巧、业务和其他技巧、语言与跨文化技能

项目负责人：指导培训、全球竞争业务培训

中级职员

初级职员

图例：■ 选修课　■ 岗位技能培训　▨ 选修课

**图 10.3　IHI 集团的教育和培训体系**

### 10.3.4　公司高层薪酬体系

公司高层基本薪酬政策为：董事和执行官按照公司的管理理念、团队愿景进行团队管理，并激励员工达到特定的业务目标，从而确保 IHI 集团的可持续发展，并提升公司的中长期价值。公司以股票报酬和奖金为基础，增加固定报酬。高层管理者薪酬确定程序为：为了保证董事和执行官薪酬的适当和客观，薪酬咨询委员会在外部董事占多数的情况下，审查和报告董事、执行官的薪酬情况，薪酬最终由董事会决定；外部董事根据职责获取报酬；审计监事会成员根据集团业务审计情况获取报酬，金额由审计监事会成员协商确定。

# 10.4　规　模　能　力

### 10.4.1　人力资源

截至 2019 年 3 月，IHI 集团的员工总数为 29 286 人。不同业务板块人员分布情况见图 10.4。

### 10.4.2　业务能力

1. 业务板块

IHI 集团的业务板块包括：资源、能源和环境、基础设施和海上设施、工业和通

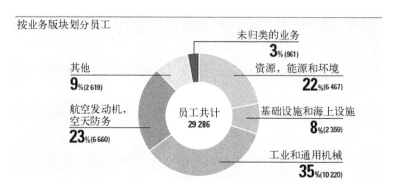

图 10.4　IHI 集团各业务板块人员分布情况

用机械、航空航天四大领域。具体包括：船舶、海洋开采设备、发电机、内燃机、核动力设备、飞机、航天器、石油及天然气设备、炼钢设备、海水淡化设备、纸浆与造纸设备、水泥制造设备、货物与材料装卸机械、重型机械、环境保护与污水处理设备和起重机等。IHI 集团主要业务板块占总体业务比例情况图 10.5。2010～2018 年度各业务板块的发展状况见表 10.3。

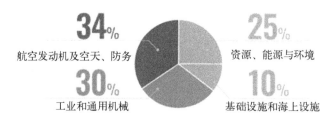

图 10.5　2019 年 IHI 集团主要板块所占公司总体业务比例

表 10.3　2010～2018 年 IHI 集团各业务板块的营收情况

（单位：十亿日元）

| 财年/板块营收 | 2010 年 | 2011 年 | 2012 年 | 2013 年 | 2014 年 | 2015 年 | 2016 年 | 2017 年 | 2018 年 |
|---|---|---|---|---|---|---|---|---|---|
| 资源、能源和环境 | 306.4 | 312.3 | 321.5 | 344 | 415.3 | 452.4 | 427.3 | 490.4 | 377 |
| 基础设施和海上设施 | 122.4 | 114.7 | 117.8 | 150.3 | 188.6 | 168.1 | 157.7 | 154.5 | 143.1 |
| 工业及通用机械 | 282.2 | 318.7 | 382.5 | 397.8 | 411.7 | 404.7 | 411.6 | 459 | 441 |
| 航空航天 | 273.7 | 299.4 | 338.4 | 406 | 434.8 | 500.2 | 471.9 | 463.7 | 492.2 |

2. 航空发动机研制能力

IHI 集团是日本最大的喷气发动机制造商，生产的发动机占日本市场份额的60%～70%。公司通过国际合作开展民用飞机大、小型航空发动机及其组件、单元体的研制和生产。公司具有良好的发动机制造技术，积累了丰富的发动机制造经验，可以为各型航空发动机提供维护支持。经营的产品/业务包括：涡扇、涡轴、涡喷、涡桨发动机的生产,喷气发动机维护,喷气发动机零部件生产。公司研制和加工的航空发动机产品包括:日本第一台喷气发动机 NE-20、J3、JR100/JR220、FJR710、F3、RJ500、V2500、XF5-1 等。许可生产的航空发动机包括 J47、J79、CF34、GE90、TF40、F100、F110、T64 等。此外,IHI 集团还参与了 GE 公司的 CT7,普惠公司的 JT8D-200、JT9D、PW2000,罗罗公司的 RB211-524、遄达 700/800 等发动机的研制工作,GE 公司的 CF34-8/10 和 GE90-115B 发动机的研发和生产,参与罗罗公司 RB211 和遄达系统大型发动机的生产。IHI 集团还可以进行 AE2100、阿赫耶、阿赫尤、CF6、CFM56-3、CT7、CT58、F100、J3、J79、JT8D-200、马基拉、T56、T64 和 V2500 发动机的检查和维修。

IHI 积极投入数字化建设。2019 年 IHI 集团制定了《集团物联网/信息通信技术战略 2019》,通过打造通用的物联网平台 ILIPS,分析和利用交付给客户的产品及工厂设备的运行数据,帮助客户创造价值。通过分析存储在 ILIPS 中的运行数据,提取更有价值的信息。公司将基于这些高附加值的信息,为客户提供更高的价值,包括支持设施有效运营及提出新业务建议等。例如:在故障检测预测方面,季节变化等因素会引起运行环境变化,影响检测精度,针对此类问题,IHI 集团开发出了瞬时高精度检测技术,AI/机器学习研究维保记录文本信息等各种维保数据解析技术,为客户创造价值。

3. 创新研发能力

为了加快面向社会和客户需求的技术开发,IHI 公司大力创新业务研发模式,在横滨设立了开放式创新基地和横滨实验室,在美国硅谷设立了北美业务孵化基地。开放式创新基地创立于 2014 年,致力于寻找共创合作伙伴,开设了与客户进行技术交流和信息分享的"共创区",可与 IHI 展示技术和产品互动的灵感"启发区"。2019 年,IHI 公司在横滨建立了横滨实验室,并命名为 Ignition Base(i-Base)。建立该实验室的目的是方便与客户共同交流新的商业理念,加速创新理念的产品转化。其中,实验室配备了用于原型设计的"Garage"和便于集中办公的"项目专用办公和展示区"。北美业务孵化基地创建于 2018 年,通过与北美各环保系统组织建立合作伙伴关系,指导战略规划等,支撑集团新业务开发。

## 10.5　企 业 价 值 观

### 10.5.1　用户至上

IHI 集团的使命是解决社会问题,造福世界,谋求世界和平和安全。基本原则是:尊重法律和道德规范。在严格遵循法律和法令的基础上,明确理解其意义,不违反社会规则或国际准则,尊重人权。在商业活动中,充分认识人权的重要性,并始终努力尊重人权,增进相互了解。在开展公司商业活动的同时,明确活动对环境的影响,并每天与社会各界开展广泛交流。公司员工的价值观基础是:在与客户交流的过程中,确定什么是最重要的,客户真正需要什么,必须解决的首要问题是什么,然后再采取行动。2019年确定的公司长期目标是解决社会和客户问题,适应外部环境变化和社会需求,推进企业转型,为客户和社会创造价值,不断提升自身的价值。

航空发动机、航天和防务业务版块也注重践行"以人为本,客户至上"的理念。该业务板块2019年的目标为:通过采用先进技术,开启航空运输、防御系统和空间使用新前景,实现社会的安全和舒适。其中,民机领域致力于推动专有技术和制造能力的提升,提供安全、环保、生态友好的航空运输。防务领域将以先进的技术为基础,通过前线装备和后方支援,为国家安全作出贡献。航天领域通过部署火箭,提供发射服务来满足社会需求;利用不同行业和领域的卫星数据,创建空间使用方案。

### 10.5.2　质量至上

2019年,IHI集团民用航空发动机维修业务质量检验不合格。为振兴民用航空发动机维修业务,恢复发动机维修能力,需要分清主次,保证主要项目顺利实施,中小型项目适当放松管控。针对上述目标,公司决定起草IHI集团行动守则和质量声明、强化合规性、加强风险管理,包括加强质量保证体系和质量管理体系、创建每个人都可以畅所欲言的工作环境、加强航空安全教育、建立稳健的质量保障组织机构、加强全公司监管、聘用专家进行风险彻查、加强业务版块反馈、加强风险管理。

在质量管理方面,2019年,IHI公司在全集团公司,包括海外子公司大规模推进建立稳健质量保证体系的活动,防止在航空发动机业务领域再次出现质量问题。采取的措施包括开展质量培训、强化质量保证和改进质量管理体系。为此,IHI公司成立了质量管理委员会,强化各业务版块、业务单元和子公司质量保证部门的职能。其中,委员会主席由质量保证负责人担任,成员包括各业务部门负责人、各业务部门质量负责人、总公司各部门行政人员。此外,公司还积极开展培训,培养高素质领导者。为了提升质量管理,公司建立了专门的质量改进和提升体系,图10.6给出了IHI集团的质量改进和提升体系。

**图10.6　IHI集团的质量改进和提升体系**

为了保证公司能合规、合法运营，公司专门成立了合规委员会，执行季度例会制度。首席合规官主持委员会工作，负责组织讨论和制定重要的合规政策，并开展活动。公司的合规运营体系见图 10.7[52]。

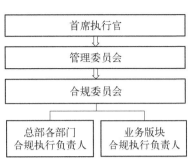

**图 10.7　IHI 集团的合规运营体系**

IHI 集团风险管理的基本目标是确保业务的连续性和员工的人身安全，保护特有资产，维护公司的公信力。此外，公司还按照《IHI 集团基本行为准则》以及下列行为准则进行风险管理：确保公司业务的连续性，提高公司的公信力；保护公司的特有资产；避免损害利益相关者的利益；尽快从损害中恢复；出现问题时积极应对；符合公共风险要求。为了提高风险管控能力，公司组织风险管理会议，由首席执行官领导，评估主要的一般风险管理事项，审议政策、年度计划、改进措施和其他重要事项。此外，公司还制定了集团关键风险管理政策，日本境内和境外的所有公司均要按照这些政策独立开展风险管理。

关于集团公司普遍存在的风险，由母公司风险管理部门对各单位和子公司提供支持，并监管政策的执行情况，制定有效的风险管理措施。内部审计部门评估集团风险管理机构的部署和进展，保证其适用性。IHI 集团的风险管控体系见图 10.8。

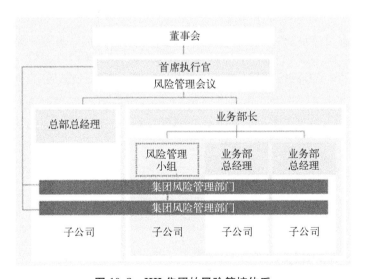

**图 10.8　IHI 集团的风险管控体系**

2019 年，IHI 集团建立了一套自上而下的三级风险管理体系，通过多道防线来实现全面风险管控。此外，公司还主动出击，在关键问题上加强风险管理。公司实施的三级风险管理体系见图 10.9。

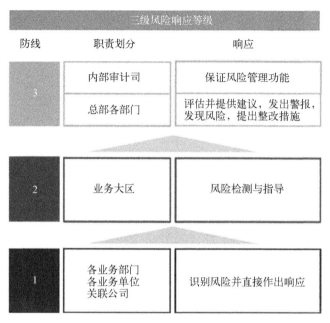

**图 10.9 IHI 集团建立的三级风险管理体系**

2020 年,集团公司将从改进合规性计划、编制质量保证大纲、加强重要业务质量管理三个方面继续推进自上而下的风险管理计划。风险管理倡议将以全面识别业务活动固有的风险,改进风险管理计划为目标。具体包括: 认真落实和加强安全管理、加强合规性、改进质量和运营体系、增强管理环境和竞争环境变化的适应性、正确应对与全球战略风险、采用稳健的项目实施和风险管理架构、保证信息安全、制定适当的业务连续性计划、提高大规模投资的稳健性、改变工作方式提高业务水平、建立可提高员工参与度的工作环境、防止机密商业信息/个人信息/重要技术信息泄露、改善利益相关方的信任关系、进一步缩小差异、开展人权教育[53]。

# 第二部分参考文献

[ 1 ] UTC AR－2019－FULL. pdf[EB/OL]. www. prattwhitney. com[2020－4－1].

[ 2 ] 赵利. 普惠公司推出 EngineWise 服务品牌[J]. 航空维修与工程,2017(311)：18.

[ 3 ] Garvin R V. Starting something big：The commercial emergence of GE aircraft engines[M]. Reston：AIAA,1999.

[ 4 ] 倪金刚. GE 航空发动机百年史话[M]. 北京：航空工业出版社,2015.

[ 5 ] 肖建强. 拆分之后,GE 航空业务未来可期？[J]航空动力,2021(6)：23－27.

[ 6 ] 张立. 美国通用电气公司组织结构及其变革研究[J]. 商场现代化,2010(3)：14－15.

[ 7 ] GE 航空集团的航空发动机研制流程[R]. 北京：高端装备发展研究中心报告,2016.

[ 8 ] 2019 Annual Report of GE[EB/OL]. www. geae. com[2020－5－25].

[ 9 ] 蓝楠. 发动机 OEM 力推自有服务品牌深耕售后服务市场[J]. 航空维修与工程,2016(6)：18－19.

[10] 梁丰爽,袁硕,朱放. GE－A 供应商质量管理做法及启示[J]. 质量与可靠性,2018(3)：53－56.

[11] Annual Report 2020[EB/OL]. www. rolls-royce. com[2020－4－5].

[12] 廖忠权. 罗罗的飞行电气化之路[J]. 航空动力,2020(4)：15－20.

[13] 何江龙,弓升. 世界三大航空发动机制造商民机动力发展布局研究[J]. 航空动力,2020(5)：8－12.

[14] 陈斌. 罗罗借"珍珠"系列开启公务机发动机新篇章[J]. 国际航空,2020(4)：61－62.

[15] 赵凤彩. 罗罗公司应对全球严峻经济形势[J]. 国际航空,2009(1)：71－72.

[16] 成磊. 罗罗持续发展发动机"全面维护"服务[J]. 国际航空,2006(5)：14.

[17] 任淑霞. TotalCare 的"三生三世"[J]. 航空动力,2020(5)：13－16.

[18] 祝罗. 罗罗公司的全面维修方案[J]. 航空工程与维修,2002(5)：47.

［19］ 谭米.罗罗公司推出新一代公务机发动机"珍珠"［J］.航空动力,2018(5)：19-20.

［20］ 罗尔斯·罗伊斯.罗罗 CorporateCare 增强版助力公务航空客户［EB/OL］.https://www.carnoc.com［2019-04-26］.

［21］ 罗尔斯·罗伊斯.回顾 2019,中国供应商成绩斐然［EB/OL］.https://www.rolls-royce.com［2019-12-18］.

［22］ 罗尔斯·罗伊斯.后疫情时代助力新经济,疫情时代助力新经济,释放新潜能［EB/OL］.http://rolls-royce.com［2020-05-27］.

［23］ 2019 Integrated Report［EB/OL］.www.safran-group.com［2020-6-25］.

［24］ MTU Aero Engines［EB/OL］.www.mtu.de/company/history［2020-2-25］.

［25］ Annual Report 2019［EB/OL］.www.mtu.defileadmin/EN/5_Investor_Relations/7_Financial_reports/PDFs/2019_Annual_report［2020-7-15］.

［26］ Объединенная двигателестроительная корпорация［OL］.https://rostec.ru/about/companies/344［2020-11-25］.

［27］ Юлия Кузбмина.ОДК объединит "Пермские Моторы" и "Авиадвигатель"［OL］.https://www.aex.ru/news/2020/11/11/2190121［2020-11-11］.

［28］ 王巍巍.俄罗斯航空发动机行业的整合［J］.燃气涡轮试验与研究,2007,4(20)：59.

［29］ 张慧.俄罗斯整合航空工业提升竞争能力［J］.航空情报,2019(5)：1-2.

［30］ 张慧.俄罗斯强势推进航空工业资源整合［Z］.空天防务观察,2020-10-12.

［31］ 颜建兴,李中祥.国外航空工业组织管理体系概览［M］.西安：西北工业大学出版社,2013.

［32］ 彭友梅.苏联/俄罗斯/乌克兰航空发动机的发展［M］.北京：航空工业出版社,2015.

［33］ Приоритетные направления развития авиационного двигателестроения России［Z］.(2016-04)［2020-11-23］.

［34］ ПАО «ОДК-САТУРН».Представление компании［OL］.https://docs.yandex.ru/docs/view?tm=1647179027&tld=ru&lang=ru&name=Prezentaciya_PAO_ODK_Saturn.pdf［2020-11-24］.

［35］ Взгляд на «Сатурн»［OL］.https://www.uec-saturn.ru/?sat=10［2020-11-25］.

［36］ ПАО «ОДК-УМПО».Общие сведения［OL］.https://www.umpo.ru/company/obshchie-svedeniya［2020-11-25］.

［37］ ОДК объединит "Пермские Моторы" и "Авиадвигатель"［EB/OL］.

http://www. pmz. ru ［2020 – 11 – 25］.

［38］　АО "ОДК-Климов". О компании［OL］. https://www. klimov. ru/about/
　　　　［2020 – 11 – 25］.

［39］　АО "ОДК-СТАР"［OL］. https://ao-star. ru/ru［2020 – 11 – 25］.

［40］　Годовой отчет за 2013 год УМПО ОДК［OL］. https://umpo. ru/company/
　　　　Shareholders/dokumenty-emitenta/godovye-otchety/Годовой%20отчет%202013.
　　　　pdf［2020 – 12 – 16］.

［41］　Колодяжный Д. Ю. Об анализе текущего состояния управления
　　　　качеством в ОАО «ОДК», о разработке и внедрении системы учета и
　　　　анализа рекламации, и о подходах по совершенствованию. СМК［Z］.
　　　　http://old. aviationunion. ru/Files/16_Kolodygni. pdf［2020 – 11 – 25］.

［42］　Политика в области качества ОДК［EB/OL］. www. ODK – GT. RU［2019 –
　　　　05 – 28］.

［43］　Диана Михайлова, Итоги работы запорожского моторостроительного КБ
　　　　«Прогресс» им. академика А. Г. Ивченко в 2019 году［EB/OL］. Diana-
　　　　mihailova. livejournal. com［2020 – 04 – 10］.

［44］　Государственное предприятие « запорожское машиностроительное
　　　　конструкторское бюро «Прогресс» имени академика А. Г. Ивченко （ГП
　　　　«Ивченко-Прогресс»）［EB/OL］. Ivchenko-progress. ru. com［2020 – 04 – 10］.

［45］　IHI integrated report 2019_growth_foundation［OL］. www. ihi. co. jp ［2019 –
　　　　7 – 9］.

［46］　黄辉光. 日本航空工业综合评估［J］. 新时代国防, 2009, 11: 14 – 19.

［47］　IHI 集团公司. IHI integrated report 2019_about［OL］. www. ihi. co. jp［2019 –
　　　　7 – 9］.

［48］　IHI 集团公司. IHI integrated report 2019 _ data ［EB/OL］. www. ihi. co. jp
　　　　［2019 – 7 – 9］.

［49］　IHI 集团公司. IHI integrated report 2019_value_creation［EB/OL］. www. ihi.
　　　　co. jp［2019 – 7 – 9］.

［50］　IHI 集团公司. IHI report ［EB/OL］. www. ihi. co. jp ［2019 – 7 – 9］.

［51］　IHI 集 团 公 司. IHI 株 式 会 社 ［OL］. www. mbd. baidu. com/ma/s/
　　　　8aKCncAS ［2019 – 7 – 9］.

［52］　IHI 集团公司. Results for the six months ended september 30, 2019 Management
　　　　review［OL］. www. ihi. co. jp ［2019 – 7 – 9］.

［53］　IHI 集团公司. Quarterly securities report［EB/OL］. www. ihi. co. jp［2019 –
　　　　7 – 9］.

# 第三部分
典型产品研发与管理

国外在开展航空发动机产品研发时，针对不同的项目背景、研制条件、项目团队和产品需求，适应性地采取了不同的研发管理策略，积累了大量的经验，探索形成了多种经过实践验证的高效研发管理模式。本书从众多产品型号里精心挑选了各类研发管理模式中最具代表性或对我国航空发动机产品研发最具参考性的几型产品，包括采用了全寿命周期新机研发模式、第四代战斗机发动机中最著名的 F119 发动机，欧洲集多国之力协同研发的 EJ200 发动机，俄罗斯航空发动机自主研发的最新之作 PD－14 发动机，美法合作、全球销量最高的发动机之一 CFM56 系列发动机，针对未来体系化作战而加速发展的低成本小发系列化项目，以及用途广泛的民改军典型产品 AE3007 系列发动机。

# 第 11 章
# F119 发动机全寿命周期新机研发

以 F119 为代表的四代机动力研发中,型号产品面临着性能与进度、成本、可靠性等方面的矛盾,发动机制造商采取了低风险稳健的发展策略,以及时地为用户提供满足飞机需求的产品为目标。这种经过型号实践证明是成功的综合平衡研制理念,值得发动机管理及设计人员参考借鉴。

## 11.1 需 求 分 析

第四代战斗机是美、苏冷战对抗的直接产物,早在 1977 年和 1979 年,美国空军侦察机在莫斯科附近的试验工厂发现了苏联的两种新式战斗机,这就是后来被称作“侧卫”和“支点”的苏-27 和米格-29。它们对美国空军的 F-15、F-16 以及 F-18 等第三代战斗机构成了极大的威胁,对其在战斗机技术方面的优势形成了巨大的挑战。为了应对苏联航空高技术威胁,当时美国空军的军事规划人员立即开始为未来的 21 世纪战斗机描绘蓝图,“先进战术战斗机”(Advanced Tactical Fighter, ATF)计划随之出台。

在发展第四代战斗机动力装置的决策上,西方国家无一例外全都采用了研制新一代发动机的技术途径。这是因为第三代发动机受其基本结构限制,无法通过改进来满足全新一代战斗机对动力装置的全部要求。F414 和 F110-GE-129 这些三代发动机的发展型虽然推重比都较高,但是由于受其综合性能的制约,也只能作为 F-18 和 F-15 飞机发展型的换装动力装置。因此,发展全新的第四代发动机便成了第四代战斗机的唯一选择。发展第四代发动机尽管有研制成本高、不确定因素多等劣势,但全新发动机凭借其高的起点和全面的技术优势,能充分满足第四代战斗机的要求。

20 世纪 80 年代左右,美国空军和海军正式联手研究新一代战机要求,以替换在役的 F-14、F-15 及其采用的动力装置。海军最后退出了该项工作,转而研发其新战机 F-18E/F,选装 GE 的 F414 发动机(F404 的派生发展型)。而空军则继续开展 ATF 的研究工作,这就是后来发展的 F-22 猛禽战斗机。在 ATF 项目中,对发动机提出的关键性能要求是超巡(不加力下持续的超声速巡航能力)、隐身或低可探测性、推力矢量、短距起降、高可靠性和低成本。其中,超声速持久力/机动性可以快速穿过敌方空域,提高在敌环境中的生存力,并可在视距范围内外都能进行空对空交战。低可探测可提高生存力和武器系统的效力,而短距起降则有利于在跑道不具备条件时,持续突击。其他特性要求是:增加有效载荷半径、改进超声速/亚声速/跨声速的机动能力、增加作战持久力、提升后勤保障性[1]。

1981年空军发布了ATF发动机标书,普惠提出的先进战术战斗机发动机(Advanced Tactical Engine,ATE)设计方案极大地来源于先进涡轮发动机燃气发生器(ATEGG)和联合技术验证发动机(JTDE)计划下的工作经验,是对转式小涵道比涡扇。GE在研究了一系列的技术设计途径后,提出的ATE方案涉及变循环发动机。ATE随后是针对战术系统研究的推进系统评估,具体是将竞争的发动机研制方与飞机方相互结合,共同进行更先进的设计研究。在这一时期,GE决定采用变循环发动机方案,该方案已经在各种先进技术计划中经过验证。1984年,GE验证并采纳了另一种革新的技术途径:高低压涡轮对转、无低压涡轮导叶结构。像早期的先进技术发动机工作一样,1983年普惠和GE分别按合同研制地面验证机,主要验证超巡、二元喷管和13 500 daN*级推力。此时规定验证机原型机无须满足飞行试验所要的重量要求。普惠的XF119地面验证机关注的技术问题:减少压气机级数,以降低成本和重量,并增加可靠性。GE的XF120也是极低涵道比的发动机,但采用变循环系统和极复杂的双涵道方案。两款发动机设计都采用了对转轴。1985年左右,政府和飞机方的要求发生了一些变化。空军降低了ATF发动机的批生产目标单价,并对隐身性提出了更严格的要求。更重要的是,1986年年中,空军决定发动机竞争双方必须先飞再选,以确定哪家进入EMD。这就意味着要重新设计验证机,以通过飞行试验所要求的重量标准。而1987年,普惠和GE都从设计折衷研究中得出需要发动机推力达15 750 daN左右的结论,这使得空军的此项要求难度增加。GE和普惠都可以自行决定在飞行试验和地面试验中采取多少新技术以及具备怎样的性能,GE再次选择高风险的途径以达到试飞中的高性能。

普惠设计用于飞行验证的YF119与其地面验证机XF119差异极小,因此不能达到新的更高推力及其他飞行验证要求。而GE的YF120发动机更接近全尺寸研发设计原型机的要求,且飞行试验展现的性能也更优。但空军并未将此次竞争视为性能比拼,而是看重是否具备满足EMD项目目标所要求的技术及管理能力,同时要求最小的技术风险和最低的成本。1991年空军选择洛克希德团队和普惠发动机共同进入ATF的EMD阶段,获胜的原因是其风险低,成本低。而GE的方案是一条新技术途径,验证不足,且较复杂,这就增加了技术风险。普惠采取了技术更保守,

---

　*　1 daN = 10 N。

结构不复杂,逐步改进,并最终满足所有的性能要求的低风险、低成本路径。

1995 年春,波音、洛马和麦道三家飞机方都选择 F119 的派生型为 JSF(Joint Strike Fighter,联合攻击战斗机)的动力装置,对发动机的主要性能要求是配装单发海军型 JSF 的发动机要求极高的可靠性,配装短距起飞垂直降落( short take-off vertical landing, STOVL)JSF 则要求足够的不加力推力。

基于对应用对象需求的分析,F119 在结构设计上,为了避免高研制风险、降低制造成本,采用比较常规的方法,强调简单、耐用,遵循"采用经过验证的技术"的做法,通过在关键部件上引入先进的经验证的成熟技术来达到预期的设计指标,避开了研制新概念核心机所带来的技术挑战和风险,延续了稳健发展的技术路径。F119 在性能上较前一代发动机 F100 有较大的提高,在几轮设计迭代中,也采用了一些以前发动机中未采用的新技术,但它的可靠性却比 F100 要高很多。后来事实证明,普惠公司的这一思路无疑是明智的。在与 F120 的竞争中,空军之所以选择 F119 主要考虑的是费用和风险,技术的先进性没有起到关键作用。

在循环参数选择上,普惠公司考虑了多种飞机构型和任务剖面,对发动机循环参数优化后,初步得出 20 世纪 90 年代多用途战斗机发动机循环参数范围为: 涵道比 0.2~0.32,总压比 23~27,涡轮前温度 1 922~2 033 K[7]。

## 11.2　技术开发与产品研制

军用航空发动机的研制周期要长于其配装飞机。因此,为跟上飞机的研制进度,降低研制费用,美英等国均认识到了在发动机型号研制之前完成相关发动机技术验证的重要性。从四代机研制开始,军用小涵道比涡扇发动机研制普遍采用提前开展技术验证机研究的开发思路,即针对特定飞机的型号验证机所采用的新技术,必须先经过充分的技术验证,才能在型号验证机上使用。需要指出的是新技术的开发周期很长,不太可能赶上型号研制的步伐,因此为缩短发动机研制周期,必须提前开展不针对具体型号的技术验证机研究。通过实施技术验证机计划,可以在发动机研制之前,就在真实的部件、核心机和发动机环境下研究和评估新的部件技术,对新部件技术进行整机环境下的性能和耐久性的集成验证,验证新技术的成熟度。

1975 年,在 F100 发动机的鉴定试验完成时,普惠公司在佛罗里达和东哈特福德的工程中心启动了先进部件技术研究计划,随后又进行技术验证核心机和技术验证发动机研究,为下一代发动机研制做技术储备。在此预先技术发展阶段,完成了三大核心部件的设计和加工,并在部件试验器上进行了试验。F119 的 6 级高压压气机、浮动壁燃烧室和单级高压涡轮技术都在预先技术发展阶段做了充分的性能和耐久性技术验证。

从 1983 年开始,XF119 地面验证机进行了为期 50 个月的广泛适用性试验和

250 小时的加速任务试验。1986 年 10 月,首台 XF119(FX601)试车。在 4 年中,头两台发动机共试验 1 603 h,其中模拟高空试验 125.5 h。随后,美国空军要求进行飞行验证机的飞行试验,据此,普惠公司又发展了用于飞行试验的发动机 YF119。1990 年秋天,两架 YF-22 和两架 YF-23 分别配装 YF119 和 YF120 进行飞行试验,实现马赫数 1.43 和 1.58 的不加力超声速巡航,可以节省燃油 30%。至此,XF119/YF119 已经完成了 3 000 余小时的整机试车。1991 年发动机的研制进入了 EMD 阶段,在此之后,到 1997 年 6 月,XF119 和 YF119 共进行了 6 000 余小时的总试验[3]。图 11.1 为 F119 在 SL-2 高空舱进行初始使用许可试验。2005 年第一支 F-22/F119 作战部队具备初始作战能力,此时,F119 累计试验时数超过 7 500 h。

图 11.1　在 SL-2 高空舱中进行的 F119 初始使用许可试验

　　虽然 F119 发动机的研制指导思想是采取"低风险"策略,但在整个研制周期中,仍然无法避免一些故障的发生。如 1993 年底,发动机实际试验时数与计划试验时数分别是 577 h 和 900 h。1994 年美国空军委托调查 F119 研制进程报告,实际试验时数与计划试验时数之间存在的差距至少要两年时间才能消除,其中主要问题就有高压涡轮的振动。为此进行了大量的计算流体力学试验,以确定适当的叶片造型和封严容限。为了应对 1994 年夏的涡轮设计审查,同年 6 月,进行了刚性较好的动叶和重新造型的导叶试验。1995 年,普惠公司对 XTC65/2 核心机的改进版进行了试验,准备验证高压涡轮温度,由于材料原因,该验证机试验失败。1997 年 9 月,开始对 XTC66 核心机第二台份进行试验,验证先进流道设计中改进的压气机、燃烧室和涡轮技术。关键技术包括采用金属基复合材料和发动机电子监控诊断系统。后者通过热应力分析来查明工效不足问题并对故障做出预测。

　　成功研制的 F119 发动机使 F-22 具备超声速巡航能力、超机动能力、短距起降能力、全面隐身能力以及采用先进航电技术的信息融合能力,成为四代机中的典范。美国航空发动机科研体系中高度重视技术转化,因此在 F135 发动机发展过程中,充分吸取了 F119 发动机研制、使用和维修过程中的经验和教训,通过继承 F119 发动机的成熟技术,充分保证了新技术顺利转化到发动机产品中,快速派生发展出了 F135 发动机。

## 11.3　研发管理特点总结

F119 发动机的成功研发与其管理是密不可分的,该项目通过利用系统工程方法和一系列管理工具(目标是主动降低风险和满足顾客要求)来开发,在其产品开发过程中形成了以下特点。

### 11.3.1　基于系统工程原理的集成产品开发

F119 项目进入工程制造与发展阶段后,组建了由美国空军、洛克希德团队、普惠公司和分包商在内的高度集成的产品开发团队(integrated product development, IPD),共同满足武器系统的总要求。在管理上,通过集成项目管理团队(IPMT)来输入 F-22 推进系统需求,通过需求分析来设定工作设计准则,分配职责要求,整合设计和验证。项目决策基于系统分析和管控。工作任务分解(work breakdown structure, WBS)框架中整合了系统要求、计划以及执行进度。在 WBS 下设立了产品设计过程的关键要素——部件集成产品团队(component integrated product team, CIPT),该团队涵盖了美国军方采办、维护、作战部门的代表以及分包商,目的是从一开始就关注到所有要求。分布在各地的代表可通过视频通信进行工作联系。各职能领域如工程、制造、产品保障性、安全、可靠性等协同工作来对设计施加影响。这些团队的目标是促使发动机结构、飞发集成和保障系统之间能达到平衡设计。

正是在 IPD 团队项目组织下,飞发技术之间能够得到较好的平衡。图 11.2 反映了 F119 发动机项目完成了 200 多项主要的折衷研究后促成的平衡设计和技术更早成熟。

### 11.3.2　注重风险管理流程

在工程制造与发展 EMD 中,风险管理是重中之重。在设计和验证阶段,开展设计折衷研究来评估和解决产品与流程中的问题,从而实现风险管理。F119 项目集成产品配置过程包括了现行技术、成本和进度风险管理评审。F119 项目评审月例会、CIPT 会议、构型控制委员会评审、风险评估团队会议和其他项目活动中都包含了一个基本部分——风险管理。风险评审过程中包含对经验教训文档的质询和持续挖掘解决问题的根因。在常规管理中对 CIPT 提出的解决方案进行评审,并批准风险减轻计划。在系统安全计划,故障模式、影响及危害性分析(failure mode, effects and

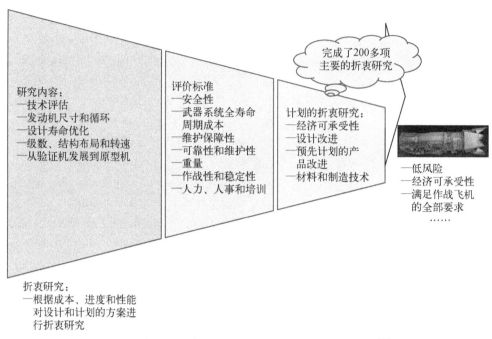

研究内容：
—技术评估
—发动机尺寸和循环
—设计寿命优化
—级数、结构布局和转速
—从验证机发展到原型机

评价标准
—安全性
—武器系统全寿命周期成本
—维护保障性
—可靠性和维护性
—重量
—作战性和稳定性
—人力、人事和培训

计划的折衷研究：
—经济可承受性
—设计改进
—预先计划的产品改进
—材料和制造技术

完成了200多项主要的折衷研究

—低风险
—经济可承受性
—满足作战飞机的全部要求
......

折衷研究：
—根据成本、进度和性能对设计和计划的方案进行折衷研究

图 11.2    F119 折衷研究促成平衡设计和技术更早成熟[3]

criticality analysis，FMECA），推进与动力系统完整性大纲（Propulsion and Power Systems Integrity Program，PPSIP）主计划，发动机寿命管理计划，以及成本性能报告中都会纳入前述评审结果并进行说明。该过程允许对风险进行早期和持续的判定，同时制定消除风险的选择方案，并批准风险减轻计划。F119 风险管理流程在项目管理说明书中做了明确规定，从项目开始到结束，在最底层的 CIPT 内部每天要进行。

### 11.3.3    高度关注保障性

在 1983 年联合先进战斗机发动机（Joint Advanced Fighter Engine，JAFE）项目启动时，提出改善保障性和战备完好性是国防部在武器系统和保障技术领域主要的目标。在 F119 研制期间，发动机设计团队把可靠性和维修性视为与性能、重量、成本和进度同等重要的因素。研制一种高保障性发动机的关键是从一开始就考虑可靠性和维修性。在设计过程中采取 5 个步骤来改善可靠性和维修性：集成产品开发 IPD、关注保障性、保障性评审和各种权衡研究、及早涉及保障工具、全尺寸发动机样机和短舱。下面将总结后续 4 个步骤：

1. 关注保障性

保障性是可靠性和维修性设计特性的关键一步。设计团队通过了解目前作战武器系统保障性问题，并能在新设计中考虑这些问题。20 世纪 80 年代初空军资助的"蓝二"计划是一种更加关注保障性的方法。"蓝二"是在空军库房内维修武器系统的空军男女兵(双条纹蓝制服)的绰号。他们通过让设计团队参观空军和海军作战设备,并在真正的作战飞机上工作,使设计团队体会实际的飞机维修工作是什么样。这些参观是在世界各地的所有基地以及在各种气候条件下进行的。战斗机发动机保障的一些关键问题有:要能接触到部件[例如同样深度的外场可更换部件(line replaceable unit, LRU)]、减少保障工具数量、无保险丝装配、在化学-生物-放射性作战装置上进行飞行维护工作、尽量缩小保障设备的数量和体积以及改善机动性。

2. 保障性评审和各种权衡研究

在设计过程中,就要在图纸上考虑工具的可用性,以及机械师装配和分解部件所需技能。在某些情况下,的确需要对发动机做出改变,以使发动机易于装配和分解。在集成产品开发过程中采用的另一个辅助工具是用发动机标准件显示板显示发动机中用到的标准件(如螺母、螺栓、夹子等)。在设计室里用这样的显示板做明显显示,从而减少发动机中的标准件数量。

3. 及早涉及保障工具

以前的发动机项目主要关注在翼发动机的性能。但是发动机寿命还包括地面阶段,机械师通过维修工作来保证飞机飞行安全。F119 发动机的附件都集中在发动机下半部分,这样易于拆卸。图 11.3 列出了这种布局的好处:由于带自锁装置,所以不用拆除保险丝,并且管接头是快速拆卸式;外场可更换部件都处于同样深度,也就是说机械师不用拆掉其他部件或管线,就能接触到它们;拆卸并更换一个外场可更换部件的平均时间为 20 分钟。每个外场可更换部件都仅需用 6 种标准工具中的其中之一就能拆卸。

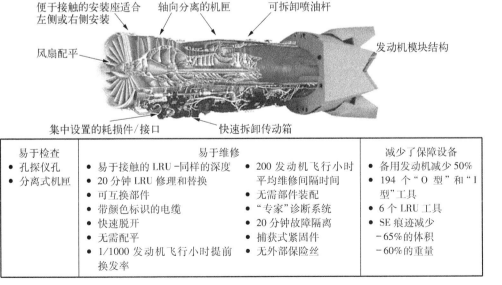

| 易于检查 | 易于维修 | | 减少了保障设备 |
|---|---|---|---|
| • 孔探仪孔 | • 易于接触的 LRU -同样的深度 | 200 发动机飞行小时平均维修间隔时间 | • 备用发动机减少 50% |
| • 分离式机匣 | • 20 分钟 LRU 修理和替换 | 无需部件装配 | • 194 个 "O 型" 和 "I 型"工具 |
| | • 可互换部件 | "专家"诊断系统 | • 6 个 LRU 工具 |
| | • 带颜色标识的电缆 | 20 分钟故障隔离 | • SE 痕迹减少 |
| | • 快速脱开 | 捕获式紧固件 | -65%的体积 |
| | • 无需配平 | 无外部保险丝 | -60%的重量 |
| | • 1/1000 发动机飞行小时提前换发率 | | |

**图 11.3　F119 易于保障的设计(图片来自普惠公司)**

　　发动机设计从一开始就规定了装配和分解所要求的保障工具。工具设计人员在设计阶段早期就介入,使工具数量和复杂性都尽量减少,这就减少了空运要求。当发动机设计人员也关注到机械师的需要时,就能改进工具,更易于维修。图 11.4 就显示了这样的一种吊具工具。该工具不仅简单,重量还轻,并满足工具的其他所有要求。

新设计

- 铝合金材料(AMS 4117)
- 满足 5∶1 的安全系数要求
- 重量减轻 64%
- 一个人就能搬运工具

**图 11.4　F119 的保障设备,右边是新的吊具(图片来自普惠公司)**

　　4. 全尺寸发动机样机和短舱

　　尺寸图并不总能显示出发动机外部件是如何装在一起的,或者机械师维修时如何接触它。样机可以用来评估维修工作,显示所需技能水平以及 LRU 更换时间。普惠公司邀请空军维修人员参加外部件评审,利用样机使客户更容易看到和了解(图 11.5)。

自锁装置无需采用锁线　　　　　　　　　　易于接触维修

**图 11.5　利用 F119 发动机全尺寸样机(图片来自普惠公司)**

　　如图 11.3 所示,F119 研制所用的集成产品开发新方法可产生诸多效益,概述如下:

　　(1) 所有部件、电缆和管线都设置在发动机下半部分;

　　(2) 所有外场可更换部件都设置在同一深度,易于从飞机发动机舱接触到;

（3）通过健康监视和寿命使用数据的综合诊断和自动存储,实现视情维修;

（4）无需发动机配平装置;

（5）某些 LRU 在装配时悬挂到位;

（6）每个 LRU 都可用一个标准工具拆卸;

（7）用美国空军标准工具更换 LRU 的平均时间少于 20 分钟;

（8）平均故障检测和隔离时间少于 20 分钟;

（9）铸造燃油总管使燃油管路设置和固定最少;

（10）飞机主供油管采用快卸接头;

（11）带颜色的电缆有助于故障诊断;

（12）发动机结构允许在双发飞机的任一发动机舱中安装;

（13）用完全自锁装置取代锁线;

（14）风扇和压气机可调静子叶片作动器标准化;

（15）管架为复合材料,用自锁紧固件固定管子;

（16）采用通用孔探仪接头拆卸工具;

（17）有通用滑油滤和燃油滤拆卸扳手;

（18）每个 LRU 管接头处最后几英寸采用软管,防止损坏。

集成产品开发团队建立的可靠性和维修性标准的设计深受用户信赖。空军资助的"蓝二"访问和空军的可靠性和维修性 2000 计划有力促成 F-22 成为用户满意、易保障的武器系统[4]。

# 第 12 章
# EJ200 多方协同研发

为满足第四代战斗机的超声速巡航、低可探测性、高机动性和敏捷性等要求,欧洲各国在协同研制 EJ200 航空发动机过程中,引入了先进的技术发展策略和研制管理方法。使 EJ200 实现性能、适应性、可靠性、耐久性、维修性和保障性等的综合平衡,成功走出一条多方协同研制的发展道路,这些经验值得我们学习和借鉴。

## 12.1 研制背景

20 世纪 90 年代中期,西欧面临的潜在空中威胁将是苏-27、米格-29 等,当时现役欧洲战斗机由于年代已久,维修困难,且维修费用高,已无力与苏式战斗机抗衡。为此,西欧采取的手段是:一方面提高"狂风"战斗机推力 40%;另一方面便是孕育出下一代欧洲战斗机研制计划——欧洲先进战斗机(European Fighter-Aircraft, EFA),EJ200 发动机便是该项目中杰出的动力项目。自 1983 年合作项目启动以来,欧洲各国用长达 5 年时间投入前期准备工作,包括提出设计需求、制定设计指标、联合组建公司等。

(1) 1983 年,西欧五国(法、德、意、英和西班牙)共同发起研制 20 世纪 90 年代欧洲先进战斗机。

(2) 1985 年,欧洲四国(法退出)空军参谋部首先制定了对欧洲战斗机的技术要求,主要包括:战斗机应该既具有苏-27 超声速超视距能力、具备米格-29 亚声速近距格斗能力以及加速性、极好的灵敏性和机动性、高可靠性、检测性和维护性等[5];之后又制定了对 EFA 发动机的技术要求,例如在强调推力和性能的同时,还应该兼具可靠性、维修性等优势,如图 12.1 所示。

(3) 1986 年,欧洲四国战斗机公司组建了欧洲战斗机公司(Eurofighter),准备研制 EF2000 战斗机;欧洲四国的战斗机发动机公司[英国罗罗公司、德国 MTU 公司、意大利菲亚达 FiatAvio 公司和西班牙 SENER(后改名为 ITP 公司)]组建了欧洲喷气发动机公司(Eurojet),着手研制 EJ200 发动机。

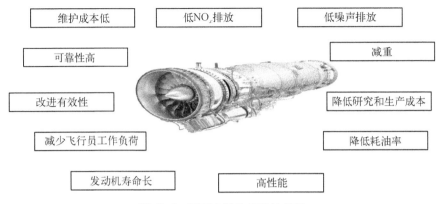

图 12.1　EJ200 发动机设计目标

（4）1987 年，欧洲四国成立了北约欧洲战斗机管理局（NATO European Fighter-Management Agency，NEFMA），主管欧洲战斗机公司 EF2000 战斗机和欧洲喷气发动机公司 EJ200 发动机的研制工作，从此拉开合作序幕，如图 12.2 所示。

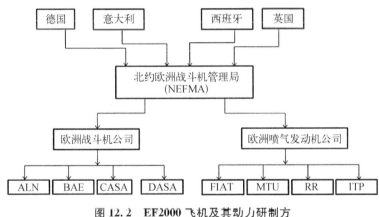

图 12.2　EF2000 飞机及其动力研制方

（5）1988 年，欧洲喷气发动机公司正式开始研制新一代高性能涡扇发动机 EJ200，签署发动机研制合同。

## 12.2　设　计　特　点

实际上，EJ200 发动机的技术开发工作从 1982 年罗罗公司和英国国防部联合实施的 XG-40 验证机计划就已经开始。研究途径主要按照"验证机—设计验证发动机—全尺寸研制发动机—生产型发动机"开展[6]，可以简要归纳如图 12.3 所示。

EJ200 发动机与 XG-40 验证机的结构设计基本相同，并且采取全单元体设

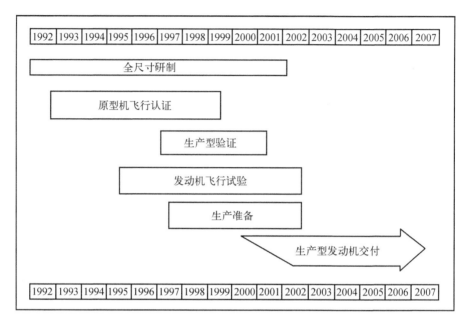

**图 12.3　EJ200 发动机计划结构图**

计,结构非常紧凑、轻巧,易于维护和后勤保障,如图 12.4 所示。主要特点有 3 级
风扇、5 级压气机、环形蒸发式燃烧室、单级高压涡轮、单级低压涡轮、加力燃烧室
和收敛扩张喷管等。

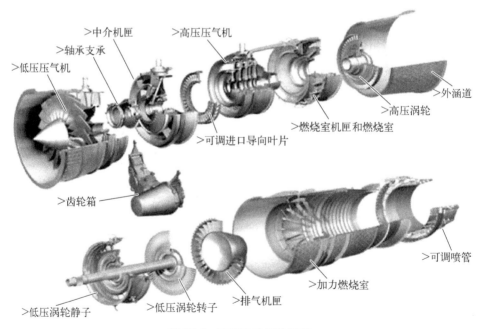

**图 12.4　EJ200 单元体结构**

根据前述欧洲四国(德国、意大利、英国和西班牙)空军参谋部制定的 EFA 技术要求,EF2000 战斗机应该具有空-空作战能力、在最短时间内完成拦截任务、在加力和不加力状态下保持高性能,并且具有最少 15% 的性能提升空间。因此,与之相应的动力装置也必须跳出传统设计思路,不仅强调推力和性能,还应该兼具可靠性、维修性等优势。参谋部随后将这些技术要求细分到其动力装置,形成表 12.1~表 12.4 的具体技术指标:

**表 12.1　可靠性指标**

| | |
|---|---|
| 平均故障间隔时间 | 大于 100 个发动机飞行小时(EFH) |
| 空中停车率 | 小于 0.1/1 000 EFH |
| 任务故障率 | 小于 0.1/1 000 EFH |
| 发动机非计划更换率(由发动机引起的) | 小于 0.1/1 000 EFH |

**表 12.2　寿命指标(在典型军用发动机使用条件下)**

| | |
|---|---|
| 发动机构架 | 24 年 |
| 压气机叶片 | >12 年,外物损伤除外 |
| 热燃气流路零件 | 大约 5 年,同时伴有静止零件的修理 |
| 热喷管零件 | 有修理的情况下,在 2~3 年 |

**表 12.3　循环参数**

| 最大推力/daN | 9 000 | 涵道比 | 0.4 |
|---|---|---|---|
| 中间推力/daN | 6 000 | 总增压比 | 26.0 |
| 最大加力耗油率/[kg/(daN·h)] | 1.66~1.73 | 涡轮进口温度/℃ | 1 477 |
| 耗油率/[kg/(daN·h)] | 0.74~0.81 | 最大直径/mm | 863 |
| 推重比 | 10 | 长度/mm | 3 556 |
| 空气流量/(kg/s) | 75~77 | 质量/kg | 900 |

**表 12.4　维修性指标**

| | |
|---|---|
| 维修人力 | 在 1 和 2 级维修上要求直接维修人时/发动机飞行小时(DMMH/EFH)为 0.5(不包括外部损伤) |
| 发动机更换 | 4 人在 45 分钟内完成 |
| 计划维修间隔 | 除状态监控/滑油加注外,至少 400 个飞行小时 |
| 恢复时间 | 在飞机上,在 45 分钟内可排除 50% 故障;<br>在飞机上,在 3 小时内可排除 95% 的故障 |

XG-40 发动机验证机为 EJ200 验证了所需的先进技术,是在技术、进度、费用方面减少研制风险的重要手段。基于 XG-40 发展的 EJ200 部件设计特点见表 12.5。

表 12.5　EJ200 部件设计特点

| 部　件 | 部　件　特　征 |
| --- | --- |
| 风扇 | 3 级风扇,压比为 4.2;无进口导向叶片;采用类似大涵道比涡扇发动机的支点布局,即风扇转子采用悬臂支撑;转子叶片为跨声速宽弦设计,叶身无减振凸肩,并按损伤容限准则设计 |
| 高压压气机 | 生产型高压压气机为 5 级轴流式压气机,压比 6.2;1 级可调进口导向叶片;在第三级开有一定固定引气口,为低压涡轮提供冷却气流;第 1～3 级转子采用整体叶盘结构;机匣为双层环形结构 |
| 燃烧室 | 火焰筒采用倾斜安装方式;扩压器为先缓扩后突扩的二级扩压器;燃油喷嘴为蒸发式喷嘴;火焰筒由镍基超级高温合金锻件机械加工而成,并采用带有细孔的 Z 型环;燃烧室壁面采用外部扰流片和隔热涂层 |
| 高压涡轮 | 转子叶片采用多路冲击加气膜冷却,提供叶片阻尼,并采用罗罗公司专有的低密度单晶镍基超级高温合金制造;轮盘采用粉末冶金制成 |
| 低压涡轮 | 单级;转子叶片采用单晶材料加工,并且带冠;轮盘采用粉末冶金加工;涡轮轴用短螺栓与轮盘后的轴相连,在轴上再用螺栓连接 1 个安装滚棒轴承的短轴套 |
| 加力燃烧室 | 上游带有 1 个合流机匣,将涡轮出口流路和外涵流路分开;采用“混合/扩压”结构,燃油分别喷入核心气流和外涵气流;外涵机匣由 6 根切向和 6 根径向的拉杆支撑;采用少量低温外涵空气冷却的径向稳定器方案 |
| 喷管 | 收敛扩散的轴对称推力矢量喷管——三环定向推力矢量喷管;包括 3 个共心的调节环,并用 4 个销轴将这些环连接在一起,形成万向接头 |

# 12.3　试 验 历 程

在整个研制过程中,试验与研制并行发展,因此在 EJ200 运行前,其所有部件均在试验设备上达到了性能指标。具体试验内容可大致归纳如下。

## 12.3.1　设计验证阶段

EJ200 首台设计验证机于 1988 年 11 月在 MTU 公司开始开展试验,本次试验中,其推力超过了研制阶段所有确定的指标。后来生产了 14 台原型机用以验证发动机的设计和可靠性。其中,前 3 台验证机用于验证设计,其余 11 台用于加速模拟任务耐久性试车。截至 1990 年,3 台设计验证发动机累积运转 650 小时,其中 80 小时的高空模拟试验,包括 $H = 10\,973$ m/$Ma1.8$ 和海平面 $Ma1.4$ 的飞行状态试验以及 150 小时加速任务试验,类似于国内的型号验证机验证试验。

## 12.3.2　全面研制阶段

1991 年,首台 EJ200 原型机运转,截至 1996 年,28 台原型机共累积 10 000 小时的试验时间,包括 2 000 小时高空模拟试验。并于 1994 年将首台原型机交付客户供飞行试验用。1995 年,3 号研制飞机装备 EJ200 开始飞行试验。

### 12.3.3　飞行鉴定和全面取证

1996 年,3 号研制飞机完成了 40 多次飞行试验,首批发动机原型机圆满地完成了约 120 小时的运转。飞行高度达到 1 100 m,速度从 296 km/h 到 $Ma1.2$。截至 1998 年,21 台发动机累积 2 500 小时的模拟高空试验,7 架原型机累积 1 700 小时的飞行试验。在飞行试验中,验证了不加力的超声速巡航能力。

## 12.4　改 进 改 型

对无人机发动机的性能、功能和全寿命周期费用进行综合研究之后,航空发动机设计与制造商发现,无人机发动机可以采用现有发动机或其改进型,而不仅仅是全新研制新发动机。现有发动机改进就是利用现有军用/民用发动机的核心机,重新设计低压转子系统。为此,欧洲喷气发动机公司在研究用于有人战斗机的 EJ200 改进型发动机的同时,也在探索研究用于无人战斗机的 EJ200 改进型发动机,以此满足未来海陆空构成的立体交叉战争需求。图 12.5 为 EJ200 发动机未来的发展路线:

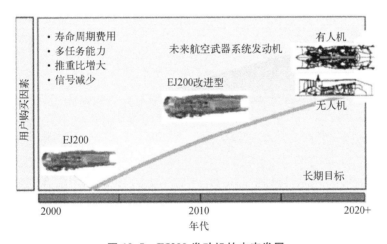

**图 12.5　EJ200 发动机的未来发展**

### 12.4.1　用于有人战斗机的 EJ200 改进型

对于有人机用 EJ200,欧洲喷气发动机公司准备将其分为两个阶段:首先改动的不是提高发动机性能,而是通过延长发动机部件寿命,特别是热端部件的寿命来降低成本;其次是提高多任务能力和改善经济可承受性(图 12.6)。

具体表现为:第一阶段的基本目标是将首批交付的、达到全部使用性能的基准热端部件寿命从 1 600 小时(该发动机的总设计寿命)延长到 2 000 小时。该阶段改进工作将使用的创新技术或者部件包括:轻质压气机设计、第 2 代和第 3 代单

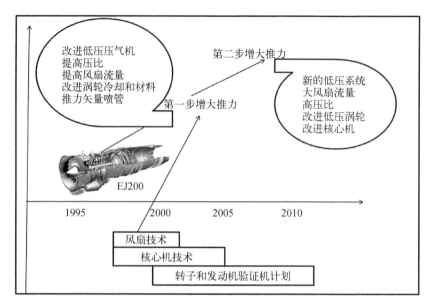

图 12.6　EJ200 改进

晶合金高温涡轮部件、快速响应传感器的喘振主动控制装置、机身/发动机/武器系统一体化控制技术、复合材料。

根据用户对产品改进的要求,第二阶段的改进工作重点是提高多任务能力和改善经济可承受性,尤其是提高空对地攻击能力。具体改进措施包括：在开发高温材料的同时,开发壁面冷却进口导流叶片等创新型冷却方案和先进转子叶片冷却技术,以提高涡轮的耐温能力;采用 3D 气动设计程序重新设计所有压气机,以获得更大流量、更高增压比,此外采用主动喘振控制和其他一些改善喘振裕度的先进技术,降低发动机耗油率[7];采用先进材料(例如高压压气机机匣材料改为 TiAl 或 Haynes)和工艺并采用整体叶盘高压压气机;将现有的控制和监控系统如数字式发动机控制装置(digital electronic control unit, DECU)、发动机监控装置(engine monitoring unit, EMU)以及滑油碎屑控制和监控装置等集成在一起,成为数字式发动机控制和监控装置(digital engine control and monitoring unit, DECMU);采用轴对称推力矢量喷管,以提高战斗机的机动性和敏捷性。

### 12.4.2　EJ200 无人战斗机改进型

欧洲喷气发动机公司在研究用于有人战斗机用 EJ200 改进型发动机的同时,也在探索研究用于无人战斗机的 EJ200 改进型发动机。至今 MTU 公司已经利用 EJ200 核心机重新设计了低压系统,将其改进为一种推力级在 6 000~8 000 daN 的无人机发动机。为了满足无人机工作要求,可能还需要对核心机进行一些修改,并采用一些新技术,如表 12.6 所示。

表 12.6　EJ200 改无人机型采用的新技术

| 序号 | 新 技 术 |
|---|---|
| 1 | 在低压涡轮轴上直接安装一体化的低压发电系统,在高压转子上安装新的一体化起动机/发电机,从高压转子和低压转子直接提取功率,以满足未来飞机增加的功率提取要求 |
| 2 | 改进滑油排放装置和采用长寿命滑油,满足长期存储要求;在远期可考虑采用主动磁力轴承、无滑油陶瓷轴承等方案 |
| 3 | 集成飞发一体化安装,装配二元推力矢量喷管等措施,满足隐身要求 |
| 4 | 采用热管理和功率系统一体化设计 |

### 12.4.3　液氢燃料 EJ200 火箭发动机

MTU 公司还提出了采用液体燃料的返回式助推器(liquid fly-back booster, LFBB)的液氢 EJ200 发动机方案,用于阿丽亚娜火箭,发动机以目前生产型 EJ200 的性能参数为基础,采用与其相同的气动和机械设计,并进行了结构修改。该方案的基本要求包括:发动机设计要覆盖整个工作环境温度包线;新发动机安装在 LFBB 的前部。在阿丽亚娜火箭起动准备期间,新发动机在其独立且封闭的发动机舱内向上安装,并处于待机状态;新发动机能够在 LFBB 的所有高度和机动载荷下以氢燃料连续工作;新发动机的安装节与目前 EJ200 发动机的相同[8]。相较于生产型 EJ200 发动机,该方案将做如图 12.7 所示的改动:

| 为干氢燃料而新设计的外部装饰和改进的连接件 | 改进HPC可调进口导向叶片作动系统 | 改进燃料喷嘴和改进燃烧室 |
| 改进DECMU软件、优化性能和调节发动机监控系统 | | |
| 带有起动机/发电机集成的齿轮箱 | | |
| 新主燃烧计量装置和新的燃料系统 | 改进滑油系统 | 改进喷气管道前部 |

图 12.7　研制新发动机所做的改动

MTU 预计新的发动机参数为:进气流量为 76 kg/s;涵道比为 0.4;风扇增压比为 4.2;总增压比为 26;最大推力为 56 kN。新发动机的结构为:低压压气机、中介机匣、高压压气机、高压涡轮和低压涡轮等单元体保持不变,而燃烧室、涡轮出口机匣、喷管前后两部分、附件齿轮箱和滑油系统等需要改进或者重新设计。

## 12.5　组　织　管　理

### 12.5.1　组织方式

EJ200 发动机的研制管理工作借鉴了 RB199 发动机的成功经验,并形成了自己的特色——更为商业化的运作模式,即组建项目公司。将整个研制计划的组织和计划管理架构分为董事会、执行控制委员会和工作组 3 个层次,如图 12.8 所示。董事会由每个公司的 3 名管理经理,共 12 人组成;执行委员会由管理经理和各公司的计划经理组成;工作组由 4 家公司的成员组成,管理 EJ200 发动机从设计到研制到售后服务的全过程[9]。这一有效的组织和计划管理体系,保证了各公司的技术和经验通过与各个公司联系的工作小组实现共享;各公司能够对具体任务的分配取得一致意见,并清楚和正确地掌握自己的义务与责任,从而保证了计划科学有效、决策迅速准确、配合紧密有序,进而保证了研制进度。

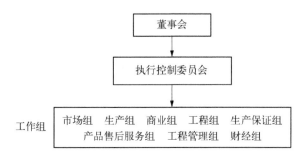

**图 12.8　EJ200 研制计划的组织和计划管理架构**

EJ200 发动机采用股份制进行研制,这种国际合作方式具备良好的经济效益,可共同承担研制费用和风险。但是在先前的国际合作中,各个参与者都是独立分担部件,互不干涉,这就引起了部件之间的界面衔接和匹配问题。因此,EJ200 对其做了改进和调整,大多数部件都采取了联合研制的方式。并且每个参与国都负责发动机在本国的全面保障工作。其股份分配和技术分工情况如表 12.7 和图12.9 所示。

EJ200 的设计由总项目团队批准,所有的技术要求在公布之前都必须经过总项目团队的批准。除了通常的性能、质量和寿命等参数外,非常重要的是安全性、可靠性和维护性的设计,这些领域的专家也是集成产品设计团队的成员。它采用一种全部集成项目管理方式,设计团队由所涉及的所有技术学科的代表组成,他们可以随时相互照面,相互交流。

表 12.7　EJ200 发动机股份分配和技术分工

| 公　司 | （英）罗罗 | （德）MTU | （意）菲亚达 | （西）ITP |
|---|---|---|---|---|
| 股份占比/% | 33 | 33 | 21 | 13 |
| 主要负责部件 | 燃烧室部件、高压涡轮部件和中介机匣、所有气动部件 | 高压压气机、风扇、FADEC 系统 | 低压涡轮、级间支承、加力系统、齿轮箱 | 低压转子、外涵道、排气扩压器、收/扩喷口、涡轮出口机匣 |
| 参与部件 | 高压压气机、风扇、低压涡轮、级间支承、加力系统、收/扩喷口 | 高压涡轮 | 滑油系统 | — |

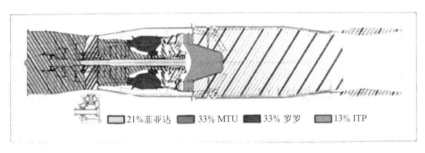

图 12.9　EJ200 发动机合作分工

在具体的研发过程中,各个成员先开发和验证大量的部件、整机实验,使大部分问题在部件、核心机验证机、发动机验证机解决;把研究、设计、制造、使用、用户保障等环节集成到一个团队中,改变传统串行工作方式。通过各个专业持续不断交流,在设计阶段尽可能考虑到全寿命周期中可能出现的问题,及时、全面地评价产品设计,提出改进意见,保证产品设计、工艺设计和制造尽量一次成功。

EJ200 发动机由综合设计小组进行一体化设计。综合设计小组由上述各领域的专家组成,从设计开始就参加工作,并且所有设计人员在每天的任何时间都可以彼此联系,以尽可能地将设计过程合理化。在设计过程中,一旦出现达不到设计标准的情况,总工程师必须确保所有设计参数在不偏离规定要求的前提下进行折衷,以满足设计要求。

### 12.5.2　支付方式

EJ200 发动机的研制计划采用"按结果支付"的管理办法:即在研制期间制定许多里程碑,每个里程碑都与计划进度的支付有关(图 12.10)。若完成前一个里程碑,并很好地达到了合同规定的技术指标,则按时完成支付,支付金额可以超过价格组规定的基本支付金额;若没有完成,则按合同惩罚。

第一步:对价格组里程碑支付,与计划进展情况有关。

第二步:对主要里程碑支付,指出整个计划的进展,并与很多价格组有关。

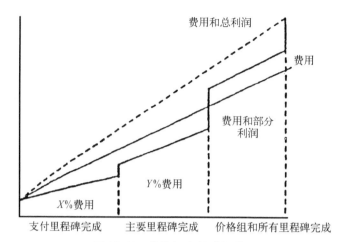

图 12.10　价格组支付过程说明

第三步: 在价格组完成上支付。

完成第一、二步后,就意味着发动机在性能、重量、操作性、可靠性、维修性和安全等方面达到合同规定的指标。这种支付方式对各个公司完成计划有很大的促进力和激励力,提高了研制的积极性和主动性,保证了发动机在性能、重量、可操作性、维修性和安全性等方面如期达到合同规定的指标。事实也是如此,加上其他因素的促进和保证作用,EJ200 发动机的研制进度一直领先于 EF2000 飞机。

欧洲喷气发动机公司给 EJ200 合同以最高价格,并将累积支付转换成固定价格。将完整的台架和飞行研制计划分成 15 个价格组,例如里程碑之间的工程和试验价格组;全尺寸研制发动机初步装配和相关硬件价格组;部件的采购、改型和修理价格组;飞行发动机的初步装配价格组等,并按照每个阶段的完成情况完成制度。

在考核中,欧洲喷气发动机公司将价格组和主要里程碑、监控系统和各个公司内的连续控制作为研制和生产阶段的主要合同考核点;将发动机的可靠性、检测性、维修性作为使用阶段的合同考核点,服役期又提供发动机的可用性考核点。

# 12.6　启　　示

## 12.6.1　采用的技术要经过充分的试验验证

从 EJ200 的研制过程中看出,显然在计划正式实施之前,欧洲人就已经进行了很好的合作,大部分技术是在发动机运转前的两年获得的。英国的 XG - 40 发动机验证机计划与 EJ200 的方案十分相似,德国和意大利的计划保证了 EJ200 的压气机和涡轮所需的技术。

### 12.6.2　合作研制的技术协调

在国际合作研制新发动机过程中,如果各发动机公司都独立承担所分担的部件,就会引起实际的界面问题。在解决这一问题上,欧洲喷气发动机公司采用了新的措施。在 EJ200 计划中,除了意大利制造齿轮箱、英国制造燃烧室外,发动机的其余部分均是联合研制的,即针对某一部件,公司间是负责与参加的关系,从而可以更好利用各公司的现有技术。而研制工作量按各公司股份分配,研制和生产阶段的发动机制造和试验分别在各公司的设备上进行,各国军方由本国公司提供技术保障。

### 12.6.3　保证计划的研制进度

保证计划的研制进度对计划的成功至关重要。欧洲喷气发动机公司的做法是,EJ200 合同有一个最高价格。计划被细分成 15 个价格组。计划有一套严格监控制度,完成任务付款,未完成任务罚款,即"视结果付款",而不再采用"成本累加"方式。

# 第13章
# PD‑14自主研发之路

大涵道比涡轮风扇发动机 PD‑14 是俄罗斯航空工业发展道路上具有重大意义的一型发动机。首先,该项目是苏联解体后俄罗斯按照最新国际适航标准自主研发的首款民用涡扇发动机;其次,俄罗斯目前唯一的国产第四代大涵道比涡扇发动机 PS‑90A 实际是 20 世纪 80 年代末苏联时期的产物,PD‑14 发动机的技术指标高于 PS‑90A 发动机(前者涵道比是后者的两倍,涡轮前燃气温度高出 100 K),是真正意义上的第五代民用涡扇发动机。因此,PD‑14 发动机无论是在设计理念、结构方案,还是在制造工艺、材料应用等方面都体现了俄罗斯相关领域现阶段的先进水平。

## 13.1　研制背景和需求分析

### 13.1.1　研制背景

2001 年底俄罗斯政府通过了第 728 号决议,批准了《2002~2010 年及 2015 年前俄罗斯民用航空技术装备发展联邦专项规划》(简称《联邦专项规划》)。该规划包含了两阶段任务:第一阶段主要进行技术开发,为后续产品开发提供必要科技储备;第二阶段则基于第一阶段的科技储备开展新型支线飞机、中短程干线飞机和远程干线飞机等俄罗斯新一代国产民用航空飞机的研制。其中,新型中短程干线飞机正是被称为俄罗斯 21 世纪干线飞机的 MS‑21 飞机。同时《联邦专项规划》还确定了相应动力装置的研制任务,其中新型中短程干线飞机动力装置的研制时间为 2003~2012 年,设计单位通过竞标形式确定,财政投入 135 亿卢布(其中联邦预算 60 亿卢布,政府预算外资金 75 亿卢布)[10,11]。

2003 年年中俄罗斯中短程干线飞机用先进涡扇发动机研制项目开始公开竞标。竞标在两个发动机方案之间展开:一个是俄罗斯彼尔姆航空发动机公司研制的 PS‑12 发动机;另一个是乌克兰马达·西奇发动机厂和扎波罗热·前进机械制造设计局的 AI‑436T12 发动机。该发动机根据 D‑436T3 发动机改进设计,后续计划由俄乌企业联合制造。

PS－12 方案的最大优势在于采用全新的核心机,基于该核心机可发展推力 8 000~20 000 kgf(78.4~196 kN)的航空发动机系列产品,同时还能发展相应的工业燃气轮机和发电设备。AI－436T12 方案因为采用现成的 D－436T3 发动机改进核心机,所以突出优势是研制周期短——一旦竞标成功,一年内即可制造完成。最终,PS－12 发动机以更优秀的性能以及通用核心机蕴藏的巨大衍生潜力在竞标中获胜。

在飞机方面,MS－21 飞机方案几经修改,客容量从最初的 140 座调整到基准改进型 MS－21－200 的 150 座,再到加长版 MS－21－300 的 180 座。动力需求也从原来 PS－12 发动机预设的 12 000 kgf(约 117.7 kN)相应提高到 14 000 kgf(约 137.3 kN),因此原定代号 PS－12 也随之更改为 PS－14。随后,俄罗斯联邦政府对国内航空发动机产业进行了改革重组,通过整合国内航空发动机研制企业资源成立了联合发动机制造集团,并决定将 PS－14 项目正式命名为 PD－14 发动机(俄语 Перспективный Двигатель－14 的首字母缩写,即推力 14 000 kgf 的先进发动机),由彼尔姆航空发动机设计局牵头,联合发动机集团所有企业力量通力打造。

### 13.1.2  需求分析

大涵道比涡轮风扇发动机 PD－14 从立项到发展体现了俄罗斯航空发动机研制过程中需求牵引设计、市场导向设计、储备奠定基础的典型特点。

1. 需求牵引产品

PD－14 发动机项目是基于明确的市场需求、国家需求和企业需求应运而生的。就市场而言,PD－14 发动机项目的目的是满足客容量 130~180 座中短程民用干线飞机的动力需求,并发展与国外同级产品的竞争力。就国家而言,PD－14 基准发动机的研制将有效刺激俄罗斯国内工业和科技的发展,对国家经济发展起促进作用。同时,在短时间内还能缩小俄罗斯在燃气涡轮发动机制造领域与欧美的技术差距,提升俄罗斯国力水平。就企业而言,俄罗斯对标世界主要航空发动机企业对国内航空工业进行了改革重组,成立了联合发动机集团。PD－14 发动机是该集团成立后的代表作,也是验证俄罗斯航空工业改革成效的重要项目之一。

2. 市场导向设计

作为 PD－14 发动机装机对象的 MS－21 飞机是俄罗斯近年来为夺取国内外航空市场发展的重要项目之一,其竞争机型主要是空客公司的 A320 系列和波音公司的波音 737 系列。在飞机研制过程中,MS－21 飞机方案进行了多次调整以适应市场需求,PD－14 发动机方案为保证飞发匹配也进行了多次改进,例如增加低压压气机增压级数量、修改风扇直径等以提高性能。这种以市场为导向发展设计的理念与 PD－14 发动机项目的主要商业理念是相符的——即研制现代化、高效率、高技术成熟度的俄罗斯国产核心机,并基于该核心机发展不同推力量级的发动机系列产品,以满足国内航空和工业领域的需求。

3. 储备奠定基础

科技储备是俄罗斯航空发动机发展的先遣兵。预先在新技术、新材料、新工艺、新方案等方面开展研究,可为后续产品研发降低成本、缩短研制周期、提高技术水平。PD-14 发动机在以下两方面实现了科技储备先行。

首先,在《联邦专项规划》中明确了俄罗斯政府对发展科技储备将给予的政策和经济支持。其次,俄罗斯彼尔姆航空发动机设计局早在 PS-90A 发动机首飞前就启动了下一代航空发动机的专项研究。例如,公司与俄罗斯中央航空发动机研究院(CIAM)共同对下一代发动机零部件及其附件方案开展了预先研究,包括设计了高压压气机多个高压级方案,包括 K-6V、K-7、K-11、D-66M2、C179-1、D-70A1,并完成了台架试验;针对燃烧室开展喷嘴双排分布、带双层冷却结构的多模块供油系统研究;开展单级高压降涡轮试验等[12]。

## 13.2　设计理念和项目进展

### 13.2.1　设计理念

PD-14 发动机的设计理念主要包含两点:第一是采用通用核心机设计;第二是大量引进新技术、新材料、新工艺。

首先,在项目发展计划中 PD-14 发动机的商业设计理念就是在高效的通用核心机基础上研制完整的发动机系列产品,因此 PD-14 不仅是一型第五代大涵道比涡扇发动机,而是系列发动机的基准型。基于 PD-14 发动机研制的系列产品将能满足俄罗斯民用飞机市场的主要动力需求,并且在 PD-14 发动机核心机基础上还能发展功率 8~16 MW 的燃气轮机,满足俄罗斯工业领域燃气动力设备的需求[13]。PD-14 发动机主要参数见表 13.1。

**表 13.1　俄罗斯 PD-14 系列发动机主要参数**[12]

| 型　　号 | PD-14 | PD-14A | PD-14M | PD-10 |
|---|---|---|---|---|
| 起飞推力/kN | 137.2 | 122.5 | 152.8 | 106.8 |
| 涵道比 | 8.5 | 8.6 | 7.2 | —— |
| 压气机增压比 | 41 | 38 | 46 | —— |
| 干质量/kg | 2 870 | 2 870 | 2 970 | 2 350 |
| 进口直径/mm | 1 900 | 1 900 | 1 900 | 1 677 |
| 结构方案 | 1+3+8-2+6 | 1+3+8-2+6 | 1+4+8-2+6 | 1+1+8-2+5 |
| 应用 | MS-21-300 | MS-21-200 | MS-21-400,伊尔-214 | SSJ-NG |

其次,为提高发动机性能、运行可靠性、降低研制成本,PD－14 发动机在设计时采用了大量新技术、新材料和新工艺(图 13.1)。据统计,针对 PD－14 发动机技术人员共研发了 16 种关键技术和 20 余种新材料。PD－14 发动机采用单元体结构,总计 14 个单元体中有 7 个单元体可在发动机在翼条件下进行更换。并且,与国际现有类似发动机相比,PD－14 发动机的运行费用低 14%~17%,生命周期成本低 15%~20%[14,15]。

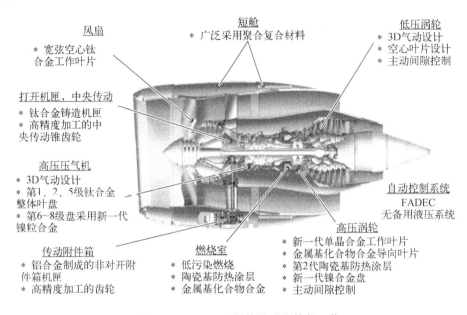

**风扇**
* 宽弦空心钛
合金工作叶片

**短舱**
* 广泛采用聚合复合材料

**低压涡轮**
* 3D气动设计
* 空心叶片设计
* 主动间隙控制

**打开机匣,中央传动**
* 钛合金铸造机匣
* 高精度加工的中
央传动锥齿轮

**高压压气机**
* 3D气动设计
* 第1、2、5级钛合金
整体叶盘
* 第6~8级盘采用新一代
镍粒合金

**传动附件箱**
* 铝合金制成的非对开附
件箱机匣
* 高精度加工的齿轮

**燃烧室**
* 低污染燃烧
* 陶瓷基防热涂层
* 金属基化合物合金

**自动控制系统**
FADEC
无备用液压系统

**高压涡轮**
* 新一代单晶合金工作叶片
* 金属基化合物合金导向叶片
* 第2代陶瓷基防热涂层
* 新一代镍合金盘
* 主动间隙控制

**图 13.1　PD－14 结构及采用的新工艺**

在上述先进设计理念指导下,PD－14 发动机实现了以下技术方案[16]:

(1) 1 级跨声速风扇,采用 3D 气动设计、18 片宽弦空心钛合金叶片;

(2) 3 级增压级;

(3) 8 级高压压气机,采用 3D 气动设计、第 1、2、5 级采用钛合金整体叶盘,第 6、7、8 级盘采用新一代镍基晶粒合金;

(4) 环形燃烧室,采用 3D 气动设计、燃烧区零件由耐热金属间合金制造、喷涂第 2 代陶瓷涂层、安装有 24 个双通道离心式气动喷嘴;

(5) 2 级高压涡轮,采用 3D 气动设计、高效冷却系统、新一代单晶合金叶片、第二代陶瓷耐热涂层、新一代镍基合金盘以及主动间隙控制;

(6) 6 级低压涡轮,采用 3D 气动设计、第 1~6 级采用空心叶片、主动间隙控制;

(7) 双转子结构,通过风扇直接传动;

(8) 数字化全权自动控制系统 FADEC;

（9）发动机短舱采用电子机械传动的栅型反推装置。

### 13.2.2　项目进展

自 2008 年 PD - 14 发动机项目正式开始研制起,该项目的研制工作不断推进,俄罗斯航空发动机自主研发能力也不断得到证明:2012 年 4 月开始装配验证发动机;2012 年 6 月第一台验证发动机进行了首次地面台起动试验;2015 年在伊尔-76LL 飞行试验平台上完成了 PD - 14 发动机的首次飞行试验;2018 年 PD - 14 发动机通过了认证试验并取得型号证书;2019 年 4 月 21 日配装 MS - 21 飞机的首批两台 PD - 14 发动机交付俄罗斯伊尔库特航空制造公司;2020 年 12 月 MS - 21-310 客机配装 PD - 14 发动机完成了首飞;2021 年 2 月 PD - 14 发动机获得批产许可;2021 年 10 月 PD - 14 发动机完成了俄罗斯航空发动机制造史上的首次核心机火山灰试验,再次证明了该发动机的优良性能。

值得一提的是,随着 PD - 14 发动机研制生产的步步推进,俄罗斯国内航空市场已做好迎接 MS - 21 飞机搭配 PD - 14 发动机的双俄制组合。但想要冲出国门进入世界航空市场,PD - 14 发动机还面临着重要的取证环节。俄罗斯联邦航空运输局、国际航空协会航空注册局、欧洲航空安全局三方的认证是 PD - 14 发动机打开俄罗斯国内民航市场、独联体民航市场和欧洲民航市场不可或缺的钥匙。2018 年 PD - 14 发动机已获得了俄罗斯联邦航空运输局颁发的型号证书,后续,获取 APMAK 和 EASA 的认证将是 PD - 14 发动机的工作重点之一。

## 13.3　研发管理和发展前景

无论是 PD - 14 发动机、还是其他发动机,从立项到实施、从草图到实物、从试验到取证都不可能只举一家之力。俄罗斯航空工业的改革与重组带来了联合发动机制造集团的成立[17,18],也为 PD - 14 发动机的发展创造了一个良好契机——即依靠资源的整合管理与统一调配加速产品的研制。

### 13.3.1　研发团队

PD - 14 发动机由俄罗斯数十家航空发动机研制公司与机构联合打造,主要分工见图 13.2,具体工作按三个层级开展:

第一级为设计和制造牵头单位,由联合发动机制造集团下属彼尔姆航空发动机公司和彼尔姆发动机制造厂分别负责。

第二级为研制协作单位,包括联合发动机制造集团旗下土星科学生产联合体股份公司、乌法发动机生产联合体、“礼炮”燃气涡轮制造科学生产中心、马达科研生产公司等单位,以及中央航空发动机研究院、茹科夫斯基中央空气流体动力学

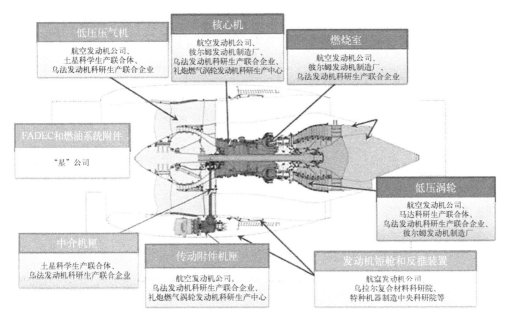

图 13.2　PD－14 发动机研制企业分工

院、全俄航空材料科技研究院及十余家其他科研机构和组织,分别负责 PD－14 发动机项目各零部件、附件、系统、材料的研制。

第三级为配套单位,包含传感器、附件、插头、轴承、电子元件等的供应商。由于目前俄罗斯国产配件市场竞争力低,因此 PD－14 发动机的大部分配件仍选用了 PS－90A2 发动机项目认证和使用过的供应商。

### 13.3.2　研发特点

在 PD－14 发动机项目之前,俄罗斯发动机的研制一般由多家设计单位和 1 家批生产厂负责,所有设计单位就所负责部分向同一家批产厂下达生产任务,因此包括科研试验设计和生产过程在内一般需要 10~15 年。PD－14 发动机项目就此进行了优化:项目由联合发动机集团旗下多家设计单位和多家批产厂参与,所有参研企业从项目开始就按照协调好的任务分工和工作计划共同开展工作,并且所有设计单位和各生产厂家之间在从设计到制造的每个阶段都是环环相扣、紧密合作的。这些优化极大地节约了时间与成本,提高了生产效率。

PD－14 发动机项目的另一个特点是首次按照指令规定的生产成本(生产材料用量和劳动量)来设计发动机,即逆向解决成本控制问题:发动机设计单位确定发动机的市场价,再按照市场价倒推到单个零部件的生产成本,然后将新发动机材料用量和价格的极限指标作为指令下达到各参研单位,各单位在此基础上制定出能保证规定指标的方案。

PD-14 发动机还配套有专门的规章文件,包含了发动机制造和维修成本评估、项目 IT 支持要求、发动机市场综合推广计划,以及 PD-14 发动机售后服务系统。

### 13.3.3　发展前景

2014 年乌克兰危机后,欧美制裁导致 MS-21 飞机面临发动机断供危机。作为俄罗斯自主研发的首款大涵道比涡扇发动机,PD-14 发动机被寄予厚望,成为化解 MS-21 飞机发动机断供的关键。俄罗斯也因此加紧了 PD-14 发动机项目的推进,包括对生产线进行现代化改造、引入增材制造技术、创建专业化中心等,并计划在 2024 年将年产量由 5 台增加到 50 台,以匹配 MS-21 飞机需求。同时,俄罗斯也在按照欧洲航空安全局适航条例积极推进 MS-21 飞机在欧洲的取证工作,一旦成功,PD-14 发动机也将被推向国际市场。另外,基于 PD-14 发动机研制经验,俄罗斯联合航空发动机制造集团已启动了 PD-8 和 PD-35 发动机的研制计划,2025 年之后还将开始制造基于 PD-14 发动机的燃气轮机。

# 第 14 章
# CFM56 国际合作研发

作为斯奈克玛公司和 GE 公司 20 世纪 60 年代开始合作研制的民用航空发动机,CFM56 发动机取得了史无前例的成功,其研制过程堪称航空工业界国际合作的典范。其不仅给法国带来了巨大的经济效益,还让斯奈克玛公司从单一的军机生产企业,发展成了军民兼顾的大集团。作为一个成功的国际合作案例,CFM56 发动机的研发过程有很多值得借鉴的地方。

## 14.1 需 求 背 景

第二次世界大战后,法国政府在军事技术和设备的研究与开发方面一直奉行独立自主、全面发展的方针,建立起了门类齐全、技术先进的国家军事航空制造工业体系,法国国营飞机发动机设计与制造公司——斯奈克玛公司在军用飞机发动机方面已经具备了一定的研发能力。借助政府的力量,法国和飞机制造商和用户都采用由斯奈克玛公司研究开发的发动机。

进入 20 世纪 60 年代后期,民用飞机所带动的航空运输业在商业运营方面开辟了一个全新的发展领域。在西方发达国家和地区,航空公司的业务日益高涨,对商用飞机的市场需求与日俱增。当时西方航空发动机领域的三大巨头,即美国普惠公司、GE 公司和英国罗罗公司,联手分割并霸占了商用飞机发动机的领地,形成了三足鼎立的格局。

1969 年,法国政府针对国际民用航空市场的发展形势,提出了研究 10 000 kgf 推力级涡轮风扇发动机的设想,法国斯奈克玛公司经过分析和调查,1971 年底选择了美国 GE 公司作为合作伙伴,决定以美国 F101 军用涡扇发动机的核心机为基础,发展满足 20 世纪 80 年代 150 座级干线飞机所需的低油耗、低噪声、低污染涡扇发动机。

## 14.2 设 计 特 点

作为 CFM 国际公司从 1971 年开始研制的双转子涡扇发动机,CFM56 发动机主要用于 150 座级干线飞机。采用 9 级高压压气机和单级气冷式高压涡轮(来自通用电气公司提供的 F101 发动机的核心机)、包含 44 片带冠叶片的风扇、3 级低压压气机、4 级低压涡轮(有叶冠)。

CFM 发动机自 1979 年取得适航证以来,通过不断改进,共发展出 CFM56－2、CFM56－3、CFM56－5 和 CFM56－7 四个子系列,20 多个改进型,推力范围 8 255～15 125 daN,耗油率下降了近 20%。与此同时,可靠性和耐久性大大提升,空中停车率为(0.002～0.005)/1 000 发动机飞行小时,机上不拆卸工作时间平均超过 16 000小时,最长的达到 40 728 小时。噪声和污染水平也有所改善。

CFM56 发动机的结构与系统特点如下。

- **进气装置:**环形、无进口导流叶片。流道外壁设置消声衬垫,无防冰装置。
- **风扇:**单级轴流式。CFM56－2 风扇叶尖带冠。CFM56－3 和 CFM56－5 带叶中阻尼凸肩。
- **低压压气机:**3 级轴流式(CFM56－5B/5C 为 4 级)。3 级转子为整体钛合金锻件制成,出口沿圆周均布 12 个可调放气阀,可在低功率状态将部分空气排入风扇通道。各型号的最大转速(r/min)如下:

| | |
|---|---|
| CFM56－2/2A/2B/3B1/3B2 | 5 280 |
| CFM56－3/3C1 | 5 490 |
| CFM56－5A | 5 100 |
| CFM56－5B | 5 200 |
| CFM56－5C2/5C3 | 4 800 |
| CFM56－5C4 | 4 960 |
| CFM56－7 | 5 380 |

- **高压压气机:**9 级轴流式。前 3 级静子叶片可调,静子机匣为对开式,第 6～9 级机匣为双层结构,外层机匣上设有 5 级空气引出口,内层机匣为低膨胀合金制成,并在 5 级引出空气包围中,起控制压气机后面级间隙的作用。压气机广泛采用钛合金材料,第 1～2 级转子鼓筒为钛合金锻件,第 1～3 级转子叶片也采用钛合金。所有转子叶片可单独更换,各级均设孔探仪检查孔。
- **燃烧室:**短环形。火焰筒内外壁均有分段气膜冷却,火焰筒头部有 20 个高压空气雾化喷嘴,CFM56－5B 和 CFM56－7B 采用降低污染的双环腔设计。
- **高压涡轮:**单级轴流式,带空气冷却导向器叶片和转子叶片。高压涡轮与高压压气机组成的高压转子由前后 2 个轴承支撑。由高压压气机第 5 级和第 9 级引来的空气对高压涡轮进行主动间隙控制。
- **低压涡轮:**4 级轴流式(CFM56－5A 为 4.5 级,CFM56－5C 为 5 级),涡轮机匣引风扇后空气实现叶尖控制,涡轮后机匣为 12 个支板结构,中心支撑低压转子后支点,低压涡轮轴上 4 号中介轴承支撑高压转子。

- **尾喷管**：固定面积收敛喷管,CFM56 - 5C 上装有强制混合器。在等直径风扇流道内设置反推力装置,并装有吸声材料。
- **附件**：CFM56 - 2 的空气起动机装在传动齿轮机匣上,CFM56 - 5 的在附件齿轮机匣上,CFM56 - 3/7B 的在附件齿轮机匣侧面。附件齿轮机匣包含 3 个中间齿轮和 4 个用于发动机和飞机附件的驱动齿轮,功能包括滑油泵、主燃油控制、液压泵和齿轮的驱动。
- **控制系统**：CFM56 - 2/3 采用带补充模拟电子输入的伍德沃德公司的机械液压式燃油控制系统,CFM56 - 5 采用 FADEC 系统,CFM56 - 7 采用 FADEC Ⅲ系统。
- **滑油系统**：干油槽设计。

CFM56 的主要型号技术参数详见表 14.1。

**表 14.1　技术参数**

| CFM56 - 2C | | | | | |
|---|---|---|---|---|---|
| 起飞推力 | lb | 24 000 | 空气流量 | lb/s | 788 |
| | kN | 106.8 | | kg/s | 357.4 |
| 涵道比 | 6.0 | | 风扇直径 | in | 68.3 |
| | | | | m | 1.735 |
| 总增压比 | 31.3 | | 长度 | in | 95.7 |
| | | | | m | 2.4 |
| 巡航耗油率 | lb/(h·lb) | 0.651 | 干重 | lb | 4 635 |
| | kg/(h·daN) | 0.664 | | kg | 2 102.4 |
| CFM56 - 3B2/3C1 | | | | | |
| 起飞推力 | lb | 22 000/23 500 | 空气流量 | kg/s | 709.9 |
| | kN | 97.9/104.5 | | | 322.0 |
| 涵道比 | 4.9/5.0 | | 风扇直径 | in | 60.0 |
| | | | | m | 1.524 |
| 总增压比 | 28.8/30.6 | | 长度 | in | 93 |
| | | | | m | 2.36 |
| 巡航耗油率 | lb/(h·lb) | 0.655 | 干重 | lb | 4 301 |
| | kg/(h·daN) | 0.668 | | kg | 1 951 |
| CFM56 - 5A1/A3 | | | | | |
| 起飞推力 | lb | 25 000/26 500 | 空气流量 | kg/s | 386.5 |
| | kN | 111.3/117.9 | | | 397.4 |
| 涵道比 | 6.0 | | 风扇直径 | in | 68.3 |
| | | | | m | 1.735 |

| CFM56－5A1/A3 | | | | | |
|---|---|---|---|---|---|
| 总增压比 | 31.3 | | 长度 | in | 95.4 |
| | | | | m | 2.422 |
| 巡航耗油率 | lb/(h·lb) | 0.596 | 干重 | lb | 5 154/4 995 |
| | kg/(h·daN) | 0.608 | | kg | 2 337/2 266 |

| CFM56－5B1/P | | | | | |
|---|---|---|---|---|---|
| 起飞推力 | lb | 30 000 | 空气流量 | lb/s | 943 |
| | kN | 133.5 | | kg/s | 427.7 |
| 涵道比 | 5.5 | | 风扇直径 | in | 68.3 |
| | | | | m | 1.735 |
| 总增压比 | 34.4 | | 长度 | in | 102.4 |
| | | | | m | 2.601 |
| 巡航耗油率 | lb/(h·lb) | 0.6 | 干重 | lb | 5 250 |
| | kg/(h·daN) | 0.612 | | kg | 2 381 |

| CFM56－5C2 | | | | | |
|---|---|---|---|---|---|
| 起飞推力 | lb | 31 200 | 空气流量 | lb/s | 1 025 |
| | kN | 138.8 | | kg/s | 464.9 |
| 涵道比 | 6.6 | | 风扇直径 | in | 72.3 |
| | | | | m | 1.836 |
| 总增压比 | 38.3 | | 长度 | in | 103 |
| | | | | m | 2.616 |
| 巡航耗油率 | lb/(h·lb) | 0.567 | 干重 | lb | 5 670 |
| | kg/(h·daN) | 0.578 | | kg | 2 572 |

| CFM56－7B24 | | | | | |
|---|---|---|---|---|---|
| 起飞推力 | lb | 24 200 | 空气流量 | lb/s | 780.4 |
| | kN | 107.6 | | kg/s | 354 |
| 涵道比 | 5.3 | | 风扇直径 | in | 61.0 |
| | | | | m | 1.549 |
| 总增压比 | 32.7 | | 长度 | in | 98.7 |
| | | | | m | 2 507 |
| 巡航耗油率 | lb/(h·lb) | 0.603 | 干重 | lb | 5 257 |
| | kg/(h·daN) | 0.615 | | kg | 2 384 |

CFM56 发动机的主要型号及使用情况见表 14.2。

表 14.2　CFM56 发动机的主要型号

| 发 动 机 型 号 | 装 机 对 象 |
|---|---|
| CFM56－2 | DC－8－71/－72/－73 |
| CFM56－3 | 波音 737－300/－400/－500 |
| CFM56－5A/－5A3 | A320－100/－200 |
| CFM56－5A4/－5A5 | A319 |
| CFM56－5B | A319/320/321 |
| CFM56－5C | A340－200/－300 |
| CFM56－7 | 波音 737－600/－700/－800 |
| 军用型 F108 | 波音 KC－135R/－135FR,波音 E－6/－3,KE－3 |

## 14.3　研发历程及成功经验

回顾 CFM56 的研发过程,有两点很重要:第一,来自政府的支持;第二,斯奈克玛自身具备一定的发动机研发水平。

20 世纪 60 年代,西方航空发动机领域的三巨头联手分割并霸占了商用飞机发动机领地。一方面,这几家公司努力扩大自己的地盘,相互竞争;另一方面,又彼此结成同盟,层层设置障碍,将其他发动机制造商拒之门外。针对这种形势,斯奈克玛的决策层决定找三巨头之一合作,采取先立足后壮大的策略打进民用发动机市场。因罗罗公司一直想吞并斯奈克玛,斯奈克玛公司首先放弃了与罗罗公司合作的念头。普惠公司则是断然拒绝斯奈克玛的合作意向,丝毫不留余地。最终,斯奈克玛只能把希望寄予 GE 公司。当时的 GE 公司在商用发动机市场业务量比较有限,精力都投在利润比较高的家用电器等领域,军用发动机研制方面,因为有政府和军方的支持,发展得还比较好,而且 GE 公司的股东一直都想放弃民用发动机研制市场。面对斯奈克玛公司的请求,GE 公司提出了让其承担 CF6－50 发动机 10%部件加工量的合作方案。

斯奈克玛公司并不满足于这点工作量,它的目标是与三巨头平起平坐。1970年,斯奈克玛提出与 GE 公司联合开发 100 kN 涡扇发动机的合作意向,双方各自承担 50%的责任。GE 公司起先并不重视这一合作意向,只是把斯奈克玛在 CF6－50 发动机上的参与量提到 25%。

斯奈克玛当时的新总裁哈沃德展开了高层公关。他极力说服当时的法国总统蓬皮杜,希望总统能提供帮助。1970 年 4 月,蓬皮杜亲自给时任美国总统尼克松写信,请其促成两个公司的合作,并将其升级为国家级战略合作项目。

尼克松总统要求 GE 公司以国家利益为重,将这次合作当成政治任务来完成。在尼克松总统的施压下,GE 公司提出将其正在研究的、由国防部全额投资的 F101 发动机的核心机与斯奈克玛合作,由斯奈克玛负责开发包括风扇、低压压气机、低压涡轮、附件机匣在内的其他部件。研制完成后,由 GE 公司负责发动机的全面性能考核。鉴定完成后,再由双方联合为该发动机寻找用户。

该合作方案受到美国国防部的坚决反对。这种反对最终以 GE 公司承诺不允许斯奈克玛对 F101 核心机做任何更改和不泄露关于核心机的任何设计机密而告终。

1970 年 9 月,GE 公司和斯奈克玛公司在 GE 公司总部召开了第一次合作意向洽谈会。面对 GE 公司要求斯奈克玛公司在不接触 F101 核心机技术的前提下,独立为其研究低压部件的要求,斯奈克玛也只能同意。最终,GE 公司同意斯奈克玛公司派遣一位项目主管和一位总体设计工程师在 GE 公司逗留不超过一周,定义双方的工作责任划分界限和接口。

经过一段时间的磨合,GE 公司看到了斯奈克玛公司的实力。1971 年 11 月,双方进一步确认了该发动机项目的合作研究开发策略:以 F101 核心机为基础,研究开发一种能够满足 20 世纪 80 年代飞机要求的、高效率、低油耗、低噪声、低污染、100 kN 推力级大涵道比涡扇发动机。

1972 年 2 月,发动机完成整机设计。

1973 年,两家公司的总裁决定开展该项目的全面合作,并邀请两国总统亲自签署项目合作备忘录。

1974 年 9 月,双方成立了各自占 50% 份额的合资企业——CFM 国际公司,并确定了以下合作规则:

(1) CFM 国际公司在两地分别注册,各自管理。

(2) CFM 国际公司总部设在美国的辛辛那提 GE 公司总部。

(3) CFM 国际公司设专职首席执行官(专职)一名,由斯奈克玛公司委派;另设负责工程技术、财务预算、市场营销、工业合作、客户关系等兼职副总裁两名(兼职),两家公司各自任命一名。

(4) GE 公司和斯奈克玛公司各指定一名副总裁,负责协调两家公司之间的关系,共同组织制定 CFM 国际公司的发展策略。每年至少举办一次斯奈克玛-GE 公司高峰会议,研究与 CFM 国际公司及 CFM56 发动机相关的问题,并共同寻求解决方案。

(5) 产品分工:GE 公司负责核心机(高压压气机、燃烧室和高压涡轮),斯奈克玛公司负责低压部分(包括风扇、低压压气机、低压涡轮)和附件机匣,具体分工如图 14.1 所示;两家公司分别负责各自承担部分的研究、开发,包括部件的设计、制造、试验、考核、装配、售后服务等。发动机整机装配和试车分别在两家公司进行。

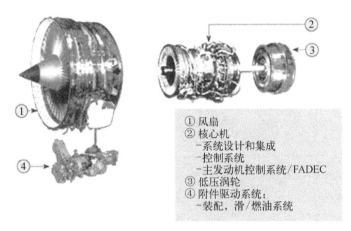

① 风扇
② 核心机
　- 系统设计和集成
　- 控制系统
　- 主发动机控制系统/FADEC
③ 低压涡轮
④ 附件驱动系统:
　- 装配,滑/燃油系统

**图 14.1　通用电气和斯奈克玛具体分工**

注: 图中①③④由斯奈克玛负责;②由通用电气负责

（6）合作范围及"排他性"规则: CFM56 的推力范围为 85~155 kN,"规则"规定,合作双方中的一方不得单独或与任何第三方研究开发这个推力范围内的民用发动机;对上述推力范围内的 CFM56 发动机,双方各自承担 50% 的责任、义务和风险,并分享 50% 的利益,包括工程研究开发、产品制造、销售和保修期内的售后服务等。

另外,还有以下补充内容:

（1）当产品超出保修期或保修范围时,作为有偿服务,双方在发动机修理和维护等有偿服务方面是竞争对手,不存在合作关系。

（2）当发动机推力超出所规定的合作范围时,双方将不受上述条约约束,各自有权利根据自己对市场的判断和分析决定开发新的发动机;可以自己单独开发,或与任何第三方,甚至多方合作,当然也可以邀请对方参与。

（3）市场划分方面: GE 公司负责美洲、大洋洲、中国等国家和地区;斯奈克玛负责欧洲、非洲和亚洲（中国之外的）大部分国家和地区及苏联。

（4）利益分配: CFM 国家负责全球 CFM56 发动机销售和保修期内的售后服务,销售收入两家平分。

1974 年 6 月,CFM56-2 开始地面试验。1979 年 2 月,CFM56-2 发动机开始飞行试验。1979 年 3 月,CFM56-2 获得第一个订单,换装 30 架麦道 DC-8 飞机。1979 年 11 月,CFM56-2 获得美国 FAA 和法国民航管理局的适航证。1982 年 1 月,美国国防部正式将 CFM56-2 纳入采购计划,按美国军机序列编号为 F108。此后,作为该型发动机的最大用户,美国空军的 KC-135R 空中加油机、E-3 预警机、

KE-3空中加油机、波音E-6战术战略飞机都选用F108作为动力。随着市场对客机的需求不断加大,CFM国际公司后续在CFM56-2基础上研制出了CFM56-3/-5B/-5C/-7等机型,在波音和空客两大民航客机巨头的激烈竞争中赚得盆满钵满。

尽管在合作研发CFM56发动机的过程中GE公司和斯奈克玛公司保持"友好合作、互惠互利"的关系,但是它们各自的技术归各自所有,双方将各自开发的新技术、新工艺应用到CFM56发动机上,不断提高并完善该发动机的性能和可靠性,根本不存在技术共享一说。这一点也证明了打铁还需自身硬这一道理。虽然从一开始,斯奈克玛公司被GE公司瞧不起,但事实证明,斯奈克玛公司在航空发动机研发方面实力雄厚,最终靠自己的实力赢得了与GE公司平起平坐、共同进步的机会[19]。

# 第 15 章
# 低成本小型发动机系列化发展

低成本小型发动机因其具备尺寸小、结构简单、成本低等优点,广泛运用于无人机、靶机和导弹。这类小型发动机中,比较典型的型号有 TR60、J402、J69 等。J402 在 J69 基础上发展而来,是系列化发展比较典型的案例[20,21]。

## 15.1 需求背景

20 世纪 70 年代,随着攻防武器技术的不断发展,对导弹和无人机系统航程、成本的要求越来越高,对无人机、弹用涡喷发动机的需求也越来越大。同时,为了多装燃料,适当地提高战斗部的威力,满足多用途的要求,对推力的要求亦呈上升趋势。在此前提下,美国海军航空系统司令部同时向美国特里达因·大陆发动机公司和加雷特发动机公司授予合同,研制一种低成本、一次性使用涡喷发动机,可在12.2 km 高空以 $Ma0.9$(短时达到 $Ma1.1$)的速度连续工作,寿命约为 1 h,并要求发动机结构尽量简单,保证可在舰上或基地仓库架上存放 5 年。上述两家公司分别获得 430 万美元和 410 万美元的研制费用,研制亚声速巡航导弹用发动机验证机,最终特里达因·大陆发动机公司获胜,于 1972 年 6 月签订正式合同,获得 1 000 万美元的追加拨款。自此,特里达因·大陆公司开始了 J402 发动机的研究。然后又马不停蹄地陆续推出了它的各型后继型号,相关型号基本参数见表 15.1。

表 15.1 J402 相关型号基本情况表

| 型　　号 | 推力/daN | 用　　途 |
| --- | --- | --- |
| J402 - CA - 400 | 294 | 导弹 |
| 372 - 9 | 178 | 导弹、靶机 |
| J402 - CA - 700 | 285 | 靶机 |
| 370 - 1 T | 285 | 中程空地弹 |
| 372 - 11A | 338 | 靶机 |

| 型　　号 | 推力/daN | 用　　途 |
|---|---|---|
| J402 - CA - 702 | 427 | 导弹、靶机 |
| 373 - 5B | 458 | 导弹、靶机 |

## 15.2　设 计 特 点

J402 单转子涡喷发动机以 J69 发动机为基础,同时也是透博梅卡公司玛波尔发动机的改型。与 J69 相比,J402 发动机采用了大量新设计的整体铸件。转子零件数由 J69 的 149 件减至 16 件,且改进了轴承润滑方案。其主要设计特点是迎风面积非常小,附件便于维修,可靠性高,设计寿命不大于 15 h。

1. J402 - CA - 400

J402 - CA - 400 涡轮喷气发动机由单级跨声速轴流和单级高压压气机、环形燃烧室和单级轴流式涡轮组成,燃烧室用离心甩油方式供油。J402 - CA - 400 采用了"最低限度满足系统要求设计原则",成为独特的弹用小型涡轮喷气发动机。

在空气动力学设计上,J402 - CA - 400 是 J69 - T - 406 发动机的 32% 缩比,由于继承性强,降低了研制风险,缩短了研制周期。考虑到在导弹起动和加速过程中发动机进气流场可能发生畸变,曾用 J69 发动机进行模拟试验,证明了 J402 - CA - 400 具备较强的抗畸变能力。为了简化发动机结构,降低其成本,在 J402 - CA - 400 发动机的设计上采取了三条措施:① 减少零件数;② 通过最大限度地采用精密铸造,减少材料消耗,缩短机械加工时间;③ 简化附件系统。

在 J402 - CA - 400 发动机的 10 个主要部件中,有 7 个用了铸造件,包括进气机匣、轴流式压气机及其外壳体、离心压气机及其外壳体等。这些铸件的气流通道都铸到最后尺寸,只需要机械加工配合表面和控制尺寸。只有燃烧室、燃烧室外壳体和尾喷管为钣金件。J402 - CA - 400 发动机的总零件数降至原型机 J69 零件数的 11%。

J402 - CA - 400 发动机采用贮油槽对发动机轴承进行润滑,在主轴上装了小叶轮,保证在所有工作状态下向轴承供应滑油,如此可大大简化润滑系统。

J402 - CA - 400 涡轮喷气发动机是一个成功的一次性使用低成本导弹用发动机案例。其配装美国海军 AGM - 84A 和 RGM - 84A 捕鲸叉导弹和 YBGM - 10 战术战斧导弹。

2. J402 - CA - 700

为了延长发动机寿命,满足靶机动力需求,在 J402 - CA - 400 的基础上改型,形成了 J402 - CA - 700。主要改变有:

增加一个交流电机；

用电火花点火代替烟火点火器；

推力减少到 285 daN，以便满足 15 小时的寿命要求；

用燃油润滑并冷却后轴承；

使用了电子燃油调节系统，从起动到整个工作过程可以自动控制。

J402 - CA - 700 发动机用于美国陆军 MQM - 107A 黄鲈鱼（Streaker）（由比奇公司研制）的可变速训练靶机上。

3. J402 - CA - 702

为了进一步降低发动机成本，使发动机满足多种用途（导弹、靶机和无人机）需求，且多用途之间转换成本小，在保持发动机直径不变的基础上，增加了 1 级"0"级轴流压气机，使推力增加 45%，得到了 J402 - CA - 702 发动机，该发动机的设计方案如下：

（1）在发动机直径不变（31.7 cm）的条件下，重新设计双级轴流压气机，离心压气机不变，燃烧室基本不变，重新设计单级涡轮。

（2）大量采用整体制造工艺。轴流压气机由 17.4PH 钢无余量整体精铸；燃烧室/涡轮导向器部分由整体铸造的涡轮导向器和钣金焊接的燃烧室构成；燃烧室进口和中机匣采用 C355 铝合金铸造；燃烧室机匣和排气管也采用整体制造——它由整体铸造的排气管和钣金焊接的机匣组成；涡轮转子也是整体铸造的。

（3）发动机结构设计遵循空军发动机结构完整性大纲（Engine Structural Integrity Program，ENSIP），涡轮叶片的寿命定为 20 h（在最大工作负荷下连续工作），在各种使用条件下的循环工作寿命定为 100 h。

（4）多种起动系统：火药起动和点火；由地面设备提供的压缩空气起动及常规火花塞点火；氧气喷灯协助下的发动机高空起动。

（5）多种安装系统：尾部支承的耳片侧边安装，尾部支承的支架安装，径向支杆安装（类似 J402 - CA - 400）。

（6）前轴承和中轴承采用自包容润滑，后轴承则采用燃油冷却润滑。

（7）多种控制方案：全权限模拟电子控制；全权限数字式电子控制。

采取以上改进措施后，J402 发动机的推力大大提升，耗油率下降，具体成效见表 15.2。

表 15.2　J402 发动机衍生型号参数对照表

| 参数 ＼ 发动机型号 | J402 - CA - 400 | J402 - CA - 700 | J402 - CA - 702 |
|---|---|---|---|
| 海平面最大状态 | | | |
| 推力/daN | 293.6 | 284.7 | 427 |

| 参数　　　　发动机型号 | J402 - CA - 400 | J402 - CA - 700 | J402 - CA - 702 |
|---|---|---|---|
| 转速/(r/min) | 41 200 | 40 400 | 41 500 |
| 耗油率/[kg/(h·daN)] | 1.224 | 1.226 | 1.051 |
| 空气流量/(kg/s) | 4.35 | 4.24 | 6.12 |
| 排气温度/℃ | 1 550 | 1 113 | |
| 干重量/kg | 46.0 | 51.26(包括电机和功率调节单元) | 67.6 |

## 15.3　研发历程及成功经验

### 15.3.1　研发历程

随着装备法国透博梅卡公司马波尔发动机的 T - 37 完成首飞,美国最早的发动机公司大陆公司(也就是后来的特里达因·大陆公司)决定开始尝试引进马波尔发动机技术,并将其改型为靶机用发动机。1952 年,大陆公司交付第一台马波尔Ⅱ型发动机,空军将其命名为 J69 涡轮喷气发动机。J69 固定几何的进口导叶安装在环形的进气机匣上,采用单级离心压气机,一体式叶轮由轻质的铝合金铸造而成;采用由钢材铸造而成的一体式单环形燃烧室,离心式燃油供给系统和单级轴流涡轮,涡轮转子叶片为非冷却独立叶片,导向器叶片为不锈钢铸造空心叶片。J69 的第一个改进型号为 J69 - T - 9,用于塞斯纳 T - 37A;第二个改进型号是 J69 - T - 19,用于瑞安 Q - 2A 靶机。在离心压气机前增加一级轴流式压气机,推力增大到 762 daN,形成了该发动机的第四个改型 J69 - T - 29,配装瑞安公司的亚声速靶机 AQM/BQM/BGM - 35"火蜂"。J69 发动机的下一个改进型号为 J69 - T - 41A,采用跨声速压气机,并对离心压气机气动设计做了改进,推力达到 850 daN,是 AQM/BQM/BGM - 34"火蜂"系列靶机和特殊任务无人驾驶遥控飞行器的动力。为获得超声速性能,增加了一级先进的轴流压气机和加力燃烧室,形成了 J69 的最后一个型号 J69 - T - 406,推力和上一个型号一样,为 850 daN,配装 BQM - 34E/F 和 T 型"火蜂"Ⅱ靶机。

1968 年,美国特里达因公司收购了大陆公司,重新命名为特里达因·大陆公司。1970 年 12 月,公司开始为海军研发低成本小型涡轮喷气发动机,即后来的 J402 发动机。该发动机由 J69 - T - 406 缩比设计而来,大量采用铸造零部件,提高了推重比。发动机进气机匣为环形,采用了一种名为 C355 的新型合金,头锥内设置了为压气机轴提供支承的轴承腔。压气机由单级跨声速轴流压气机与单级离心压气机组成。J402 发动机的第一个改进型号是 J402 - CA - 401,该发动机为延长发动机寿命,采用外部滑油系统、带涂层的燃烧室以及寿命更长的涡轮。J402 发动机的第二个改进型号是 J402 - CA - 700,尽管与 J402 - CA - 401 相似,但该改进型发动机寿命达到了 15 h,可重复使用。J402 发动机的下一个改进型号为 J402 - CA - 701,设计用于靶弹。J402 系列发动机推力最大的型号是 J402 - CA - 702,推力 427 daN,是 MQM - 107D"飞跑者"训练用变速靶弹和诺斯罗普 NY - 144/NY - 151 可回收靶机的动力,也是特里达因·大陆公司 Model324 和 Model 350"金龟子"(Scarab)高速、远程无人遥控飞机的动力,该飞机用于执行监视、指示目标和侦察任务。

### 15.3.2　成功经验

纵观 J402 发动机的发展过程,不难看出,J402 发动机的系列化改型发展有以下三个成功经验:

(1)小型涡喷发动机想要实现低成本,采用整体铸件是不错的方向,可大大减少零件数量,降低加工难度;

(2)在原有机型上,通过少量改动,比如增加零级压气机,可大大提升推力,缩短研制周期,且风险低,投资少;

(3)一型小型涡喷发动机想要实现一机多用,比如导弹、靶机、无人机,关键在于适当增加涡轮寿命、多功能燃油控制、多种起动方式及解决回收清洗问题。

# 第16章
# 民改军典型产品 AE3007

AE3007 涡轮风扇发动机(图16.1)是罗罗公司下属美国子公司(原美国艾利逊公司)产品,该发动机首先在民用航空市场取得了成功,随后的改型发展在军用无人机动力领域也取得了不错的成绩,AE3007 系列是典型的民用发动机改军用发动机的成功应用案例。

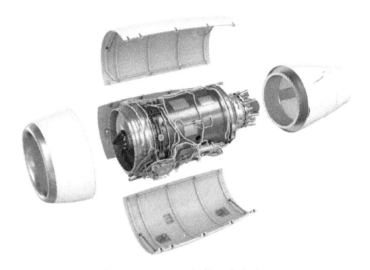

图16.1　AE3007 涡轮风扇发动机

## 16.1　民用型 AE3007 产品研发

AE3007 发动机最初是美国艾利逊公司于 1989 年为满足支线客机及公务机需求而研制的,是该公司第一型民用涡扇发动机,其推力量级为 30 kN。艾利逊公司创立于 1915 年,创始人是工业家詹姆斯·艾利逊。公司初始规模较小,主要经营小型燃气涡轮发动机、减速器、卡车和公共汽车用自动变速装置。至 1946 年,艾利逊公司发展成为美国研制和生产航空涡轮喷气发动机的主要厂家之一,与联信发动机公司合作研制了 T800/CTS800 军、民用先进涡轴发动机,与普惠公司联合研究先进短距起飞和垂直着陆动力装置。此外,该公司还积极参与美国国防部主持的综合高性能涡轮发动机技术计划(IHPTET),在高温部件研究方面处于领先地位。

1995 年,罗罗公司收购了艾利逊发动机公司,改称为罗罗北美公司。并购重组之后,在罗罗公司的技术和资金注入下,AE3007 发动机的研制进展和在民用航空市场的拓展进入快车道。AE3007 发动机于 1995 年取得适航证并于 1996 年投入运营使用,先后成为巴西航空工业公司的支线客机 ERJ 和赛斯纳公务机的动力选型,其主要里程碑进程见表 16.1。

表 16.1　民用 AE3007 发动机的发展

| 1995 年 | 用于巴西航空工业公司 ERJ 系列飞机的 AE3007 发动机获得 FAA 和 EASA 认证 |
| --- | --- |
| 1996 年 | 用于赛斯纳公司"奖状"X 飞机的 AE3007 发动机获得 FAA 和 EASA 认证 |
| 2002 年 | 巴西航空工业公司莱格赛 600/650 公务机选择了 AE3007 作为其动力装置 |
| 2007 年 | 巴西航空工业公司交付了第 100 架莱格赛公务机,该机由 AE3007 涡扇发动机提供动力 |
| 2007 年 | 赛斯纳公司庆祝交付第 5 000 架飞机,这是一架由 AE3007 发动机提供动力的"奖状"X 飞机 |
| 2014 年 | 改进型 AE3007 发动机的"奖状"X 在飞行中达到了 $Ma0.953$ 的极限速度 |

AE3007 发动机首先瞄准的是民用航空领域,在设计中对发动机的经济性作出了较多的考虑。该发动机的涵道比为 5,为双转子轴流涡扇发动机,采用了在 AE2100 涡桨发动机上经验证过的核心机技术。风扇采用了单级直接驱动宽弦风扇;压气机采用带有进口导向叶片的 14 级轴流式压气机(有 5 排可调静叶);燃烧室采用了带 16 个喷嘴及 2 个高能电嘴的低排放环形燃烧室;2 级高压涡轮级及 3 级低压涡轮;控制系统采用双通道全冗余的 FADEC 系统。为了适应不同民机的动力需求,AE3007 派生发展出了不同的型别,见表 16.2。

表 16.2　民用 AE3007 派生型号

| 发动机型号 | 投入运营年度 | 推　力 | 配装飞机 |
| --- | --- | --- | --- |
| AE3007A | 1997 | 33.69 kN | ERJ-145ER |
| AE3007A1 | 1998 | 33.69 kN | ERJ-145LR |
| AE3007A1P | 1999 | 33.69 kN | ERJ-145ER、莱格赛公务机 |
| AE3007A1F | 2002 | 36.00 kN | ERJ-145XR、莱格赛公务机 |
| AE3007A1/3 | 1999 | 32 kN | ERJ-140、ERJ-135LR,莱格赛公务机 |
| AE3007A3 | 1999 | 31.11 kN | ERJ-135 |
| AE3007C | 2002 | 28.63 kN | 赛斯纳"奖状" |
| AE3007C | 2002 | 30.06 kN | 赛斯纳"奖状" |

## 16.2　军用型 AE3007 产品研发

民用型 AE3007 发动机在 ERJ 和赛斯纳公务机上的成功运营为发动机积累了 800 多万的飞行时数,其可靠性以及燃油经济性得到不断的改进和验证。美国军方在无人机的研制上倾向于采用已有的货架产品,在"全球鹰"高空长航时无人机项目中,AE3007 的可靠性及燃油经济性获得了军方的认同。1994 年美国空军选择了 AE3007H 发动机作为"全球鹰"高空长航时无人机的动力。

### 16.2.1　AE300H 产品特点

在军用 AE3007H 的产品发展中,罗罗公司对研发成本进行充分控制,该发动机以民用 AE3007 发动机为基础,根据高空长航时的工作特点,对发动机的燃油系统、高压涡轮导向器和润滑系统进行了有限的修改,保证了发动机大的结构保持不变,从而以比较低的研制成本和较短的周期发展出一种高空长航时无人机动力。

AE3007H 发动机的最大推力为 3 203 daN。它在设计上有以下特点:采用大涵道比、高性能的宽弦风扇;具有高稳定性、抗腐蚀能力强的高压压气机;采用先进冷却技术、长寿命燃烧室;以及单晶材料、气膜冷却的涡轮叶片和全权限数控系统(FADEC)等。图 16.2 是 AE3007H 发动机的剖视图。

**图 16.2　AE3007H 发动机**

在 AE3007 发动机基本型的基础上,"全球鹰"的推进系统 AE3007H 增加了以下功能:

(1) 采用一个有异常压力恢复和最小畸变的直进气道;

(2) 发动机安装在一个机身结构的架子上,使附件更容易接近;

(3) 短舱很容易取下,发动机能用一个桥式起重机更换;

(4) 尾喷管具有一定矢量角度,消除了由推力改变带来的飞机配平变化;

（5）更为简单的起动和维护程序。

AE3007H 发动机的发展得益于该发动机民用型 800 多万飞行小时的可靠性改进和验证，表 16.3 是 AE3007H 和 AE3007 民用型发动机部件的比较。从中可以看到，AE3007H 只有三个部件做出了较大的改动：FADEC（主要的不同是在民用型的基础上采用了特殊用途的软件）、辅助回油泵和电子放气控制阀。

表 16.3　AE3007 和 AE3007H 发动机的比较

| 部　件 | 民用 AE3007 | 军用 AE3007H |
|---|---|---|
| 风扇 | 类型Ⅲ或者类型Ⅳ | 类型Ⅲ |
| 压气机 | 第 8 级或第 9 级放气 | 第 8 级放气 |
| 燃烧室 | 相同 | |
| 高压涡轮 | A1 或 A1E | A1 |
| 低压涡轮 | 相同 | |
| FADEC 硬件/软件 | 特定用途 | 高空特别用途 |
| 附件齿轮箱 | 相同 | |
| 辅助回油泵 | 没有 | 2 个电子设备 |
| 加速放气控制阀 | 气动 | 电动 |
| 后支撑环 | 2 耳或 4 耳 | 2 耳 |

### 16.2.2　AE3007H 的研发管理

由于 AE3007H 是从民用发动机货架产品发展而来，技术成熟度高，在大的结构以及主要参数没有大的改动的情况下，针对军用使用场景，对发动机的高空性能做了针对性的改进和充分的试验验证。由于从民用发动机到军用发动机的改进有限，从而充分保证了发动机的研制成本和研制周期。

1994 年，美国空军选择了 AE3007H 发动机作为"全球鹰"高空长航时无人机的动力。1995 年和 1998 年，利用民用 AE3007 发动机改进的 AE3007H 发动机进行了 2 次高空台试验，试验验证了该发动机用于高空飞行任务的可行性。1998 年2 月，AE3007H 发动机装在"全球鹰"上成功首飞。2001 年，装在"全球鹰"上成功完成首次跨越太平洋的不间断飞行。2003 年 8 月，装 AE3007H 发动机的"全球鹰"成为世界上第一架获得 FAA 合格证的无人机。目前，装该发动机的"全球鹰"已经执行了 200 多次作战任务，作战飞行时数超过 4 300 h。

1. 需求牵引设计改进

为满足军方的要求，根据高空长航时无人机的任务特点，罗罗公司有针对性地对民用型 AE3007 进行了部件改进，重点从软件方面进行了高空适应性修改，尽量保持发动机总体参数、主要结构不发生大的变化,从而有效地对发动机的研发成本进行控制。

1)控制系统

启动指令发出后,AE3007H 发动机的控制完全是自主的。飞机的两个飞行管理计算机(flight magement computer,FMC)与发动机的 2 个全权数字电子控制装置分别连接。这两个 FADEC 装置负责发动机的控制和推力的管理。FMC 为 FADEC 提供空气数据和油门杆角度(throttle lever angle,TLA),并负责发动机的故障监视和向飞行操作员报告。

FADEC 软件也根据高空使用要求进行了改进。软件的改进包括数字油门杆输入、高度范围增加到 22.8 km、辅助回油泵驱动逻辑、燃油流量限制和电子放气阀作动逻辑等。压气机可调导向叶片(compressor variable guide,CVG)程序也进行了相应优化。

2)飞行器飞行管理软件

飞行器飞行管理软件执行 TLA 控制、发动机故障监视和报告。在高空低雷诺数条件下,特别同时又是功率提取最大时,压气机喘振裕度的减小要求控制系统有较高的控制精度以及有足够的响应时间,因此,高空条件下需控制油门的移动速率,以避免瞬态下压气机工作线越过喘振线,造成安全隐患或事故。飞行器飞行管理软件中的 TLA 请求同时考虑了飞行高度以及相应的油门杆速率限制。FMC 监视发动机的滑油压力和温度、燃油温度、风扇和核心机转子的振动、滑油水平和 FADEC 故障状态。如果在这些系统中发生一个问题,FMC 将向飞行员发出一个警告。FMC 也执行发动机的实时状态监视,提供发动机性能衰减的早期预警。

3)涡轮部件

无人机在高空条件巡航时,由于雷诺数降低,发动机效率将急剧恶化。如 PW-545 发动机在高空的效率下降 4%左右;而 AE3007H 在 19 km 高度以 635 km/h 巡航时,发动机效率也降低了几个百分点。罗罗公司的研究表明,造成发动机效率恶化的主要原因是低压涡轮效率降低。而低压涡轮效率降低的一大原因是低雷诺数工作条件下其通流能力的大幅下降导致的[22]。因此,罗罗公司在早期进行的高空试验采用的 AE3007H 验证机发动机相比民用 AE3007 发动机,在结构上加大了低压涡轮导向器的流通面积。1998 年试验的 AE3007H 发动机也采用了当时已经在民用发动机上应用的增大流量的低压涡轮导向器部件。

4)进气道

为满足航程和航时最大化的任务要求,"全球鹰"的进气道设计更接近设计点,其尺寸比普通的从喉道适度扩张的短舱尺寸要短。为适应通信天线的视野要求,对进气道的方位和外部几何进行了优化。进气道安装在机身上,以使飞机的浸湿面积和外形阻力最小(图 16.3)。

在进气道的研制中,罗罗公司对一个 10%缩尺模型的"全球鹰"进气道进行了风洞试验。该风洞尺寸为 2×2 m,该模型测量了稳态压力。在发动机的前端用 12 个 5 管探针测量了 60 个总压。在发动机前端涵道壁面上的 4 个位置测量了静态压力。

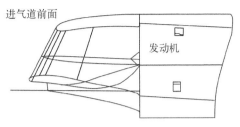

图 16.3　"全球鹰"进气道的形状

罗罗公司通过不断地计算流体力学(computational fluid dynamics, CFD)分析迭代,最终设计了一个性能更好的进气道。1995 年 8 月,第 2 次设计的进气道进行了试验。试验表明,在巡航状态,进气道有优良的恢复系数(0.995)和抗畸变特性。尽管低速畸变比较严重但仍可以控制。这次试验验证的进气道最终应用在了"全球鹰"无人机上。

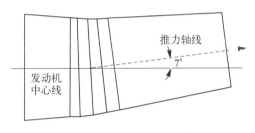

图 16.4　"全球鹰"尾喷管的形状

5)尾喷管

改进的尾喷管主要特征是有 7°的倾斜角,见图 16.4。尾喷管的倾斜改变了推力的矢量方向,使得与推力改变有关的俯仰调节变化最小。排气喷管的面积收敛不变。CFD 的分析表明,喷管的倾斜对气流或推力系数没有明显影响。

总之,"全球鹰"的推进系统经验证是成功的。罗罗公司选择了已有的 AE3007 涡扇发动机进行了低风险、低成本和低阻力的综合考虑。新的发动机设计通过地面、高空台和飞行试验得到了验证。改进的控制系统允许无人机操作员集中精力于手上的工作,而不是观察发动机性能的详细情况。如果发动机出现问题,无人机操作员将通过地面控制设备得到故障报告。

2. 试验验证

针对"全球鹰"无人机的高空使用场景,罗罗公司采用高空台对发动机在低雷诺数条件下的性能、稳定性、操作性等进行了充分的验证。

1)1995 年的高空台试验

1995 年 10 月~12 月,为 18.24 km 高空长航时无人机改进的 AE3007H 在 AEDC(阿诺德空军工程发展中心)的高空试车台上进行了初始型 AE3007H 验证机发动机的高空台燃烧室试验,该发动机在民用 AE3007 发动机的基础上增大了涡轮导向器的面积。这次试验的目的是确定发动机在整个飞行包线范围内的稳态和瞬态发动机性能,并验证 AE3007H 发动机的运行能力,试验共进行了 50 h。这次试验验证了 AE3007H 发动机可在 19.76 km 的高空稳定工作,提取的功率为 40 hp (29.828 kW)。试验中还发现,在 18.24 km 以上的高空,发动机需要采用滑油辅助回油泵。

该试验发动机是一台民用型的 AE3007 发动机,为满足高空工作条件,重新匹配了涡轮,以增大空气流量。为达到计划的试验点和条件,利用了特殊的试验设备:

（1）采用外部回油泵,用于帮助净化齿轮箱和中央泵;

（2）对放气系统进行了改进,以保证它在高空条件下保持关闭;

（3）燃油系统进行了改进,以允许燃油加热;

（4）采用可调的流量调节系统;

（5）采用进口畸变插板,以便开展进气畸变试验。

2）1998 年的高空台试验

1998 年 10 月,该发动机在 AEDC 的推进发展试验中心的 T-1 发动机试验台上又进行了一次试验。这次试验的目的是对"全球鹰"生产型发动机的结构进行验证。这次试验的目的和 1995 年的相同,但是增加了贫油熄火试验、防喘试验和收油门瞬态试验项目。发动机安装了电动放气控制阀和电动辅助回油泵。试验对生产型发动机传感器、发动机总温、总压、燃油和滑油系统特性、发动机转速、控制信号和二次冷却气流的特性进行了测量。这次试验表明,在功率提取量为 40 hp,在没有放气和进气畸变的条件下,生产型 AE3007H 发动机的工作高度最高可达到 19.76 km。

3）为取证进行的高空台架试验

2003 年,AE3007H 发动机完成了美国空军取证项目的试验。试验不仅验证了该发动机的安全性,而且还验证了该发动机的运行适用性和推进系统的效率。由于"全球鹰"需要提取更多的功率,因此,该发动机计划进行另外的燃烧室试验,以确定发动机的喘振线和贫油熄火线,试验进行 150 h。

# 第三部分参考文献

[ 1 ] Kamman J H, Perryman D C. Propulsion system requirements for advanced fighter aircraft[R]. AIAA - 82 - 1143, 1982.

[ 2 ] Hirschberg M J, ANSER. The advanced tactical fighter engine development program[R]. ISABE - 97 - 7176, 1997.

[ 3 ] Deskin W J, Yankel J J. Development of the F-22 propulsion system [R]. AIAA - 2002 - 3624, 2002.

[ 4 ] Connors J. The engines of Pratt & Whitney: A technical history [M]. Reston: AIAA, 2009.

[ 5 ] 佟淑兰. EJ200——小涵道比发动机跟踪与预测[G]. 航空发动机科技信息研究报告选编(合订本)第一册, 2014(12): 1 - 8.

[ 6 ] 杨国才, 袁耀邦. EF2000 战斗机的动力装置[J]. 国际航空, 1997(5): 54 - 55.

[ 7 ] 刘永泉. 国外战斗机发动机的发展与研究[M]. 北京: 航空工业出版社, 2016.

[ 8 ] 郭琦. 航空发动机研制的高效组织模式[C]. 成都: 航空学会, 2017: 1 - 3.

[ 9 ] Air Force Research Laboratory Propulsion Directorate. Success story: Integrated product development (IPD) principles used to design jet engine nozzles[EB/OL]. http://www. pr. afrl. af. mil/sstories. html[2020 - 5 - 6].

[10] ФЦП. Развитие гражданской авиационной техники россии на 2002 - 2010 годы и на период до 2015 года[EB/OL]. https://minpromtorg. gov. ru/common/upload/files/docs/gp_rap_140228. pdf? Ysclid = 10wom4meo.

[11] Владимир Подымов. ПД - 14——технологический рынок в будущее[OL]. http://www. id-bedretdinov. ru/journals/articles/pd-14-technologicheskiy-ryvok-v-budushchee[2020 - 3 - 5].

[12] Алексей Захаров. ПД - 14 Будущее отечественного авиадвигателестроения[J]. ВЗЛЁТ, 2014, 12: 30 - 36.

[13] Алексей Захаров. ПД - 14 БудущееОтечественного Авиадвигателестроения

[J]. ВЗЛЁТ, 2014, 12: 30 - 36.

[14] 张娜,王良君.俄罗斯 PD - 14 发动机项目发展及启示[J].燃气涡轮试验与研究,2015,28(6): 55 - 60.

[15] Бабкин В И,Цховребов М М,Солонин В И,и др. Развитие авиационных ГТД и создание уникальных технологий[J]. ДВИГАТЕЛЬ, 2013, 2: 1 - 7.

[16] 王巍巍,徐华胜.俄罗斯新一代民用发动机设计和发展特点[C].贵阳:中国航空学会第七届动力年会,2010.

[17] 张慧.俄罗斯航空工业科研生产能力扫描[M].北京:航空工业出版社,2017.

[18] 彭友梅.苏联/俄罗斯/乌克兰航空发动机的发展[M].北京:航空工业出版社,2015.

[19] 倪金刚.CFM56 方程[M].北京:航空工业出版社,2007.

[20] 田宝林.世界无人机和巡航导弹用发动机发展概况[J].航空发动机,2003(29): 51 - 54.

[21] 匡剑伟.J402 系列涡喷发动机的新发展- J402 - CA - 702 发动机[J].飞航导弹,1989(3): 25 - 34.

[22] Lake J P. Reduction of separatio losses on aturbine blade with low Reynolds number[C]. Reno: 37th Aerospace Sciences Meeting and Exhibit, 1999.

# 第四部分

## 航空发动机研发模式

航空发动机是典型的系统工程,在其技术开发和产品研制过程中,需要同时面对使用要求不明确、技术途径不明朗、研制周期不确定等挑战,追求实现技术上合理、经济上合算、研制周期短、整体性能优化的系统研制目标[1]。国外积极应用系统工程的方法,同时采取相应技术手段和管理手段,实现整个工程技术开发过程中进度、经费和性能指标三要素的平衡发展。国外在航空发动机研发过程中,对技术管理、运营管理、协同快速研发等进行了探索、总结,形成了各具特色的研发模式。本部分将对如下典型的研发模式进行介绍:自上而下分解的 GOTChA 技术开发思路、普惠公司"获得竞争优势"研发管理、UTC 协同创新研发、广泛使用的集成产品开发、罗罗"自由工厂"与普惠鳄鱼工厂等创新的精简高效研发模式以及在"数字孪生"技术背景下的全生命周期新型研发。

# 第 17 章
## 技术管理——GOTChA 方法

通过对国外航空发动机研发管理模式的研究,发现国外有很多非常成熟的研发模式和技术管理方法,GOTChA 技术管理方法就是其中之一。该方法在美国科技领域应用得比较普遍,尤其是在航空航天领域推出的发展规划和预研计划中,得到了成功的实践。采用 GOTChA 方法管理发展战略和大型预研规划是非常有效的,可以做到战略牵引、目标驱动。GOTChA 方法能够把某领域想要达到的顶层目标通过细化、量化,分解为可以看得见、摸得着的子目标,将达到目标要攻克的技术难题梳理清晰,并有针对性地采取措施。借助于 GOTChA 方法能够把规划从目标确定到最终完成的整个流程管理得非常清楚,每个环节要做的事情和需突破的技术也很明确。在美国航空航天领域实施的 IHPTET、VAATE 和 NAI 等大型预研计划中,GOTChA 技术管理方法得到广泛运用,取得了举世瞩目的辉煌成就,同时该方法也在这些项目的成功实施过程中得到了改进和完善。

## 17.1　GOTChA 方法概述

GOTChA 技术管理方法作为计划、开发和实现技术能力的手段,强调依据科学技术的客观发展规律,对科技活动进行规划和管理,该方法在技术行业当中发挥重要的作用,尤其是高科技行业。GOTChA 是美国在知识和技术密集型的航空航天领域广泛采用的技术管理方法。自 20 世纪 80 年代以来,美国航空航天领域的企业在开展科研计划时,广泛采用该方法进行技术管理。GOTChA 技术管理方法强调组织的目标、强调技术能力的提升、强调底层科技活动与组织目标的关联性。该技术管理方法具有严密的逻辑性和极强相关性,并通过美国开展的众多科研规划、发展战略和预研计划的技术管理实践证明是高效、实用的方法,适用于“高、精、尖”企业的发展战略规划的制定和技术开发等,适合于各种大型科研计划及其子计划、子项目和子系统的技术管理。采用该技术管理方法能够使最终要达到的目标与采用的技术手段和途径紧密关联起来,通过分析和判断,推理和预测出为达到目的可能遇到的挑战和障碍,有针对性地采取应对措施,进而使技术研发顺畅、目标清晰、措施得力,最终助力行业的发展,提升竞争力。

GOTChA 技术管理方法由目的(Goal)、分目标(Objective)、技术挑战(Technical Challenge)和方法(Approach)构成。

目的(Goal),顶层目标,指最终想要得到的结果,即所制定的发展规划、开展的项目和科研计划等最终要达到的结果或者最终要获得的能力和技术水平,它们与现在已经具有的能力或者技术水平相比应有明显的提高,这种提高是可以量化的,给所在系统或者体系带来的效益与贡献是可以衡量的。

分目标(Objective),指为达到最终结果或者顶层目标而分解的子系统的目标。通常顶层的目标的实现是通过若干分目标的实现来达到的,这里的目标就是针对顶层目标而分解出来的子目标,具体指发展规划和科研计划中所研究子系统要达到的技术指标,它与顶层目标的要求是一致的,都要比现有技术水平有较大的改进,同样需要量化。

技术挑战(Technical Challenge)是指为实现既定目标可能面临的挑战、遇到的困难和要补足的短板等,是为实现目标必须要面对、必须要克服、必须要攻克的壁垒,在应对技术挑战方面往往需要创新的工作思路或者颠覆性技术手段来攻克。

方法(Approach),是指应对技术挑战的各种可能方法和手段。这里提出的方法主要是为了应对挑战,挑战是方方面面的,所以可能会采取各种途径来突破技术障碍,开展技术攻关,进而为达到顶层技术目标服务,探索的这些方法通常都是比较先进的科学技术方法,是迎接挑战,克服困难所必需的。

图 17.1 以推进系统为例进一步解释说明 GOTChA 技术管理方法。对于推进系统要实现其能力的提升,关键的技术参数是推重比、耗油率、马赫数和寿命等。在 GOTChA 技术管理流程中,先要列出能够影响顶层目标的这些关键参数,然后确定出为实现顶层目标的分目标,即有哪些部件或者系统能够为实现顶层目标做贡献,接下来梳理出达到这些目标可能遇到的技术挑战,针对这些挑战梳理出实现目标的方法和技术途径,而这些技术途径的实现需要很多科研计划来支撑,这些科研计划又是为解决某一关键技术问题而推出的。通过 GOTChA 技术管理框架图,可以清晰看出顶层目标与底层科技活动的关联,可以把底层的基础研究与应用研究,以及关键技术攻关等与顶层目标的实现紧密相连,使得所有的活动都是围绕顶层目的实现而开展的,所有科研计划和关键技术都是为实现顶层目标做贡献的[2~4]。

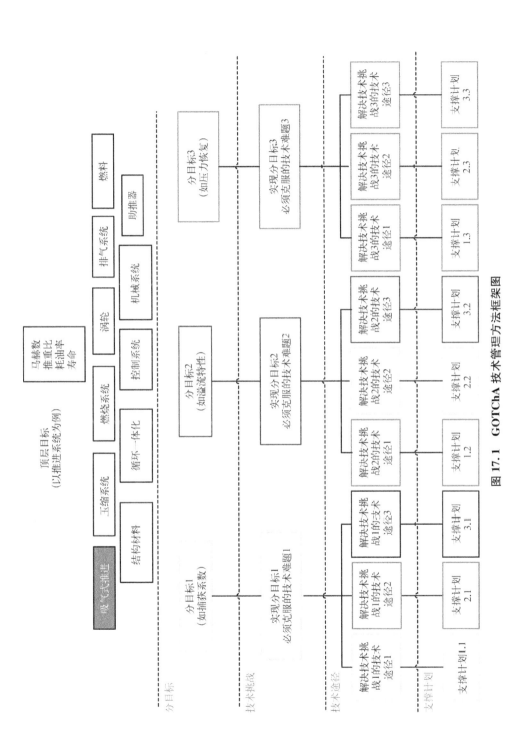

图 17.1　GOTChA 技术管理方法框架图

## 17.2　GOTChA 方法的关键要素

### 17.2.1　Goal 的确定

GOTChA 技术管理方法的关键是要给出最终要达成的目标(Goal),它是 GOTChA 技术管理方法的核心要素,非常考验技术管理者的技术知识和水平,因为要给出的是研发计划或者实施项目最终要达到的目的,要给出企业最想要的结果,这不仅直接关系到项目或者规划的成败,而且对企业的技术发展有重大影响。Goal 作为顶层目标,它是一个行业或者领域要制定的发展战略和发展方向的最顶层规划,是最终要达成的发展目标。Goal 制定得合适与否从一定程度上讲直接决定了某个行业或者领域未来发展命运,决定了项目或者计划的成败。

通常 Goal 的制定都会通过几年、十几年,有的甚至要通过几十年的时间来实现,时间跨度很大,这为准确制定 Goal 增添了难度。因此在制定顶层目标时,一定要对所在行业或者领域的现状有非常清晰、客观的认识,对其面临的问题和挑战有充分的预测和深入的分析,对其未来发展走向有比较明确的判断。

顶层目标的确定考验对一个系统或者行业的前瞻力,目标定得不能太低,如果太低就无法超越现有水平,无法给行业或者体系带来更大效益。美国在航空领域开展的大型预研计划 IHPTET,在采用 GOTChA 方法进行技术管理时,其 Goal 的制定是比较成功的案例。这个顶层目标既兼顾了现有水平,同时又着眼于未来,但绝不是好高骛远,是"跳一跳"够得着的目标。IHPTET 计划是美国国家级发动机预研计划,于 1988 年正式开始至 2005 年结束,是迄今为止美国最为成功的预研计划。该计划的成功与其顶层目标的科学制定密切相关。IHPTET 计划在运用 GOTChA 时,其顶层目标的实现不仅与现有技术水平相比有阶跃性提升,而且给美国整个航空发动机行业带来了巨大的收益,为已有的三代机的改进发展提供了新思路、为四代机的研发提供了新技术,为五代机的发展奠定了基础。IHPTET 计划在确定其顶层目标时,首先是基于对国内航空发动机行业发展现状的充分了解,对该领域已经开展的计划进行了总结和梳理,把即将要开展的这个计划与国内前期开展的众多计划衔接起来,以前期开展的这些计划取得的成果和建立的技术储备为依据,以已经掌握的并可以使用技术的现实水平为基础,这样一来既保持了技术水平的可持续性,同时又有了基础;其次,对国内航空发动机领域的现有技术水平进行了充分评估,对可能要提升的量级进行了客观的预测,同时对该领域未来的发展方向有了比较明晰的预判,既兼顾到当前的技术现状,又充分预测到将来;第三,以"够得着"的技术指标为基础,考虑未来可能的发展空间,同时还要考虑具有突破性进展,也就是要"跳一跳"才能达到,这里体现出顶层目标制定的关键[5,6]。

顶层目标的制定要客观,不能制定得太高。美国在航空航天领域开展的 NASP 计划(国家航空航天飞机计划)是 Goal 制定不科学、非常冒进的案例,最终导致该计划以失败而告终。NASP 计划始于 1986 年,目的是验证马赫数 15 甚至更高的高超声速飞行技术。这个指标说明至少 25 年前人类就期望能够实现更高马赫数($Ma \geqslant 15$)的飞行。确定 NASP 计划的 Goal 时,对当时技术水平未来发展速度估计不足,或者对未来科技发展速度太乐观、太激进,对技术阶跃性提升可能遇到的困难也没有足够清晰的判断。在 20 多年前就提出了比现在规划的目标还要高几个量级的目标,显然是太冒进,也正是由于这个最终目标制定得非常不合理,进而导致了整个计划全盘失败[7,8]。

由此可见,Goal 的确定是 GOTChA 技术管理方法的核心,其制定得是否合理、准确、客观、实际直接关系到项目的成败。

### 17.2.2　Objective 的分解

在 Goal 确定之后,GOTChA 技术管理方法的第二步是把最终目的分解成 Objective(分目标或者子目标),每一个分目标都将为实现最终目标做出一定的贡献,见图 17.2 的示例。分目标 Objective 是根据对顶层目标 Goal 的层层分解确定的,每一个分目标都是最终目标的组成部分,与顶层目标有着直接的关联。只有实

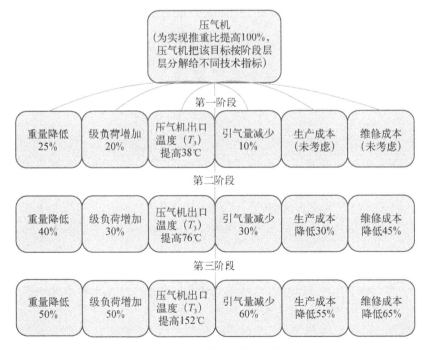

图 17.2　层层分解的子目标

现了一个个子目标，才能达到最终目的。Objective 的作用实际上相当于分担 Goal 的责任，把一个远期（或者相当长时间后）的目标细化为一个个具体的、在近期内有可能实现的子目标。Objective 的分解对 Goal 的实现起着至关重要的作用。

第一，Objective 分解的关键是要确定对整个顶层目标实现起着举足轻重作用的子目标。在实施过程中，首先要找出能够影响到 Goal 实现的子系统，这个子系统的子目标能够为最终 Goal 的实现做出一定的贡献。例如，在高速民用运输机计划（HSCT）中，顶层目标——Goal 是研制出经济可承受的、环境友好的高速民用运输机推进系统。经过研究发现，对实现这个顶层目标最有影响的子系统有三个，由此把 Goal 进一步细化分解为三个 Objective（子目标），即低污染、低排放（对应环境友好）和良好经济性（对应经济可承受性）。三个子目标是实现顶层目标的必要条件，也就是说只有实现了这三个子目标，才能够研制出经济可承受的、环境友好的高速民用运输机的推进系统[9]。

第二，要对子目标进行量化，也就是说确定出每一个子目标在最终 Goal 中所占比例和比重，即有多少子目标的实现能够达到最终想要的结果。Objective 分解就是把最终要实现的 Goal 分解给子系统，让这些子系统的子目标来为最终的 Goal 做贡献。例如，我们要研制出飞行马赫数 5 以上的、能够水平起降的高超声速飞行器动力。为实现这个目标，要把它逐层分解，首先，飞行马赫数 5 以上说明不能单一采用涡轮发动机，因为涡轮发动机目前能够达到的最大马赫数为 3 左右，其次，这种动力也不可能是单一的冲压发动机，因为冲压发动机的启动速度比较高，要在马赫数 2 左右才能启动，单依靠这种动力无法实现水平起飞，由此分析可以把这个顶层目标逐一分解到分系统中。顶层目标的实现至少有两个分目标来帮助实现，一个是研制出飞行马赫数较高的涡轮发动机，另一个是研发出超燃冲压发动机。这两个分目标实现了，最终的总目标就实现了吗？还不完全如此，因为这两个分目标在总目标的实现上的贡献度还未达到 100%，还需要其他分目标的实现来达到最终的目的，这里就再分解出一个分目标——涡轮基组合动力，即把两种发展比较成熟的动力组合在一起，这样一来就有可能使最初制定的 Goal 最终实现[10,11]。

第三，从时间维度上来分解 Objective，进而促进 Goal 的实现，因为一个宏伟目标的实现通常都需要分步实施，那每一步要达到的目标都应当对总目标的实现有促进作用。例如要研制智能发动机，即能够自我感知，自我调节和自我控制的发动机，这是一个非常具有挑战性的目标，它与人工智能、计算机技术、控制技术、功能材料等的发展都密切相关。对于这样一个宏伟的 Goal 而言，肯定不会一蹴而就，需要把它分解为若干个子目标，这些子目标同时又是分步来实现，每走一步，每达到一个子目标，就向最终目标靠近了一步。

第四，Objective 的分解要时刻围绕中心，围绕着 Goal 来确定。要明确这些子目标都是为顶层目标服务的，也是为了实现总目标必须要达到的。因此，子目标的分解要紧密围绕着顶层目标,要为顶层目标的实现"分忧解难",也就是要为达到最终目的做出应有的贡献。通过层层分解,每条子目标都成为顶层目标的有力支撑,使顶层目标的可实现性大大提高。Objective 的分解决定了顶层目标是否具有可实现性,分解得越科学,顶层目标越有可能达到。

### 17.2.3　Technical Challenge 的剖析

顶层技术目标已经明确并完成子目标分解,接下来的关键一步就是要深入、全面地分析和研究为达到这些目标要面临的 Technical Challenge(技术挑战或可能遇到的困难)。Technical Challenge 是 GOTChA 技术管理方法中非常关键的环节,很多科研发展计划最终失败的原因之一就是对可能遇到的技术挑战和面临的困难估计不足。在 GOTChA 技术管理方法的第三步是需要把每一个系统和每一个环节可能面临的技术挑战进行全面的预测,并尽可能地详细列举出来。只有对可能遇到的问题有充分的估计和认识,才会有针对性地寻求解决问题的办法。

Technical Challenge 的剖析要基于对某个领域、某个行业或者某个项目、某个计划全面的了解,对其涉及的知识有比较深入的认知,对其涉及的原理有比较清晰的认识。以美国开展的高超声速技术计划(HyTech)为例来说明如何对技术挑战进行剖析。该计划的目标(Goal)是研究并验证在马赫数 4~8 范围内工作的超燃冲压发动机,该发动机为一次性使用,采用液体碳氢燃料。Objective 的分解通过 3 个阶段来实施。第 1 和第 2 阶段主要进行部件技术验证,第 3 阶段为系统集成和技术验证。在部件技术研究阶段的研究重点放在进气道、燃烧室和喷管这三个部件上。因此在 Technical Challenge 的剖析时也主要是针对这三个主要部件进行技术挑战的梳理。为了实现 HyTech 计划既定的目标,进气道可能面临的技术挑战包括进气道启动、空气质量捕获、压缩比、热循环效率以及压比等;燃烧室面临的技术挑战主要集中在与燃料相关的问题上,即通过点火、稳焰以及空气与燃料的充分掺混实现稳定的燃烧;喷管面临的技术挑战主要集中在性能与效率上,具体主要通过各种损失来表征;另外喷管面临的技术挑战不仅与超燃冲压发动机本身的性能有关,还影响着飞行器的性能,因此飞发一体化设计也是它将面临的技术挑战;同样,材料/结构和燃料也面临各种技术挑战,这里不再一一列举。在 HyTech 计划执行中,按照 GOTChA 技术管理方法的思路对该计划中研制超燃冲压发动机可能面临的技术挑战梳理得比较清晰,因此,在计划执行过程有的放矢地开展了相应研究,在进气道/隔离段、燃烧室和喷管以及结构材料研究方面都并取得了显著成果,为超燃冲压发动机技术的发展做出了重要贡献。以该计划验证的技术为基础研制的超燃冲压发动机 SJX-61 也因此成为 X-51A 高超声速飞行器的动力,实现了马赫数 6 的高超声速飞行[12,13]。

　　IHPTET 计划作为 GOTChA 技术管理方法成功应用的典型案例,对 Technical Challenge 的剖析也是极其深刻和全面的。以该计划第 3 阶段为例来说明技术挑战的界定。对于涡喷/涡扇发动机而言,IHPTET 计划第 3 阶段的 Goal 是推重比提高 100%,燃烧室进口温度提高 400℉(约 222℃),制造成本和维护成本降低 35%。为实现这个 Goal,把其分解为 3 个 Objective,分别由压气机、燃烧室和涡轮来共同承担实现总目标的重任。接下来要逐一梳理各个部件或者系统为总目标做贡献时要面临的技术挑战和困难。燃烧室要面临的技术挑战就包括既要能够缩短其长度,同时还要保证化学反应平衡;既要改善出口温度分布均匀性,同时还要满足强度设计所要求的燃气温度分布曲线等;高压涡轮也面临很多挑战,包括既要提高涡轮前燃气温度,同时又要减少冷却空气量或者保持不变,既要提高级做功量,同时又要降低高负荷带来的损失等,详见表 17.1。从表 17.1 可以清晰看到为实现顶层目标要面临的技术挑战[14-16]。

表 17.1　技术挑战梳理表

| IHPTET<br>第三阶段总目标<br>（Goal） | 燃烧室进口温度($T_3$)提高 400℉(约 222℃)<br>$T_4$ 提高 900℉(500℃)<br>推重比提高 100%<br>经济上可承受<br>生产和维护成本降低 35% | | |
| --- | --- | --- | --- |
| 部件技术目标<br>（Objective） | 压气机 | 燃烧室 | 涡　轮 |
|  | 效率提高 5% | 出口温度分布系数(OTDF)减小到 0.1<br>重量和成本<br>2 000 h 寿命 | $T_{41}$ 提高 900℉(500℃)<br>$T_{42}$ 提高 868℉(约 482℃)<br>效率提高 3%<br>级做功能力提高 50%<br>冷却气流减少 60%<br>重量减少 50%<br>生产成本降低 10%<br>维护成本降低 10% |
| 技术挑战<br>（Technical Challenge） | • 气动设计要创新,既要增大压比,又要确保稳定性和效率<br>• 既要对激波干扰进行精确预测,同时要考虑当前模型的适用范围可能不完全满足要求 | • 既要缩短燃烧室长度,又要达到化学反应平衡<br>• 改善出口温度分布均匀性和涡轮叶片强度设计要求的燃气温度分布曲线<br>• 恒定压降下改善混合 | • 材料/温度限制<br>• 减少冷却气流<br>• 提高涡轮前温度<br>• 在高负荷下减少损失<br>• 减少二次流损失<br>• 减少高马赫数带来的损失<br>• 更高温度的冷却空气<br>• 在高转速及转子进口温度下控制密封泄漏<br>• 在高转速下盘与叶片的连接<br>• 维持有效做功量/减少叶片数<br>• 高温材料的高成本问题<br>• 各部件复杂的加工问题<br>• 末级低压涡轮高周疲劳问题 |

Technical Challenge 剖析的关键在于提前比较准确预知可能面临的困难和挑战,而这些挑战和困难又是要达到最终目标必须要面对和解决的。由此可见清楚地界定出可能面临的技术挑战是最终能够达到顶层技术目标的充分条件。

### 17.2.4　Approach 的寻优

GOTChA 技术管理方法的第四步就是针对确定的技术难点和面临的挑战给出解决办法——Approach(方法、途径)。通常解决技术难点和应对技术挑战的方法会有很多种,可能针对一个问题有多个解决方案,Approach 寻优的关键在于既找到了解决问题的途径,同时又是最优的,其核心是找准解决问题的关键要素。例如,为了解决超燃冲压发动机燃烧室点火问题,首先要明确哪些元件对点火有影响,是元件的性能还是结构对点火有影响。根据研究发现,火焰稳定器是对燃烧室点火有重大影响的元件,其中火焰稳定器的几何构型设计对燃料的点火延迟有非常重要的影响。按照这样的技术思路提出应对挑战的方法,比如在燃料喷孔附近设置回流区,使得燃料能够存留足够长的时间以便燃料点火与燃烧。

在一针见血地找准问题症,有的放矢地推出 Approach 时,比较纠结的是寻优,几种途径都有可能达到目的。例如,在 NASA 推出的 UEET 计划中,Goal 是研制环境友好、经济可承受的民用航空发动机。为达到这个目标,量化给出的 Objective 是 $NO_x$ 降低 70%、延长寿命和降低维护成本。要面临的挑战包括要进一步降低 $NO_x$、微尘和粒子的含量,可能要面临更高压力和更高温度、同时要更加安全工作的挑战,要尽可能减少冷却空气流量等。为解决这些问题,提出了采用新的燃烧策略、陶瓷基复合材料、主动控制等各种不同的 Approach。而就新的燃烧策略而言就又有几种不同的途径,有的提出了贫油预混蒸发(lean premixed prevaporized,LPP)燃烧、有的提出了贫油直接混合(lean direct mixing,LDM)燃烧,还有的提出了双环腔预混旋流(twin annular premixing swirler,TAPS)。这几种途径都可以实现低污染,也就是说运用 GOTChA 技术管理方法时,Approach 寻优的关键就是为应对挑战和技术攻关要付出的代价最小,而利益最大,对其他系统的负面影响最小[17,18]。

## 17.3　GOTChA 方法的具体应用案例

### 17.3.1　在 IHPTET 计划中的应用

GOTChA 技术管理方法在 IHPTET 计划中得到了成功的应用,在该计划的不同阶段和不同部件都是按照这种方法进行管理的。首先把 IHPTET 计划的顶层目标,即最终想要达到的结果分配给不同的阶段,再按照不同阶段的要求,分解到不同部件,确定出要得到的技术指标。为达到这些技术指标可能要面临很多技术挑战,而这些挑战又是成功实现 IHPTET 计划技术目标必须要面对的。为应对挑战,梳理出众多技术途径和先进技术手段,旨在扫除达到该计划既定技术目标时遇到的技术障碍。图 17.3 中给出了 IHPTET 计划中对涡轮部件的技术管理流程。从 GOTChA 技术管理流程中,我们能够清晰地看到涡轮所做的贡献。为实现 Goal 涡轮本身要做的贡献是实现级负荷提高 30%、效率提高 30%、质量减少 30% 等要若干个具体的子目标,每一个子目标的实现都为达到最终想要的结果做出了应有的贡献。为达到这些技术指标涡轮要面临前所未有的挑战,如提高级负荷、减重、减少冷却空气流量等,为了应对挑战必须要运用各种可能的方法以达到最终目的都可以从这个技术管理方法中清晰可见。

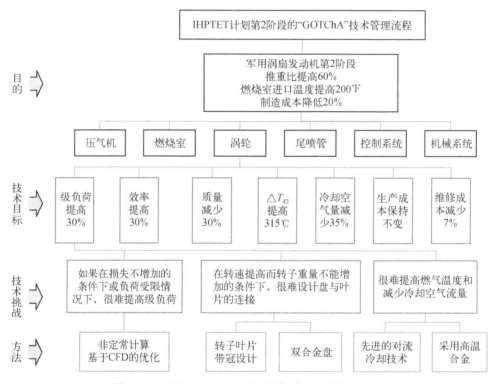

**图 17.3  采用 GOTChA 对涡轮部件开展的技术管理**

### 17.3.2  在子系统中的应用

GOTChA 技术管理方法不仅适用于大型项目、大型计划,而且适用于该项目下任何一个子系统、部件、元件及其组成。通过该方法自上而下的层层分解,使得顶层目标逐步分解到每一个子单元,也就是说整个系统中的任何一个元件都要为顶层目标的实现做出贡献。采用 GOTChA 管理方法能够把整个系统(例如发动机系统)所有组成成分(结构、性能、强度等)和所有组成单元(部件、零件等)为实现顶层目标需要付出的努力全部挖掘出来。如果不采用这样的技术管理方法,很难把一个子系统或者子单元对实现顶层目标的贡献直接关联起来。

在前面已经提到的大型预研计划 IHPTET 计划中,对大型军用航空发动机而言其总目标是推重比要提高 100%。为实现该目标,不仅压气机、燃烧室和涡轮等三大核心部件要做贡献,而且这些部件的子系统同样要做出贡献。以涡轮为例子,为实现系统顶层目标,不仅涡轮部件本身要实现若干技术目标,应对很多挑战和采取有效的方法,而且涡轮部件的组成零件,如叶片和盘也要为这个顶层目标做出奉献。叶片为顶层目标所做的贡献又可以从结构、强度、气动、工艺与材料等几个方面来衡量。图 17.4 给出了涡轮叶片的强度设计为顶层目标贡献的 GOTChA 流程图。

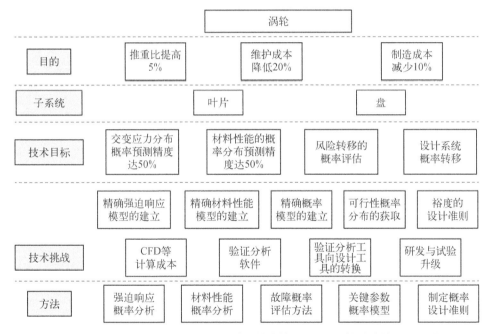

图 17.4　GOTChA 技术管理方法对子系统的技术梳理图(以涡轮叶片的强度设计为例)

由图 17.4 可以看出,GOTChA 技术管理方法不仅适用于大的系统,同样适用于系统下的子系统、子构件。单个部件可以通过该方法梳理,单项新技术攻关同样可以采用这样的流程管理。例如,目前美国在航空发动机领域正在执行的大型预研 VAATE 计划,其核心目标是降低经济可承受性。在其执行过程中相继推出了许多子计划,其中包括 HEETE,这个子计划的关键技术是研制总压比达到 70 以上的发动机。通过 GOTChA 技术管理方法的梳理,可以看出这个子系统的目标是要为最终的经济可承受性服务的,因为更高总压比的压气机可以为降低燃油效率做贡献,而燃油效率的降低则是实现经济可承受性的重要手段之一。

在具体技术研发时,采用 GOTChA 技术管理方法,能够把所有子系统、子系统的分系统等为核心目标所做的贡献、所走的技术路线梳理得非常清楚,能够界定出所有为最终目标做出贡献的子系统。通过该方法的管理使得子系统要实现的具体技术目标,面对的挑战和克服困难的方法都变得一目了然,有的放矢采取应对措施,达到最终想要的结果。

### 17.3.3　在科研管理部门中的应用

美国国防部(Department of Defense, DOD)、美国能源部(Department of Energy, DOE)与美国国家航空航天局作为美国的重要国家机构和科研管理部门,在高科技含量的尖端科技技术研发管理中占据非常重要的地位,它们在享有"工业之花"的航空发动机技术研发、试验、软件开发等领域都不约而同地采用了 GOTChA 技术管理方法,见图 17.5[19]。

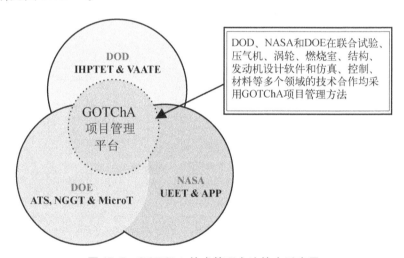

**图 17.5　GOTChA 技术管理方法的广泛应用**

各大科研机构通过采用 GOTChA 技术管理方法,能够清晰地梳理出关于同一技术、针对不同的应用背景所要面临的技术挑战和要采取的方法。例如同样在探索有关燃烧技术时,DOD 作为军口管理部门,以 IHPTET 计划为切入点提出了要研制先进的燃烧室;NASA 作为世界上最大的民用航空航天机构,把研究重点放在环境友好方面,以 UEET(Ultra-efficent Engine Technology,超高效发动机技术)计划为切入点提出要研究低污染、低排放的燃烧室;DOE 依托 ATEP 计划提出了燃烧室技术的发展目标。由图 17.6 可以看出,针对不同的顶层目标,对燃烧技术的发展提出了不同的要求,面临的技术挑战和采取的应对措施也不尽相同。但通过 GOTChA 技术管理方法的梳理,所有计划的目标、可能遇到的困难和解决问题的方法都一目了然。

**利用GOTChA方法研究燃烧技术**

| | DOD依托IHPTET计划开发先进燃烧室 | NASA依托UEET计划开发先进燃烧室 | DOE依托ATEP计划开发先进燃烧室 |
|---|---|---|---|
| 目的 | | | |
| 技术目标 | —$T_4$提高900°F(500°C)；<br>—把分布系数降低到0.1，降低重量和成本 | —$NO_x$减少70%<br>—安全工作<br>—延长寿命<br>—低维护费用 | —降低$NO_x$和$CO_2$<br>—延长寿命<br>—低维护费用<br>—缩短研制时间 |
| 技术挑战 | —既要缩短燃烧室长度，又要达到化学反应平衡<br>—很难改善OTDF，又改善RTDF<br>—在恒定压降下很难改善混合 | —低$NO_x$、烟雾和粉尘<br>—更高的工作压力和温度<br>—减少冷却空气流量<br>—稳定燃烧<br>—改良测试设备和改进测试方法 | —当前燃烧室衬筒和热端端件材料余量很小；<br>—压力和温度更高<br>—燃油成份的改变<br>—燃烧份的稳定性<br>—接近理论论排放水平 |
| 方法 | —先进的火焰筒技术<br>—CMC火焰筒<br>—分离机械应力和热应力<br>—采用分级燃烧<br>—燃烧室和涡轮气动耦合设计<br>—高油气比主动燃烧控制<br>—一体化子系统<br>—改进并验证燃烧室设计程序 | —采用LPP，LDI和RQL等新的燃烧策略<br>—CMC火焰筒并减少冷却<br>—主动控制性能，分段调控排放物<br>—改进并验证燃烧室设计程序<br>—改进燃油性能和采用回热 | —性能/气动性的主动控制<br>—改进并验证燃烧室设计程序<br>—CMC火焰筒<br>—新的燃烧策略（HAT，TVC，催化剂，$H_2$等)<br>—二次处理等 |

图 17.6 GOTChA 技术管理方法对不同应用背景同一技术研发思路的梳理图

# 17.4　小　结

### 17.4.1　聚焦核心目标

首先,在顶层的核心目标制定上,GOTChA 技术管理方法给予了高度重视,它关注这个目标是否与现有水平或者能力相比有明显提高,是否能够给整个系统带来效益,因此这个 Goal 聚焦在规划或者项目最终要达到的效果上,聚焦在能够影响到技术发展前景上,聚焦到核心能力提升上,甚至聚焦到企业发展的命运上。在科技行业采用这种 GOTChA 技术管理方法,能够促使你制定的发展目标聚焦在核心业务上,聚焦在核心技术上,聚焦在能够为行业带来革命性收益上,在一定时间内,集中精力干大事,避免了力量分散、目标不明确,尤其是"高科技"含量很高的行业,技术是企业保持竞争力的撒手锏,核心技术发展方向不明确,目标制定得不合理,那么行业的发展方向可能会出现偏离。其次,按照 GOTChA 技术管理方法,一切行动全部都是围绕核心目标的实现,全都关注在为核心目标做贡献上,不论是子目标的分解,还是困难的梳理,各种途径的优化选择,都是围绕着如何来实现最终目标来策划和实施,真正发挥"心往一处想,劲往一处使"的核心目标驱动能力。

### 17.4.2　强调系统关系

在 GOTChA 技术管理流程,每一个环节都与上一个环节保持着紧密的传递关系。首先,在 Goal 的制定上,它是基于本系统过去已有的基础和成果,坚持继承性发展,绝不是推倒重来的全盘否定式管理;其次,在 Objective 分解时更加强调与目标的关系,分解出与目标关系最大,最能为其"分担"的子系统,但不强求每一个子系统都均分,因为每一个子系统在最终目标的实现上的贡献是不一样,不强求"小马拉大车",但求不遗余力;最后,在面对挑战时,也是从系统关系着手,找出那些为实现目标最终要克服、最终要面对的问题,强调系统的关联性,不克服这些困难,不面对这些挑战,顶层目标就不能实现,要敢于迎难而上面对挑战,不绕道,不逃避;第四,在 Approach 的优化选择上,更多关注采用这种方法是否效益最大化,是否为顶层目标实现贡献最多,同时还兼顾到对其他体系的负面效应最小,打破"各人自扫门前雪,哪管他人瓦上霜"的自我思维方式,站在系统的角度选择对于整个体系利益最大化的策略。在 GOTChA 技术管理流程的每一步都是为上一步"排忧解难",都是从系统关系的角度出发来采取行动的。

### 17.4.3　注重"上下"联动

GOTChA 技术管理方法在制定顶层规划时是自上而下,层层分解,但在具体实施过程中是自下而上,逐级实现,注重"上下"联动。这种 GOTChA 技术管理方法使得"行为"与"目的"互动起来,也就是执行层面采取的每一项技术决策都是与顶层目标有关系的,都是为核心目标服务的,这种互动避免脱离主线,最终迷失了方向。采用 GOTChA 技术管理流程,能够达到即便是最基层的技术策略,同样是为实现最终的目标服务的,真正做到"上下一条心,共下一盘棋"。

GOTChA 技术管理方法的精华就是聚焦核心,强调系统关系,注重上下联动,因此,GOTChA 技术管理方法特别适合"高、精、尖"技术含量企业的发展战略规划的制定和技术开发,适合于各种大型科研计划及其子计划、子项目和子系统的技术管理。采用 GOTChA 技术管理方法有助于达到既定的目标,因为该方法是核心目标至上。采用该方法能够制定出较为科学的总目标,并能把总目标细化分解为一个个在近期内可以看得见效益的子目标,每一个子目标都为最终实现总目标做出应有的贡献。采用 GOTChA 技术管理方法,要预测和分析可能遇到的困难和挑战,这样就可以提前启动,有针对性地采取措施,提出可能的解决思路和办法,做到未雨绸缪,有的放矢。采用 GOTChA 技术管理方法能够做到统筹规划,目标清晰,每个阶段要解决的问题和要进行的技术攻关也被梳理得非常清楚。GOTChA 技术管理方法在项目目标分解过程中是自上而下,层层分解,在具体实施过程中是自下而上,逐级实现。这种技术管理方法能够使项目从顶层规划制定到具体实施都能做到上下齐心协力,目标一致。

# 第18章
# 运营管理——普惠"获得竞争优势"(ACE)体系

## 18.1 概　　况

美国联合技术公司(UTC)于20世纪90年代初聘请了当时世界上非常优秀的精益生产和六西格玛(6σ)方面的专家,融合精益制造和质量管理,在运营过程中不断融合并开发出基于日本生产运营系统的多种变革工具。此外,结合自身实际情况,于1996年以普惠制造工厂为中心开展试点工作,其成功案例在UTC所有子公司工厂进行了推广。为了让大众更容易记住这个新的运营体系,UTC将其命名为"获得竞争优势"(achieving competitiveness excellence,简称ACE,见图18.1),也就是ACE运营体系,它是全面质量管理、精益制造和6σ的完美结合,是一种全新的运营管理模式。

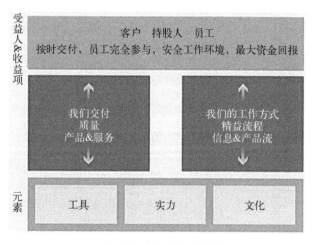

**图18.1　ACE工作体系**

ACE的目标是获得竞争优势,因此如何获得竞争优势就变得异常重要。UTC通过ACE运营体制,倡导和鼓励所有员工使用简单的工具完成工作,逐步改善和最大化满足客户的质量要求和价值流程。另外,还要以客户为中心,基于生产流程和生产数据,持续不断地在工作中进行改善,最后形成独特的 ACE 文化。ACE 文化强调产品的质量和流程化,通过日常工作中的数据来发现问题和指导解决方案,使每一个参与的人和环节都成为评估对象进行积极改善。

## 18.2　"获得竞争优势"体系（ACE）

"获得竞争优势"体系的理论来源于 20 世纪 60 年代初美国质量管理专家菲根堡姆（A. V. Feigenbaum）提出的全面质量管理（total quality management，TQM）理论,并吸收了日本松下质量管理专家伊藤的质量优先理念和丰田生产方式（精益生产）的注重流程和效率的精髓,是全面质量管理、精益生产和 6σ 在 UTC 的有机结合[20]。

实践表明"获得竞争优势"ACE 是一套实用、简单、有效和立竿见影的运营系统。联合技术公司全球的各个事业单位都使用"获得竞争优势"致力于降低成本,改进品质和提升客户满意度。同时这套制度也推向供应商,要求他们致力于建立"获得竞争优势"的系统,争取金牌供应商的荣誉。

### 18.2.1　ACE 基本要素及框架

ACE 的本质与丰田制造系统（Toyota production system，TPS）类似。ACE 主要由三个基本要素组成:文化、工具和能力。其中,文化是基础,工具是手段,而能力是最终目标。三个要素之间相互促进、相互依存。

"获得竞争优势"的架构是以客户为导向的流程,在创造价值的流程中有任何偏差则立即更正。其示意图如图 18.2 所示。

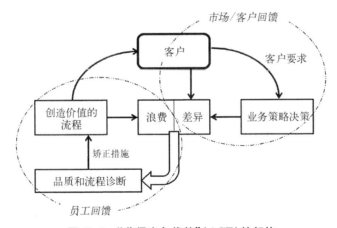

图 18.2　"获得竞争优势"（ACE）的架构

这个架构是以改善为中心思想,在创造价值的流程中,有任何的浪费(包括下列的八大浪费),经相关方的反馈,立即采取矫正措施。

（1）超出需求而多生产的浪费。

（2）等待下一工序时间的浪费。

（3）对物料做不必要搬运的浪费。

（4）零组件因为工具或是产品上的设计不良而导致超过标准的加工浪费。

（5）库存的浪费。

（6）员工在工作中不必要的移动的浪费，如找零组件、工具或请求协助等。

（7）产出不合格品，需要重加工、重检或报废的浪费。

（8）没有充分利用员工的浪费。

### 18.2.2　ACE 的 12 个工具

ACE 的三大核心指导思想：改进过程、消除浪费和解决问题。为了使用简单且容易实现，UTC 将大家非常熟悉使用的 12 大工具分为三大模块：改进流程和消除浪费的工具、解决问题的工具和决策的工具，见表 18.1。

表 18.1　ACE 工具

| 工 具 模 块 | 工 具 名 称 |
| --- | --- |
| 改进流程和消除浪费 | 新"5S"（seiri, seiton, seiso, setketsu, shitsuk） |
| | 价值流程图（value stream mapping） |
| | 流程管理和认证（process management & certification） |
| | 标准化作业（standard work） |
| | 全面生产维护（total productive maintenance, TPM） |
| | 缩短调准时间（setup reduction） |
| | 生产准备流程（production preparation process, 3P） |
| 解决问题 | 市场反馈分析（market feedback analysis, MFA） |
| | 质量诊断流程图（quality clinic process charts, QCPC） |
| | 严格根源分析（relentless root cause analysis, RRCA） |
| | 错误预防（mistake proofing, MP） |
| 决策 | 通行证流程（passport process） |

改进流程和消除浪费的 7 个工具：

（1）新"5S"（可视工作区）；

（2）价值流程图（value stream mapping）；

（3）流程管理和认证（process management & certification）；

（4）标准化作业（standard work）；

（5）全面生产维护（total productive maintenance, TPM）；

（6）缩短调准时间（setup reduction）；

(7) 生产准备流程(production preparation process, 3P)。

解决问题的工具有4个:

(1) 市场反馈分析(market feedback analysis, MFA);

(2) 质量诊断流程图(quality clinic process charts, QCPC);

(3) 严格根源分析(relentless root cause analysis, RRCA);

(4) 错误预防(mistake proofing, MP)。

决策的工具有1个:

通行证流程(passport process)。

如图18.3所示,"获得竞争优势"的运作是以品质为中心思想,利用精益的12个简单可视的工具持续改善,消除浪费和迅速解决问题,以获得竞争优势,同时不断地追求价值最大化,目的是让员工、客户和股东都满意。

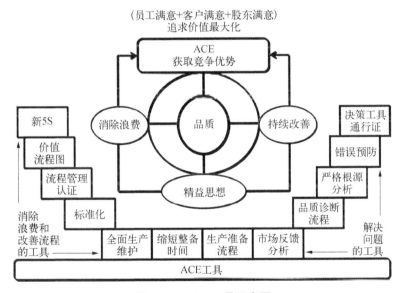

图18.3 ACE工具示意图

### 18.2.3 ACE12个工具与6σ和精益工具的比较

消除浪费和改善流程的七个工具:

1. 新"5S"

清洁的工作场所可以提高质量,安全性和荣耀感。伊藤先生强调唯有清洁的工作场所,可以使员工有良好的心态和清楚的头脑,创造出优质的产品。联合技术公司的品质架构中,新"5S"是基础;目的是建立一个可视化的工作区,突出浪费的根源,彻底消除浪费。

新"5S"是指整理、整顿、清扫、标准化和维持(seiri, seiton, seiso, setketsu,

shitsuk）。旧的"5S"只是对工作周围环境的整理、整顿、清扫和清洁,突出环境物质的改变。"获得竞争优势"的新"5S"则是创建一个清洁有效且有组织的工作环境,培养一种有品质意识的精神。

现场"5S"管理是目视管理的基础,是改善现场最直接和最有效的方法。正如新技术顾问公司到广州奥的斯辅导精益生产单件流时,首先做的工作就是"整理"和"整顿"工厂,要求我们先做好 3 个"S"之后,才开始展开工厂改善的工作。5 个"S"的内容是一个逐步提升的过程,其中最重要的就是人的素养。具体做法如下。

**整理:**目标是消除一切多余物品。实际做法如下。

（1）确立区分需要的与不需要的准则;

（2）鉴别需要和不需要的东西,所有不需要的物品都贴上红色标签;

（3）签字并注明日期;

（4）将红色标识物品临时放在贮藏区;

（5）如果所有利害关系方同意的话,分类并处理多余的物品。

**整顿:**实际的做法是使需要的物品有条不紊地定位;直观上很容易就看得见东西摆放在哪里,有效地找到物品。

**清扫:**清洁留在工作地点的物品,目标是使工作地点干净,包括地面、天花板、墙、计算机屏幕、键盘、文件柜、桌子、设备和不需要的计算机文件。

**标准化:**不断地进行分类、整理和清洁,排除泥土、灰尘、泄漏和溢出的原因。目标将上面的"3S"制度化和标准化,并贯彻执行、维持和提升。

**维持:**人人养成好习惯,依标准化行事,培养积极进取的精神。工作习惯是知识、技能和愿望的交汇点和统一体。保持自律和实践,直至成为一种生活方式。

2. 价值流程图

"获得竞争优势"所使用的工具中,价值流程图和生产准备流程是新增加的工具。价值流图,在丰田公司被称为物料及信息流图,它不是一种培训工具,而是一种学习观察的手段,丰田生产系统的实践者在制定和实施精益时,用它来描述当前状态和理想状态。

对一个产品来说,有两条主要流动路径是至关重要的:一是从原材料到达客户手中产品的生产流程;二是从概念到正式发布的产品设计流程。价值流就是使一个产品通过这些主要流程所需要的全部活动,包括增值活动、必要但非增值的活动和非增值的活动三类。事实上,企业用于增值活动的时间仅占整个流程的极小部分,大部分时间都花在非增值的活动中。

价值流程图是一种使用铅笔和纸的工具,它有助于观察和理解产品。通过价值流程图的物料流动和信息流动,以及其中的增值和非增值活动,从而发现浪费和确定需要改善的地方,为改善活动定下一个蓝图和方向。同时也方便员工了解企业的当前状态和理想状态,提供参与改善的机会。应用价值流程图分析企业生产流程,意味着要从全盘看待问题,而不是集中于某个单独的过程;意味着将改变整体,而不仅仅是优化某个部分。

价值流程图分析可以是针对企业内部的活动进行分析和改善,也可以针对供应商出货,经工厂流程到客户收货为止的整个价值流的分析和改善价值流的分析是判别和消灭浪费的有效工具。具体做法如下:

(1)成立价值流改进小组,享有改革的充分授权和自主权,组员由各个部门成员组成;

(2)价值流改进小组以客户为导向,选定产品族,并跟随其生产路径,从头到尾分析和描绘每一个工序的状态,工序间的物流、信息流和价值流,此为当前状态图;

(3)从当前状态图中找出增值活动、必要但非增值活动和非增值活动三类,从中找出需要改善的地方,再描绘一个未来状态图,显示需要改善的方向和目标;

(4)在此基础上,改进小组拟定改善的计划和行动;

(5)整个价值流管理需针对全部过程实行成本核算;组长对整个产品的流程,资源配置及成本运作,担负主要领导、协调和控制的责任。

在价值流分析中,有一套约定俗成的符号供绘制价值流图之用,使用者只要经常运用,就能轻易掌握。

3. 流程管理认证

客户决定你所做的是否有价值,所以流程的目的是给客户带来有价值的东西。好的流程始终能够低成本地按时生产出优质的产品,换言之:

(1)有效的流程能生产出优质的产品;

(2)高效率的流程确保低成本并按时交货;

(3)灵活的流程对客户需求和市场变化反应迅速。

流程管理的四个实施步骤如下:

第一步,确定方向:由质量功能展开(quality function deployment)

(1)了解谁是客户及客户认为真正有价值的东西;

(2)根据优先次序的标准,建立整个组织的目的和目标;

(3)向工作小组传达公司和部门的目标;

(4)确定目前工作的质量水平。

第二步,确定在工作中需要执行的流程。包括平常的业务流程、ISO/质量系统文件、当前标准工作等。

第三步,选择重点流程,包括下列步骤:

(1)分配目标的份额,建立评估团队;

(2)评定每一个流程对目标的影响力和成熟度;

（3）由目标的影响力和流程的成熟度来选择重点研究流程。

第四步,改进流程,包括下列步骤:

（1）对于复杂问题用品质诊断流程工具,使用严格根源分析快速反应;

（2）制定并完善行动计划;

（3）认证并举行管理层评审;

（4）制定改善后的流程图。

### 4. 标准化作业

为生产工序中建立准确的工作程序,下面三个因素是基础:

（1）节拍时间——是指一个生产工序,能够符合客户需求的制造速度;

（2）准确的工作顺序——操作员工在节拍时间里,要按照这个顺序来工作;

（3）标准安全库存(包括在机器里的产品)——用来保证生产流程能够平顺地运转。

标准化一旦建立起来公布后,就成为改善的基线。标准化操作的好处包括:能够记录所有班次的工作,减少可变性;易于培训新员工,减少工伤或疲劳,以及提供改善活动的基本数据。

### 5. 全面生产维护

全面生产维护确保生产过程中,每一台机器都能够完成任务的一系列方法。这种方法从三个角度来理解"全面":

（1）需要所有员工的全面参与,不仅仅是维护人员,还包括生产线管理人员,制造工程师,品质管理人员以及操作员工等;

（2）要通过消除六种浪费来追求总生产率,这六种浪费包括失效、调整、停工、减慢的运转速率、废料以及返工;

（3）这个方法强调的是设备的整个生命周期。

全面生产维护要求操作员工定期维护,并做预防维护,同时实施改进项目。例如,操作员工定期进行润滑、清洁和设备检查等方面的维护。

### 6. 减少准备时间

生产准备时间包括运行时间和调整时间,从上一个零件加工结束到生产出下一个好的零件为止。假如不要调整就能够生产出好的零件,运行时间就是机器加工的时间。减少由生产一种产品到另一种产品的转换时间。有下列五个基本步骤:

（1）测量目前情况下的总安装时间;

（2）确定内部和外部工序,计算出每个工序所用时间;

（3）尽可能地把内部工序转化为外部工序;

（4）减少剩余的内部工序所花费的时间;

（5）把新的程序标准化。

7. 生产准备流程

"获得竞争优势"所使用的工具中,价值流和生产准备流程是新增加的工具。精益专家视生产准备流程为有用的制造工具之一,结合其他精益生产的工具改善生产流程。生产准备流程通过产品和工艺流程设计来消灭浪费,要求用最少时间、最少材料和资本财力来符合客户的要求,迅速地创造和测试潜在产品和工艺过程的设计。

生产准备流程涉及一个跨部门小组,在多天的创造流程活动中,提供几个可供选择的方法,使产品或工艺流程设计适合客户的需要。生产准备过程因而产生更精简和更加容易制造的产品,DFM（design for manufacturability）指更加容易使用和维护的产品。生产准备过程得以精简,制造出的产品更易使用和维护。

换言之,生产准备流程代表的是一个突破性的改善和革命性的变化,而不是一个渐进性的改进。生产准备过程的实施方法如下。

（1）确定目标和需要：生产准备流程小组必须了解客户的需要,符合客户对产品的定义或过程需求。如果产品或产品原型是可利用的,项目小组必须拆解它的零件和原材料,评估每一部件的功能作用。

（2）用图解法表示：用鱼骨图或其他类似的图解展示从原材料到产品的流程。项目小组成员分析每个分支和细项,用头脑风暴法产生任何可能改善过程的方法。

（3）分析由头脑风暴法产生出来的方法,应用到制造流程中。

（4）评估所拟定出来的应用方法,选择出最佳的方案,并且做成模型。

（5）评估模型：把这些方案与精益准则进行比较。小组在订购设备及安装前,先使用简单的设施,模拟生产流程,并进行虚拟检验,确认此模型符合所有的标准和要求。

（6）举行设计评估：一旦此概念模型被选择,此概念模型将被提至一个更大的小组（包括原始的产品设计师）进行审查。

（7）制订项目实施计划：如果项目被选择进行,则需确定项目领导、责任人、日程表、流程和资源。

## 18.2.4　解决问题的四项工具

1. 市场反馈分析

问题解决流程的第一步骤是确定客户的品质关键指标,并建立品质指标衡量体系。实现的步骤如下：

（1）确定产品和服务的客户；

（2）确定客户的需求；

（3）对客户的需求进行优先排序；

（4）将客户的需求转化为客户品质关键指标；

（5）建立品质指标衡量体系。

2. 品质诊断流程图

品质诊断流程图是通过不断地收集问题或误工，优选问题，从而找出问题的根源，以达到解决并预防问题再次发生的一种简单直观的工具。问题或误工是指任何阻碍或影响正常工作流程的情况，包括流程中任何低效因素。领导的积极参与、鼓励及信任是品质诊断流程图成功开展的关键。提出的任何问题，都备受欢迎，每个问题都认真对待且被视为财富，对提出问题及承认问题的人给予鼓励。实施步骤如下。

（1）启动品质诊断流程图：确定并制作生产/服务/工地工序流程图；

（2）汇总数据：利用问题收集表或散布图汇总数据；

（3）做出排列图：先以总误工率多少为顺序做工序的排列图，再将该工序中出现频率最高的3个问题做成排列图；

（4）确定改进方案：包括问题描述、问题提出日期、问题跟踪负责人、应急措施、根源分析、解决方法、错误预防措施、计划完成日期、完成状态、实际完成时间；

（5）展示成功故事。

品质诊断流程会议由高级常驻管理人员主持，在会议开始时确定初始目标，侧重于月趋势，回顾目标状态，讨论成功效果及庆祝成功。

失效模式分析是品质诊断流程中非常重要的一个工具。用于发现一个流程为什么没有达到关键客户的要求，根据这些失效模式来评价那些特定原因造成的风险，评估当前所采取的控制计划。失效模式分析可确定产品或流程失效的形式和这些失效所造成的影响，对失效的严重性评分，对检出失效的能力评分，量化失效的可能性，将各种减少或预防失效的措施依照轻重缓急排序[21]。

3. 严格根源分析

DIVE 是严格根源分析解决问题的四个关键要素。

D 是 Define，定义问题，目的是制定改善后或解决问题后的目标。

I 是 Investigate，调查问题，目的是找出问题的根源和真因。

V 是 Verify，验证行动对策，目的是验证行动对策和计划的有效性。

E 是 Ensure，确保行动对策后的标准化。

在严格根源分析中使用的工具有因果关系图、散布图、失效模式和结果分析、事件树分析、影响力分析、数据收集指南、核对表、控制图、过程分析等。

4. 错误预防

错误预防是防错法，是一种消除错误的技术，意识到人、机器、流程都会出错，从根本上消除出现错误的可能。尊重员工智慧,避免让其对容易出错的重复性工作进行判断。用简单和有创造性的防错法去克服人和机器的错误,拒绝将人的错误作为问题根源,建立零缺陷的标准和目标。

### 18.2.5　决策的工具——通行证流程

通行证流程是从流程重整和产品重整两个方面来达到缩短产品上市时间、提高产品利润、有效地进行产品开发、为客户和股东提供更大价值的目标。是一套产品开发的模式、理念与方法。

通行证流程的核心思想概括如下。

新产品开发是一项投资决策。通行证流程强调要对产品开发进行有效的投资组合分析,并在开发流程设置检查点,通过阶段性评审来决定项目是继续、暂停还是改变方向。

通行证流程强调产品创新一定是基于市场需求和竞争分析的创新。为此,正确定义产品概念和市场需求作为流程的第一步,开始就把事情做正确。

通行证流程是跨企业、部门、系统的协同团队。采用跨部门的产品开发团队,通过有效的沟通、协调以及决策,达到尽快将产品推向市场的目的。组织结构是流程运作的基本保证。通行证流程有两类跨部门团队:

（1）一个是属于高层管理决策层。其工作是确保公司在市场上有正确的产品定位,保证项目、保证资源、控制投资,并从市场的角度考察他们是否盈利,适时终止前景不好的项目,保证将公司有限的资源投到高回报的项目上;

（2）另一个是产品开发团队,属于项目执行层,通常成员包括市场、销售、研发、生产、技术支持、财务等。

通行证流程被明确地划分为概念、产品设计开发、产品试产验证和大量生产上市四个阶段,并且在流程中有定义清晰的五个通行证决策评审点。这些通行证评审点上的评审已不是技术评审,而是业务评审,更关注产品的市场定位及盈利情况。通行证决策评审点有一致的衡量标准,只有完成了规定的工作才能够由一个通行证决策点进入下一个通行证决策点。

通行证流程的概念阶段初期,一旦认为新产品、新服务和新市场的思想有价值,高层管理决策层会任命产品开发团队,也就是项目执行层成员了解未来市场、收集信息、制定业务计划。业务计划主要包括市场分析、产品概述、竞争分析、生产和供应计划、市场计划、客户服务支持计划、项目时间安排和资源计划、风险评估和风险管理、财务概述等方面信息,所有这些信息都要从业务的角度来思考和确定,保证企业最终能够盈利。

业务计划完成之后,进行概念决策评审。高层管理决策层审视这些项目并决定哪些项目可以进入计划阶段。在计划阶段,项目执行层会综合考虑组织、资源、时间、费用等因素。形成一个总体、详细、具有较高正确性的业务计划。完成详细的业务计划以后,提交该计划给高层管理决策层评审。如果评审通过,项目进入开发阶段。项目执行团队负责管理从计划评审点直到将产品推向市场的整个开发过程,项目执行成员负责落实相关部门的支持。在产品开发全过程中,就每一活动所需要的时间及费用,不同层次人员和部门之间依次做出承诺。

　　表18.2是"获得竞争优势"的工具与精益和6σ工具的比较。基本上,"获得竞争优势"的工具兼取了精益和6σ的工具,而且这12个工具都是简单易懂,公司中的每一个人都能学会的工具。

表 18.2　工具的比较表

| 工　具 | 精益(Lean) | 6σ | 获得竞争优势(ACE) |
|---|---|---|---|
| 品质机能展开 | | √ | |
| 模块设计 | | √ | |
| 试验计划法 | | √ | |
| 失效模式分析 | | √ | 通行证流程 |
| 生产流程能力分析 | | √ | 流程管理和认证 |
| 相关与回归 | | √ | |
| 统计流程控制 | | √ | 品质诊断流程 |
| 流程图 | √ | √ | 价值流程图 |
| 5个为什么和2个为什么做 | √ | √ | 严格根源分析 |
| 柏拉图 | √ | √ | 严格根源分析 |
| 鱼骨图 | √ | √ | 严格根源分析 |
| 5S | √ | | 5S |
| 目视管理 | √ | √ | 5S |
| 防错措施 | √ | | 防错预防 |
| 意大利面式图 | √ | | 生产准备流程 |
| 看板 | √ | | |
| 节拍时间 | √ | | 价值流程图 |
| 标准作业 | √ | | 标准化作业 |
| 一分钟换模 | √ | | 缩短准备时间 |
| 全面生产维护 | √ | | 全面生产维护 |
| 细胞单元生产 | √ | | |
| 其他 | √ | | 市场回馈分析 |

## 18.2.6 ACE 能力认证制度

联合技术公司初期推展"获得竞争优势"系统时，它的能力评定是根据"获得竞争优势"工具使用的情况和工具用于业务的表现分为四个级别：合格、铜牌、银牌和金牌。

在合格的级别里，所有员工都必须完成"获得竞争优势"工具的培训。在铜牌的级别里，负责执行"获得竞争优势"的领导和主要人员必须完成使用"获得竞争优势"操作系统和工具来完成业务结果的强化培训。衡量组织"获得竞争优势"成熟度的一个关键指标是必须达到和维持银牌和金牌的经营绩效指标。

"获得竞争优势"经过十年以上的推展和改善，现在的能力认证已经由原先的"获得竞争优势"工具的导入阶段发展到系统运作阶段。对于"获得竞争优势"的认证，更注重流程和流程导致的结果。认证的层面类似"平衡计分卡"的概念，分为：

（1）客户满意度（客户面）；

（2）经营绩效（财务面）；

（3）流程、产品和服务卓越；

（4）公司文化、领导、员工和安全环境（员工面）。

目前全公司将近有 900 个单位需要认证，认证需要提交申请报告，经过训练的评审团会根据经营绩效和实际情况决定是否到单位评审，之后需要提交矫正措施、行动计划和追踪报告。

## 18.2.7 ACE 的运行和成果

"获得竞争优势"创造精益成果为美国联合技术公司维持竞争优势的成功首要因素是"人"，也就是经营领导和全体员工对精益思想的承诺与支持是关键。其驱动力来自乔治·大卫，前任美国联合技术公司的总裁，他要求全公司把"获得竞争优势"的思想、架构、方法和工具视为每天的操作系统。路易·谢纳沃于 2009 年上任总裁之后，更是不遗余力地推动"获得竞争优势"，明确地要求各子部门必须定下目标，争取金牌的认证，其"获得竞争优势"的架构如图 18.4 所示。

获得金牌的条件是：客户满意度要达到 90%、100% 达到财务指标、100% 准时交货率、关键流程都能达到所要求的水平、零缺陷的品质、零事故的安全标准以及100% 的员工的能力都符合公司发展的需要。要全公司都朝着金牌的目标前进需要有一个机制运转起来，美国联合技术公司的这个机制类似于"方针管理"，从年度目标的制定开始，每一个季度都重复着 PDCA（计划、执行、考核、行动）循环，持续地改善或改革。

"获得竞争优势"的架构是以改善为中心思想，而改善有持续性的改善和突破性的改善两种。一般年度目标都是与突破性的改善有关，我们称之"改革"。因为

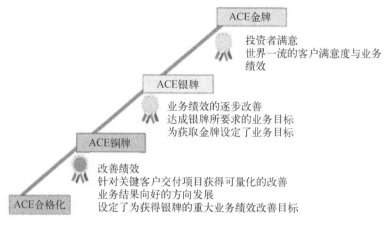

**图 18.4　ACE"获得竞争优势"的架构**

注：摘自 ACE 标准 11.4

改善的幅度不是 1% 或 5%，而是 30%、50% 或更多的改革。假如现在的水平距离同行或业界最佳水平有很大的差距，ACE 的改善目标就是 50%，差距缩小，改善幅度就是 30% 或 10%。

　　年度目标不只是财务指标，而是涵盖了客户、员工、流程、安全环境等层面。但是所有年度目标都与财务指标有直接和间接的关系，需要得到美国总部的核准。每一季度美国总部的总裁会带着他的经营团队到各个子公司去诊断年度目标的执行情况。年度目标执行的成果与全公司员工的年终绩效奖金是挂钩的，所以，全公司对此年度目标的设定和执行都很重视。

　　年度目标设定和 ACE 工具的应用：

　　（1）年度目标有新产品导入则需要通过"通行证流程"的认证；

　　（2）年度目标涉及流程的改善，基本上是从"价值流程图"开始，找出流程中不增值和浪费的地方；若需要流程更改或重新布局，就会用到"生产准备流程""流程管理认证"和"缩短整备时间"工具；

　　（3）年度目标涉及产能增加，新增加生产线或新车间，则需要利用"生产准备流程"工具；

　　（4）年度目标是透过解决问题来提升品质、交期、成本或效率，他们需要利用到解决问题的四个工具——市场反馈分析、品质诊断分析、根源分析和错误预防。

　　上述"获得竞争优势"的工具不只是用于生产制造，而是用于全公司的所有功能部门，包括销售、物流、工地、售后服务和所有支援部门（如人事和财务等部门）。

### 18.2.8　ACE 的持续改善

除了年度目标的突破性改善外,持续改善一直存在于每天的工作之中。美国联合技术公司设有专职的 ACE 经理和 ACE 专员负责每日的改善工作,他们遵循改善的指导思想和 DIVE 的步骤去解决问题。

指导思想如下。

(1) 客户第一:站在客户的立场思考问题,考虑问题带给客户的影响;

(2) 基于事实,客观地分析数据;

(3) 流程导向:问题的产生一定是流程中出现了问题,必须从流程中发掘根源;

(4) 根源分析:唯有找到根源真因才能防止问题的再发生;

(5) 80/20 原则:解决重大问题立即得到最大的效果;

(6) PDCA 循环:计划、执行、考核和行动,持续改善;

(7) 标准化。

### 18.2.9　ACE 成功的关键因素

美国联合技术公司的"获得竞争优势"是一个很容易理解的系统,它不像丰田生产系统有那么多的概念和方法,它就是以"品质"为核心,以"精益思想"为基础,以"客户"为导向,利用 12 个简单的工具持续改善流程,追求价值的最大化让客户、股东和员工满意。其成功因素可归纳为下列几点。

经营领导对"获得竞争优势"的承诺与支持是关键,尤其是美国联合技术公司总裁乔治·大卫和路易·谢纳沃的推动和投入,"获得竞争优势"因为有他们的驱动才会变成今日美国联合技术公司每天的操作系统。

对全体员工的教育训练,使每位员工对"获得竞争优势"的思想、架构、工具和方法都熟悉。现在对 ACE 的训练认证,根据员工接受 ACE 的训练和领导改善的项目分为 ACE 助理、ACE 专家和 ACE 大师二级,类似 6σ 的绿带、黑带和大师。

公司设有专职的 ACE 经理和 ACE 专员,负责领导大型的改善活动和日常的持续改善,以及 ACE 的教育培训,类似 6σ 专职的黑带和大师。

"获得竞争优势"的思想、架构和工具简单易懂,公司中的每个人都能学会,不像 6σ 有那么多的统计方法令人望而却步。简单之所以有效,是因为问题本身就不是那么复杂,化繁为简,使工作更有效率和效益。

美国联合技术公司的外购件由 2001 年的 68% 增加到 2007 年的 75%,对供应链的依赖越来越大,所以,"获得竞争优势"这个系统已经向外延伸至供应商,要求供应商争取"金牌供应商",成为美国联合技术公司的长期合作伙伴。而金牌供应商的标准如下。

(1) 品质:产品不良率为 0;

（2）交期：100% 准时交货率；

（3）客户满意度大于 6（七分制）；

（4）精益水平 350 分（67%）。

"获得竞争优势"的合格、铜牌、银牌和金牌的能力认证由总部执行,确实落实到每一个子公司,目的就是建立每一个子公司的竞争能力。而且"获得竞争优势"的执行情形与年度目标和年度绩效挂钩,全体员工都全力以赴。这也再次验证"经营领导"对一系统是否运作成功,具有绝对的关键性。

## 18.3　启　　示

借鉴 UTC 的成功经验,各大公司开始研究并尝试推行 ACE 运营体系或将 ACE 与自身的现状相结合进行改进,形成了自己的文化。

国内目前对于精益和 6σ 理论都已经相当熟悉,精益 6σ 时下也很盛行,不少企业也针对精益或 6σ 制定了一些相应的操作流程或初建了一套操作模式,但是运用起来效果并未达到理想状态,且消耗了不少的成本,时间长、收益小。很多企业的管理者们开始关注"6σ 的质量"和"精益的速度"的整合问题,而 UTC"获取竞争优势"运营系统将全面质量管理、精益与 6σ 做了完美的结合,而且操作简单、工具使用容易,且容易看到成效,是一套能适用于今天国内的生产力水平的、覆盖全价值流程的、有操作性的和标准化的体系,且能实现自我评价的操作体系。因此,借鉴国外运营管理的成功经验,对我国航空制造业有很大帮助。

# 第 19 章
## 技术开发——UTC 模式

## 19.1 概　　况

"协同创新"一词最早是由国外学者彼得·葛洛（Peter Gloor）给出明确的定义，他认为协同创新是由一组人员组成网络小组，借助网络交流思想、信息和技术等进行合作，实现共同目标。学者 Aokimasahi 在对协同创新进行定义时，认为协同创新是高等院校、科研机构与企业等处于不同行业领域的主体通过相互合作影响产生的一种协同作用，从而可以实现提升各自发展潜能，实现 $1+1>2$ 的合作过程[22]。

当前，协同创新已经由单一协同转化为深层次、多角度的合作，强调各合作主体间优势资源的整合利用。

## 19.2 应 用 典 范

罗罗公司依托其 5 年、10 年和 20 年技术愿景，以技术成熟度（technology readiness level，TRL）和制造成熟度（manufacture readiness level，MRL）为理论基础，将公司的研究与开发（R&D）、研究与技术（R&T）活动进行了明确的划分。TRL 和 MRL 是技术在商业化过程中不同阶段的量化方式。技术成熟度分为 1~9 级，基础科研在 1~3 级，而可以进入商业化应用的技术等级，则处于 7~9 级之间。据此，罗罗的研究与开发（R&D）活动主要定位于技术成熟度为 7~9 级的现有技术改进和推向市场的工作；而研究与技术（R&T）则定位于技术成熟度为 1~6 级的基础研究和概念探索。

罗罗公司没有自己独立的研发机构，自身很少从事基础理论研究工作，而主要利用外部资源进行开放式创新，在全球范围内与大学联合，成立大学技术中心（UTC）。依托公司自身的战略研究部对用户需求的理解和对前瞻性技术的把握，这些大学技术中心主要开展低技术成熟度的研究，特别是成熟度在 1~4 级的基础研究工作[23]。

罗罗公司研发机构如图 19.1 所示。截至 2022 年,罗罗公司陆续在全球建立了 31 个大学技术中心,其中 19 个分布在 15 所英国大学、4 个位于德国、2 个位于北欧、1 个位于意大利、3 个位于美国、2 个位于亚洲。罗罗公司一般与大学签订五年的滚动合同,在五年期内给予技术中心固定的资金投入,后续视 UTC 的运行和产出情况来续签。每个大学研究中心会专注于某一擅长的领域开展深入的研究,各中心之间不存在竞争关系,而且罗罗公司鼓励大学研究中心之间开展交流与合作。比如在与伯明翰大学、思旺西大学、剑桥大学材料技术合作伙伴关系中,剑桥大学专注于高温技术研究,思旺西大学负责机械性能能力提升,伯明翰大学则集中于材料和工艺的建模,几方形成了一种互补的紧密合作关系。

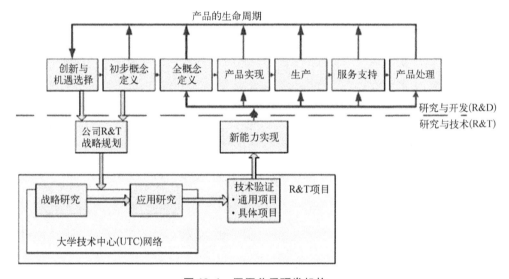

**图 19.1　罗罗公司研发机构**

在 UTC 合作模式下,双方通过人员交流、借调等方式加强联系,而大学的团队也会参与到公司的培训和人才培养过程中,有效建立了一种融合的工作环境。这种合作模式形成了一种"双赢"的格局:罗罗公司能够与全球顶尖的学术团队开展持续的、深层次的合作,与大学分摊技术开发的间接费用,自身也可以专注于工程问题的解决;大学则能够直接面对工业界的技术挑战、避免"闭门造车";通过罗罗公司的数据库,大学的研究人员对工程中的问题进行深入挖掘,也能够利用公司提供的资金以及通过合作牵引到的英国政府的相关资金确保高水平研究人才的引入和留用。

在遄达 900 型发动机前掠宽弦叶片的研制过程中,至少有六个 UTC 开展了相关的技术开发工作,这其中包括南安普敦大学两个技术中心针对降噪技术和钛合金的研究、剑桥大学中心对高效掠形风扇的攻关、伦敦帝国理工学院对叶片损伤的空气力学分析、诺丁汉大学对制造技术的研究以及牛津大学对鸟撞效应的深入研究。

罗罗公司认为他们在商业市场上的成功与学术界的协同合作密不可分。他们把这种成功的经验归结为双方对于知识和洞察力的共享,对研究成果及质量的联合审查,对于研究政策、方向和预算的集中管控,对专利权进行事前约定,以及与政府的紧密合作等要素。目前每年有超过 800 人的团队在 UTC 网络中工作(不含公司派驻的人员),公司每年申请专利中约 8% ~ 10% 源自 UTC 网络,UTC 网络每年能够发表超过 400 篇高质量的学术论文,而 UTC 伙伴每年约 1/4 的毕业生能够加盟罗罗公司。

UTC 已成为罗罗公司研发活动重要的外部知识和技术源泉。这种合作模式,将单纯的基础研究和未来的技术研发集合在一起,改变了罗罗公司以往主要依靠公司力量进行研究的做法,网罗了世界一流的人才和技术,为保持其创新活力和市场竞争做出了巨大贡献。

此外,为了在大学基础研究和企业产品开发之间搭建桥梁,罗罗创造性地创立了一种将实验室与工厂相结合的研究机构——先进制造联合体,以此加速实验室创新研究向商业应用的转化过程。

目前,罗罗公司 2008 年以来先后加入 7 个先进制造联合体,形成了自己的先进制造技术研究中心网络(表 19.1),其中 5 个中心在英国,另外 2 个分别在美国和新加坡。

表 19.1　罗罗公司参加的先进制造体系

| 机构名称 | 牵头大学和机构 | 成立时间 | 核心会员企业 | 研 究 方 向 |
|---|---|---|---|---|
| 先进制造技术研究中心 (Advanced Manufacturing Research Center, AMRC) | 谢菲尔德大学 波音公司 | 2001 年 | 波音、罗罗、德国航、赛峰 | 高性能加工、组装、复合材料、结构测试、设计与成形技术 |
| 先进成形技术研究中心 (Advanced Forming Research Center, AFRC) | 思克莱德大学 | 2010 年 | 奥布杜瓦公司、邦斯集团、罗罗、波音、美国钛金属公司 | 模具寿命,铸造,残余应力,热处理,材料特性,超塑性成形,分层渐进成形 |
| 制造技术中心 (Manufacturing Technology Center, MTC) | 伯明翰大学 拉夫堡大学 诺丁汉大学 | 2011 年 | 罗罗、空客、捷豹路虎 | 自动化技术,装夹技术,连接技术,智能自动化,净成形加工,制造信息学与仿真 |
| 国家复合材料中心 (National Composite Center, NCC) | 布里斯托大学 | 2011 年 | 空客、阿古斯特威斯特兰公司、通用电气、吉凯恩航空、罗罗 | 先进复合材料制造,设计与仿真,数字化制造、自动化与设备,材料与工艺 |

续　表

| 机构名称 | 牵头大学和机构 | 成立时间 | 核心会员企业 | 研 究 方 向 |
|---|---|---|---|---|
| 核先进制造技术研究中心（Nuclear Advanced Manufacturing Research Center, NAMRC） | 谢菲尔德大学曼彻斯特大学 | 2011 年 | 罗罗、阿海珐、达索系统、塔塔钢铁、西屋、山特维克可乐满、谢菲尔德锻铸集团 | 先进加工、焊接与电镀、计量与检验、可视化、材料研发、激光加工研发 |
| 先进制造技术研究共同体（Common Community of Advanced Manufacturing, CCAM） | 弗吉尼亚大学弗吉尼亚理工大学弗吉尼亚州立大学 | 2012 年 | 洛克达因、空客、美铝、佳能、克罗马罗伊、NASA、纽波特纽斯造船厂、罗罗、山特维克可乐满、西门子 | 表面工程、制造系统、加工技术、焊接/连接技术、增材制造、复合材料/工艺 |
| 先进再制造与技术研究中心（Advanced Remanufacturing and Technology Center, ARTC） | 新加坡科技研究局南洋理工大学 | 2014 年 | 罗罗、石川岛、斯凯浮、西门子 | 维修与修复、表面增强、产品验证、增材制造 |

　　通过加入技术联合体，可以通过不同行业的会员对制造过程中的共性难题进行分析和提炼，并依靠联合体先进的、工业规模的设备，分担研发过程中的投资成本和风险，提高技术的制造成熟度，获得最先进的、能够快速投入生产的制造能力，提升成员企业对成本、质量和交付周期的竞争能力。在技术联合体这一平台之下，成员企业能够依托技术委员会等机构对研究问题进行深入的分析、研讨，筛选项目开展研究工作。

　　罗罗公司采用了开放式创新的策略，针对基础研究和应用研究与大学和产业界协同创新，紧跟技术发展趋势；通过对研究与开发阶段的把控和对市场的认知，牢牢地把产品开发的主动权和前沿研究的发展方向把握在自己手中。通过大学研究中心网络、先进制造研究中心网络等组织模式创新，罗罗公司实现了产学研用的协同创新模式，在促进英国经济发展、提升大学研究能力的同时，为公司的长远发展注入了活力。

# 第 20 章
## 产品开发——IPT 模式

## 20.1 概 况

集成产品开发(integrated product development, IPD)描述了一种优化产品开发过程的集成的、跨学科的、整体的并以人为中心的科学方法,是一种将企业的组织构架、业务流程、工具与手段进行组合优化的全新运作模式。其主要思路是:运用并行工程的思想,以信息集成为基础,把设计、制造、用户支持等产品开发的各个环节集成到一个团队中,改变传统的串行工作方式,通过制造和用户支持对设计过程的早期介入(并行),通过不同专业间持续不断的交流,减少设计反复,提高设计质量,降低开发成本,使产品迅速进入市场,满足用户需求,并为企业带来合理的投资回报。

框架设计是集成产品开发的精髓,具体包括异步开发与共用基础模块、跨部门团队、项目和管道管理、结构化流程、分析客户需求的工具、优化投资组合和衡量标准共 7 个方面。核心是产品开发流程再造。IPD 流程不只是开发流程,还是跨功能部门的业务流程,采用分阶段的开发方法把产品开发流程明确划分为概念、计划、开发、验证、发布、生命周期 6 个阶段,并且在流程中有定义清晰的决策评审点,如图 20.1 所示。通过对定义 IPD 范围、输入、主要活动、输出、活动流程图以及产品开发团队(product development team, PDT)经理、PDT 核心组成员和扩展组成员等 IPD 流程中的角色与职责,将活动、任务和子流程组织起来,把产品包所需的全部主要活动整合管理起来,保证计划、交付和生命周期结束工作的成功实施。因而 IPD 流程的开发成为其实施的关键。

在 IPD 环境的建设过程中,"人、过程、技术"构成了最基本的要素。其中,"人"指的是企业的经营管理者和员工个人的素质,包括协同工作能力和专业知识,并最终上升为企业和面向并行工程小组的文化;"过程"是企业在技术经济活动中所采用的组织管理方式;"技术"则是"人"在"过程"中所运用的手段和工具。建立与 IPD 运行相适应的组织机构,以及跨职能的团队,是 IPD 环境建设的关键所在。IPD 包括寻求创意/掌握市场需求到产品投入生产或服务进入

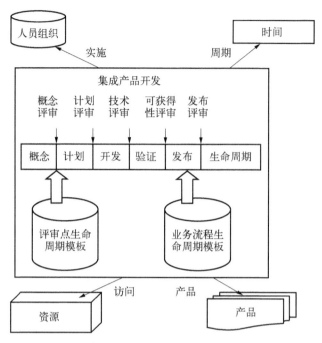

**图 20.1 基于 IPD 阶段的产品生命周期模型图**

市场的所有阶段。IPD 对产品形成过程中的总成本的主要部分产生影响,在产品开发过程中,一种产品总成本的约 75% 是由设计方案与战略考虑决定的(图 20.2)。

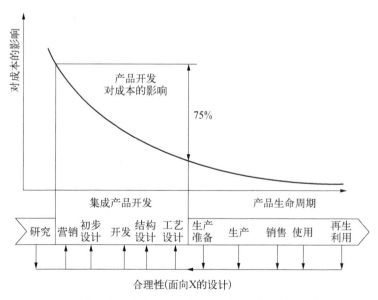

**图 20.2 产品生命周期中的 IPD 及其对成本的影响**

航空发动机研究与开发具有产品技术难度高、初始投资大、产品研制周期长、市场竞争激烈和产品整个寿命周期的零备件市场巨大等特点,非常适合采用集成产品开发团队(IPT)方法来实施有效的项目管理。国外航空发动机大公司已经普遍采用了集成产品开发团队方法。四大发动机公司在新研制的战斗机发动机(如F414、F119、M88、EJ200、F135、F136 等)项目中都采用了 IPT 方法。虽然 GE、普惠和罗罗公司在 F135 和 F136 项目上竞争激烈,但也有广泛合作,3 家公司建立了 40 多个集成项目团队。

普惠公司的 F119 项目在工程与制造发展阶段,组建了由美国空军、洛克希德·马丁集团、普惠公司和分包商组成的集成发动机和飞机团队,以系统工程方法满足武器系统的总要求[24]。建立部件集成产品开发团队(CIPT)是设计过程的关键要素。在 F135 发动机项目中,普惠公司以发动机的每一零部件组成 IPT[25]。IPT 除拥有设计、制造和项目工程师外,还有结构、耐久性和寿命分析人员。所有人员工作地点都相距不远,最远不超过 30 分钟车程。CIPT 负责发动机的某一单元体(如低压涡轮 CIPT)由多个 IPT 组成。低压涡轮 CIPT 由涡轮工作叶片 IPT 和转子 IPT 组成。同类的几个 CIPT 又组成单元体中心,如涡轮单元体中心由商用涡轮 CIPT、军用涡轮 CIPT 和工业涡轮 CIPT 组成。除单元体中心外,还有人力资源、会计、推进系统分析和许多其他部门。

GE 公司涡轮叶片卓越中心是一种科研和生产一体化形式的机构,其工作由新产品引入 IPT 来完成[26]。该团队由机械设计师(通常是队长)和 3~6 名其他团队成员(可能是制图员、冶金专家、购方等)组成。通常 80% 的团队成员来自涡轮叶片优异中心,其余的 20% 来自他们所支持的项目。其团队成员与团队保持一种长期的部分工作时间关系。IPT 结构随项目的阶段进展变化:队长可能变,团队成员可能变,出席团队会议的团队成员也可能变。维护性和保障职能仍与项目挂钩,而绩效作为单独的职能部门予以保留。

F414 军用发动机的每个主要部件都应用 IPT(包括来自工程、制造、资源、质量、供方和后勤保障的代表)方法开发。其中一个例子是低压涡轮工作叶片设计[27]。常规低压涡轮工作叶片研制周期从设计和制图、工艺装备、制造零件、常规铸件到铸造首批零件,需要 44 周。通过采用并行工程,制图(文件提供)与工艺装备同时进行,并与铸造首批零件同时结束,工作叶片研制周期从 44 周缩短到 24 周,铸件产品合格率从 30%~40% 提高到 80%~85%。另一个例子是加力燃烧室部件集成产品开发团队在收到批准书后 2.5 个月就试验了首台加力燃烧室,而以前的计划则需要 12~18 个月。

罗罗公司把 IPT 称作集成项目团队,IPT 可针对一个方案、一个项目或一个产品。公司在并行部件定义过程中采用的 IPT 方法是在设计过程中尽早使供方参与进来,一起努力获得优化设计和制造方法,对计划标准达成一致并进行控制。通过集成项目团队的并行部件定义过程应用,便于不断地把信息传达给供方,保证零件及时交付加工。集成项目团队由与项目相关的各专业技术人员构成。并行部件设计过程从详细设计开始,到设计发布后即告终止。公司通过集成项目团队保证各相关职能间定期进行评审,从而确保设计改进不至于因不知情而感到突然,并且每个人在每一步都对整个设计有输入,这样就能充分了解与任何设计改动相关的所有影响和风险[28-31]。

在 EJ200 发动机设计过程中,集成项目团队由来自性能、质量(重量)、寿命、安全性、可靠性、维修性和全寿命费用等所有专业的代表组成,安全性、可靠性和维修性领域的专家是集成设计团队的一部分,他们从项目之初就要同团队进行联合设计[32]。罗罗公司在民用遄达发动机宽弦风扇叶片和先进燃烧室等部件研制中均采用了 IPT 方法[33]。法国 M88 发动机项目的各 IPT 都在同一地点,并负责处理产品的所有方面(工程、后勤、制造等)。

## 20.2　应 用 典 范

普惠公司是集成产品开发模式的典范。公司注重先进产品研发模式的发展与应用,发动机产品流程的创新发展是基于公司组织机构的高效重组与优化,在发动机全寿命期内所采用以小组为基本形式、以并行工程为核心的集成产品开发及其相关的计算机支持技术。

普惠公司为了不断提高产品质量,在 20 世纪 80 年代后期启动了以用户满意为核心的 Q+(quality plus)工程,并开始以小组(team)的形式来管理发动机全寿命期内的设计、试验、制造和产品支持等一切经济、技术活动,这实质上就是 IPD 的雏形。后来,Q+工程逐渐演变成为面向工艺的设计(design to process),最后发展到以并行工程为核心的集成产品开发。进入 20 世纪 90 年代,信息技术的应用和发展,促使美国和欧洲的航空制造业从传统的大批量生产向精益生产模式的转变。普惠公司在开展先进军民用发动机研制和生产时,以信息技术为手段,实现了发动机的全球化生产、低成本制造、高效率运营,推动航空制造业发生了"革命性"的变化,取得了很多值得借鉴的成功经验。其中,最重要的成功经验就是采用了以 IPD 为代表的先进产品研发的管理模式,取得了令世人震撼的成就。

### 20.2.1　以机构重组为先导的集成产品开发

20 世纪 80 年代,公司主要的组织机构包括民用发动机部、军用发动机部、工程部和制造部等。民用发动机部和军用发动机部负责批生产型号的发展和零部件供应等,不负责新产品的发展。工程部的主要职能是管理发动机型号、新产品的发展和研究,还负责工程技术支援。其中型号部主要负责发展新发动机型号,下设若干发动机型号组,各负责一个型号;技术部主要负责新技术的研究工作,做好型号发展的技术储备。制造部主要负责批生产发动机的制造,试验件加工在制造部进行。

在集成产品开发环境的建设过程中,其中最核心的要求是在产品开发过程中建立多层次、跨部门的多学科集成产品开发团队 IPT 来完成产品全寿命期内的一切活动。为实现 IPD 提供必不可少的组织保证。普惠公司首先从企业机构重组开始,建立了产品开发的基本组织机构。

普惠公司在 IPD 团队和职能部门的构建过程中,充分考虑了航空发动机这一复杂产品的结构特点,力图使设计与制造部门的机构设置与发动机的结构特点紧密结合起来,使团队的运作与发动机的研制阶段、职能机构有机地结合在一起。从 1991 年在 PW4084 发动机研制中引入 IPD 开始,普惠公司的组织机构经历了两个重要时期,形成两种最具代表性的组织机构形式。

1993~1998 年,建立部件/产品中心组织机构,支持 IPD。

1999 至今,撤销部件/产品中心,建立单元体中心组织机构,支持 IPD。

两个中心的演变代表公司工程设计部门从传统的以发动机专业和零件设计为中心逐步转向以发动机项目和部件为中心,最后以项目和单元体为中心的发展脉络。

### 20.2.2　实施并行工程

并行工程(concurrent engineering, CE)是 IPD 的核心。这是一种集成和并行进行产品研制及其相关过程(包括支持过程)的系统方法。要求从设计一开始就考虑产品全生命周期中的所有因素,包括质量、成本、进度计划和用户要求等,并以集成产品开发团队的模式并行开展产品研发工作。这里的"并行"强调的是制造、成本核算、产品维护等专业人员与供应商和用户一起在产品设计的早期阶段即行介入。当公司决策层决定参与 AE100 竞争后,首先建立 PW6000 的集成产品管理小组(integrated product management team, IPMT),其中制造、市场、用户支持、试验、财务等专业人员甚至在 PW6000 项目还没有正式发布,研制工作只是在初步设计阶段时就投入了工作。

为了支持 IPD 的实施,满足 ISO9001 质量认证的要求,公司总结了数十型发动机研制的经验教训,建立了计算机化产品定义(computerized product definition, CPD)、图形标准手册(graphic standards manual, GSM)、标准工作(standard work, SW)、CPC 标准等一整套标准化设计程序。设计人员必须按照这些程序来开展各项技术活动。图 20.3 所示为短舱 ISO9001 文件结构,其中的"短舱 CIPT 系统工作指导"给出了整个短舱开发的工作流程,明确界定了短舱 CIPT 的技术管理活动范围及其与大型民用发动机部、制造部、短舱供应商的关系;"标准工作"记载了短舱开发过程中零部件设计、分析、试验和取证的标准流程,并将其分解成一系列的设计任务,然后对每一任务在设计上应考虑的问题、要求、涉及专业、需使用的设计分析工具、设计准则等用表格的形式加以逐项说明。一旦项目确定,CIPT 就把所有的任务分配给下属的若干 IPT,由 IPT 组织相关专业的设计人员按"标准工作"要求完成各项任务,并按"设计评审工作指导"的要求进行阶段性(新项目每 3 个月一次)的设计评审。"标准工作"中任一设计任务未经许可,不得有遗漏或偏离;必须使用指定的设计分析方法和工具;设计准则必须考虑到在最严苛的使用方法和环境下都能满足要求。普惠公司所有部件设计室都采用"标准工作"来规范工作流程。

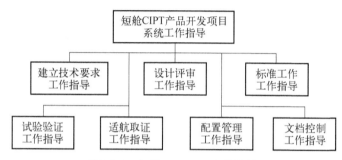

图 20.3　短舱 ISO9001 文件结构

### 20.2.3　计算机应用技术对 IPD 的支持

信息化技术是集成产品开发建设的重要保障。为此,普惠公司构建了先进高效、功能完善的信息化网络系统。

1. 计算机网络和通信技术

普惠公司内部的信息高速公路四通八达,通过网络和通信,管理人员和技术人员可以完全打破地域和专业的限制,方便地进行交互设计,及时传递信息,完成设计评估,共享各类资源。在普惠公司从企业管理的理论研究、生产组织的理念和结构探讨,发展到企业对管理过程中发生作用的内在机制的研究,更加重视信息化应用,将企业资源规划、供应链管理、企业流程再造、客户关系管理、产品数据管理、产品全生命周期管理等实现企业管理信息化并成功应用,建立起了一套符合新的管理思想和方法的现代企业科研生产管理模式,带动企业管理朝着更加科学化、合理化、规范化和国际化方向发展。

2. 主模型(master model)

基于三维实体模型的主模型是并行工程的基础,是设计、分析和制造,甚至包括产品支持等专业之间数据交换所必需的统一的数字化模型。在普惠公司的图形标准手册中,主模型定义为:在几何模型及其相关的应用中,如制图、制造、分析等专业间存在的多重联系并通过文件的方式保持关联。允许诸多专业设计者访问几何模型,当任何专业对模型有更改时,自动更新此模型的几何形状。主模型是各专业共享的模型,并被并行工程小组的所有成员使用,任何专业的更改是全局的而不是局部的。其图形标准手册还规定了主模型文件的命名原则。发动机的核心部件、所有用 NASTRAN 进行三维分析的零部件、整体精铸件等均被定义为主模型。公司的目标是争取使所有发动机部件都成为主模型,这就对设计、分析和制造的紧密集成提出了更高的要求。

3. 快速样件成型制造技术(rapid prototyping)

普惠公司技术部的材料和制造工艺研究中心,以及 UTC 的联合技术研发中心都有多台先进的激光快速成型设备 SLA(sterolithography apparatuses)。设计部门设计的零部件,在详细设计完成后,直接将 UG 生成的三维实体几何造型转换成 STL 格式文件传输到激光快速成型设备,花 2~3 天的时间快速制造出零件的原形,提供给制造部门分析参考,确定定位和装夹方式,并检查设计是否满足制造、工艺的要求,然后返回意见,修改设计。

4. 计算机分析和仿真技术

目前,大量复杂的气休流动过程、复杂的机械运动过程,已经可以利用计算机仿真来加以准确描述,同时,普惠公司积累的丰富经验,也使物理试验大大减少。如采用全三维气动设计后,压气机部件级的试验已基本不做;风扇鸟撞试验结果与用 DYN3D 分析仿真的结果非常一致;压气机、涡轮三维流场分析软件 NASTAR、NISTAR 逼真地模拟真实流动情况。使发动机从设计到取证只需 2~3 年。

5. 建立企业级的核心数据库

发动机研制是一个多次循环、不断优化的过程,在不同的研制阶段和不同的专业中,将形成大量不同类型、关系复杂的数据,对这些数据的有效管理和转换,必须在通用数据库的基础上,通过创建企业共享的核心数据库来实现。普惠公司的分布式文件管理系统(Distributed Document Manager,DDM)即扮演了这一角色。DDM 是在 ORACLE 7.22 版的基础上自主开发的工程数据库,它管理了公司分布在各地的 10 多个分布式数据库。公司的图形标准手册中明确规定:从设计→二维绘图→制造→质量控制等所有数据传输,如非特殊情况,必须通过 DDM 实现。普惠公司积累几十年的发动机设计经验数据和 100 多种发动机零件图,都存放在 DDM 及光盘和磁带中,并通过 DDM 的 GUI(图形用户接口)调用。用户通过 DDM 的 API(应用程序接口)可使设计、工艺、分析、工程出版、NC 编程、标准和技术文件等各类应用对数据库进行操作。DDM 与公司的 CPTR(共同问题及任务报告系统)、DECMAC(验证机结构管理和控制系统)等结合在一起,利用企业内部的信息高速公路(局域网),成为各种信息的"运输工具",更快捷地获取发动机产品全寿命期内的信息,并在不同的应用系统如 CAD、CAE、CAPP、CAM、MRP、CIM 之间交换,从而在产品开发的不同阶段支持并行工程。

### 20.2.4　培训与激励

1. 培训

通过培训与激励,可以增强企业凝聚力。普惠公司通过多年并行工程的实践认识到,无论是组织管理机构的重组,还是先进技术和工具的开发应用,都必须对各个层次的小组及其成员根据需要进行专业培训。普惠公司的母公司联合技术公司(UTC)从 1996 年起设立了一项 UTC 雇员奖学金,专门为新、老员工提供深造的机会,学费全包,一旦获得学位,还将获得 UTC 公司股票 100 股的奖励。1997 年普惠公司高级管理会议特别确定了该年度公司的六大战略重点项目,排在第一位的是对员工进行业务培训。为了对小组成员进行培训,普惠公司设置了大量的培训课程,内容从 IPD 概念、实施到所使用的工具,一应俱全,并将 IPD 的操作指导手册发到每一个小组成员手中。

在设计、分析、试验、工艺、制造和产品支持等多专业的并行作业过程中,要求每一个并行工程小组的成员不仅要了解自己的工作所处的阶段,还要了解小组其他专业的成员处在什么阶段,对自己的工作有什么影响。为了适应这种知识共享和信息交流的需求,除了各类 IPMT、MIPT、CIPT、IPT 会议外,普惠公司为每个专业人员之间建立了通畅的 e-mail、录音电话、远程会议等通信联络手段,并在公司内部局域网中建立了在线电子文档系统,为网上全体员工提供了所有专业及其专用软件的标准化设计流程和操作手册等,可随时查阅。

同时,普惠公司采取了一系列措施来增强公司的凝聚力。如 1995 年开始设立的研究员(Fellow)项目,旨在评选并奖励那些在公司技术进步、教书育人等方面做出杰出贡献的技术专家。一旦被聘为研究员,这些专家就可以代表公司在行业委员会或协会中供职,可以参加、领导某些政府或院校的研究课题,并享受公司提供的相应待遇。另外,普惠公司还有一个资历证明项目,职工在公司工作每满五年即可获得纪念品和证书,同时伴有与工作年限息息相关的工资和福利的同步增长。

2. 绩效管理(KPI)

普惠公司的绩效管理包括度量(metrics)和变革进展指标 TPM(transformation progress metrics)两个方面。

IPD 管理体系特别强调度量环节。没有度量就没有分析,没有分析就没有决策和改进(持续改进);基于事实的决策。度量是 PBC(personal business commitments)和绩效管理的基础。

Metrics 的目的:① 建立 IPD 流程、IPMT 和 PDT 能力基线 CB(capability

baseline),实现可预测的产品开发过程;② 衡量 IPD 变革推行程度和推行效果。TPM(transformation progress metrics)即变革进展指标,用来衡量 IPD 的推行程度和推行效果;③ 度量业务状况,设定目标,促进业务能力的提升和业务的持续改进;④ 支持 IRC、IPMT、PDT 等进行业务决策。

变革进展指标(TPM)用来衡量 IPD 的推行程度和推行效果。找出 IPD 推行方面的不足与问题,不断改进,推动产品线的革新与学习,提高业务与管理水平。TPM 指标包括九类:业务分层、结构化流程、基于团队的管理、产品开发、有效的衡量标准、项目管理、异步开发、共用基础模块、以客户为中心的设计。TPM 分为两个层次:公司级和产品线级。公司级 TPM:IRC MC 组织、引导,IRC 和 IPMT 执行秘书、E2E、总体技术、质量部、市场、技术支援等功能部门领域专家参加评估。IPMT 级 TPM:IPMT MC 组织、引导、PDT 经理、产品线总监、IPMT 执行秘书、E2E、总体技术、质量部、资源管理、市场、技术支援等功能部门领域专家参加评估。

### 20.2.5　IPD 应用成效

普惠公司的这种研制发动机的方法在 F119 发动机项目中得到进一步发展。普惠公司将 IPD 管理应用于 F119 发动机研发的全过程,吸取了 F100 发动机的经验,采用高新技术、一体化产品研制方法研制。F119 发动机是普惠公司第一种从设计开始就采用 IPD 的发动机,达到了性能、可靠性、耐久性、可维护性和保障性的综合平衡。为此,共有 100 多个多功能小组参与工作,他们的工作内容包括发动机所有的零件、部件及单元体。F119 大量采用已被验证的先进技术,并成为一种多因素取得平衡的产品,其结构设计和性能特点非常具有代表性,成为普惠公司经典之作。普惠公司在发展 F119 的一个战略措施就是"想用户之想"。即多方考虑使用方便的问题。美国空军"蓝二"计划,就是派出由空军人员与供应商组成的许多小组到世界各处的美国空军基地进行面对面地调查了解,掌握发动机、飞机在使用中的第一手材料。F119 的工程负责人员、项目管理人员及主要设计工程师参与了"蓝二"计划的外调小组,经过几年的奔波,获得了大量的实际使用素材,即现用的飞机系统中有哪些不好之处与哪些好的地方,从而在设计中予以考虑。例如,设计人员考虑了外场机务人员在穿戴防化服后对发动机(装在飞机上的)进行维护工作时的困难之处,从而设计了简单的外部管路布局的总体方案,并在全尺寸模型上通过了考验。普惠公司推行完善 IPD,给企业带来的诸多的好处:节省研制费用,缩短研制周期,减少风险;产品上市周期缩短 30%~50%;产品质量提高 40%以上;产品成功率提升 30%~60%;构建市场导向的、团队化、流程化运行机制;打造一支职业化的、一流的研发人才队伍;建立一个强大的产品平台/技术平台。

## 20.3　小　　结

IPD 过程是一种多学科的设计方法,工作层面的团队完全负责设计、制造和保障的一个产品。IPD 团队努力平衡性能、重量、成本、进度、可靠性和维修性以及其他因素。航空发动机研究与开发具有产品技术难度高、初始投资大、产品研制周期长、市场竞争激烈和产品整个寿命周期的零备件市场巨大等特点,非常适合采用 IPT 方法来实施有效的项目管理。国外航空发动机大公司已经普遍采用了集成产品开发团队方法。在影响项目成功与失败的所有可变因素中,项目团队本身是最容易被忽视,同时也是最需要关注的因素。有效实施 IPT 有助于项目办建立有凝聚力的产品或过程开发团队。IPT 组织管理模式既能充分利用职能管理模式的组织、指挥和控制有利的优点,以及强项目管理模式对任务的高效控制的优点,又能平衡多个项目的人力资源和专业特长,有效利用有限的人力资源来完成多个项目。IPT 组织管理模式具有高度灵活性和适应性,团队成员共同对产品负责,有利于成本控制并能够充分激励团队成员的积极性和创造性。IPT 组织管理模式还充分利用了信息技术对传统的经营理念和作业方式进行重大改造,从而使企业能在市场经济环境下逐步完成跨越式战略发展,稳健地走上可持续性发展的道路。

# 第21章
# 快速研发——新型研发机构

## 21.1 概　　述

创新对于一个国家来说是进步的灵魂,对于一个民族来说是兴旺发达的不竭动力,对一个企业来说持续不断的创新是其生存发展的根本保障。航空航天机构是一个具有特殊属性的机构,它技术尖端、研发难度大。但就创新而言,航空航天和其他的企业一样,都是通过强大的创新能力来提升企业的核心竞争力和市场地位。

创新是企业发展的必由之路,对于企业而言,创新可以是多个方面的,如研发模式创新、技术创新、管理创新和文化创新等。在这里主要介绍的是研发模式的创新,以罗罗公司的"自由工厂"和普惠公司的鳄鱼工厂等航空发动机领域的创新科研机构为例,阐述创新研发模式的运营、科研工作方法和发展思路。

## 21.2 典型案例

### 21.2.1 "自由工厂"

罗罗公司的创新研发中心——"自由工厂"创建于2005年8月,正式名称是罗尔斯·罗伊斯北美技术公司,是罗罗攻克关键技术的先锋[34]。"自由工厂"与洛克希德·马丁公司的"臭鼬"工作组和波音公司的"幻影"工作组业务性质有些相似。

"自由工厂"是罗罗公司全球并购活动下的产物,它是在艾利逊先进技术开发公司(Allison Advanced Development Company, AADC)的基础上创建的。"自由工厂"成立后,AADC的研发工作全部转到"自由工厂",在罗罗公司创新理念的驱动下,"自由工厂"把继承过来的AADC原有项目进一步深度开发。鉴于"自由工厂"的强大创新潜力,不仅大力挖掘已有项目潜力,成功深度挖掘研发了应用于短距起飞/垂直降落型的联合攻击战斗机F-35B上的升力风扇技术。还把更多精力放在新技术和新产品的创新研发上。于2014年成功研发出一种无需加力燃烧就能实现$Ma3$以上超声速巡航飞行5分钟以上的性能突出的弹用高速涡喷发动机YJ102R(图

21.1），为此，罗罗公司将其高马赫数推进系统研发中心定在了"自由工厂"，研发重点放在马赫数超过 5 的高超声速飞行器用动力装置上，其重点包括研发高速涡轮发动机，拟从高速涡轮基入手，研发涡轮基组合循环发动机的低速段动力。

图 21.1　YJ102R 发动机

　　"自由工厂"借助罗罗公司的资源，使得它的创新研发范围更加广泛，在军用航空发动机上的创新技术研发成绩更加斐然。在过去 10 多年的发展历程中，"自由工厂"为罗罗公司参与的多个高性能军用发动机技术研发相关计划提供了多项创新技术，例如"自由工厂"开发的一种新型冷却方案——Lamilloy 技术（图 21.2），它是层板冷却制造技术、精密铸造技术和材料技术相结合的产物，具有强化对流、冲击及气膜冷却的综合效果，是自由工厂的标志性技术，并且在 YJ102R 发动机上得到了成功应用。又如自适应风扇技术，该技术利用第三涵道来改变发动机的涵道比（图 21.3），从而实现发动机的可变循环特性，自适应风扇技术是自适应通用发动机（Adaptive Versatile Engine Technology，ADVENT）计划研究的关键技术之一。自由工厂在获得 ADVENT 计划合同后，就开始进行自适应发动机的初始设计、详细设计与分析、风险降低研究及关键部件试验，包括全环燃烧室试验、陶瓷基复合材料部件研究与试验等，并完成一台核心机的试验验证。

　　"自由工厂"尽管只是罗罗公司庞大的组织架构中很小的一个模块，但它却是罗罗公司强大航空发动机技术的重要神

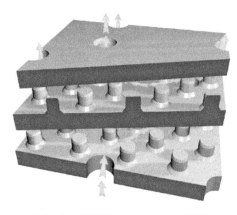

图 21.2　典型的 Lamilloy 冷却结构

图 21.3　美国空军研究实验室展出的 ADVENT 的三涵道设计

经系统。"自由工厂"参与了许多重要的航空发动机研发项目,这为罗罗公司在国际航空发动机市场上保持竞争力提供了重要的技术保障。

### 21.2.2　鳄鱼工厂

鳄鱼工厂(Gator Works)成立于 2018 年,是普惠公司下属的一个新的原型设计部门,将致力于快速、敏捷地研发可靠、低成本的军用发动机。普惠公司"鳄鱼工厂"的目标是在一半的交付期和一半的传统采购周期成本内交付最先进的发动机。

普惠公司军用发动机部门总裁 Matthew Bromberg 表示,2018 年早些时候,这家新成立的鳄鱼工厂在公司位于西棕榈滩附近佛罗里达大沼泽地的试验和制造基地秘密成立。而且鳄鱼工厂精心挑选的一些员工正在研究 4 个未公开的原型设计项目,项目只需遵循"使用普惠公司所有的知识产权""不伤害任何人""不违法"这三条简洁的原则。成立鳄鱼工厂的目的在于摆脱繁琐的公司程序,为新型飞机发动机的研发做出贡献。

鳄鱼工厂的前四个项目的细节和范围都是保密的。普惠公司的声明指出,该组织负责开发"最先进的发动机",但在一次采访中,布罗姆伯格对这项任务进行了资格鉴定,他警告说:该组织"将先走后跑";普惠鳄鱼工厂将寻求利用商业企业的快速原型设计、迭代设计、采购以及为客户测试尖端产品的能力。我们创造了这样一个环境:我们最好的工程师可以利用他们所需要的所有工具发挥他们的潜力,但是没有不必要的内部障碍,这些障碍有时会降低他们的工作效率。

鳄鱼工厂寻求将小型初创企业的效率、敏捷性和无约束边界与世界领先推进系统公司的纪律和工程严谨结合起来。

鳄鱼工厂团队自 2018 年初开始运作,专注于研发一系列先进产品。

据悉,鳄鱼工厂这种模式的灵感来源于洛克希德马丁公司的臭鼬工厂,臭鼬工厂成立于 1943 年,洛克希德马丁公司精心挑选了一个由 23 名工程师和 105 名机械师组成的团队,在短时间内完成了新型喷气式战斗机的研制工作。

## 21.3　小　　结

创新的快速研发模式是企业持续发展的一个重点内容。

一方面,可以通过在企业内部成立创新中心的研发模式,给工程师们创造这样一个环境:最好的工程师可以利用他们所需要的所有工具发挥他们的潜力,但是没有不必要的内部障碍,这些障碍有时会降低他们的工作效率。

另一方面,企业成立的创新中心虽然是独立运作,但它还是属于企业,所以该创新中心可以通过承担企业的项目,包括军用先进发动机预研或新技术验证项目,获得大量的新技术,积累丰富的工程技术经验,最终成为企业先进技术的重要试验和研发基地。

第三方面,部分企业可以通过组织架构整合与并购的方式来扩展研究领域,例如罗罗公司,借助全球并购活动打入美国航空发动机研发领域,深度介入美国开展的各种军用发动机预研项目,并与美国两大航空发动机公司(GE 和普惠)展开发动机业务竞争或合作,融入区域行业领域。

# 第22章
# 全寿命周期管理——数字孪生

近年来,世界各国纷纷出台了自己的先进制造发展蓝图,如美国工业互联网和德国工业4.0,其目的之一便是借力新一代信息技术,实现物理世界与信息世界的互联互通与智能操作。与此同时,中国也先后推出了"中国制造2025"和"互联网+"等制造业国家发展战略。数字孪生(数字孪生体,digital twin,DT)技术便是在这一背景下逐步进入大众视野,并快速成为各国革新制造业研制模式、争取引领新一轮"范式革命"潮流的关键技术之一。

## 22.1 数字孪生概念

数字孪生的概念雏形诞生于2003年,美国密歇根大学的格里夫斯(Grieves)教授在讲授产品全寿命周期管理课程时提出:一个或者一组特定装置的数字复制品,能够抽象表达真实装置并可以此为基础进行真实条件或模拟条件下的测试。该概念已经具备数字孪生的全部组成部分,即物理空间、虚拟空间以及两者之间的关联和接口。他将虚拟产品从设计阶段带到制造和运维的全生命周期,因此可以认为是数字孪生的雏形。

21世纪以来随着物联网技术、人工智能和机器学习等技术的不断发展,更多的工业产品、设备和流程具备了智能特征,而数字孪生这一智能工业领域的集大成者也逐渐得到重视和发展。2011年格里夫斯教授将其正式命名为"digital twin"(译为数字孪生、数字镜像、数字双胞胎等)。学术界和工业界从各个维度对数字孪生进行了定义,但由于孪生体涉及物理对象的多样性和复杂性,很难给出统一的定义。表22.1列出学术界与工业界对数字孪生的主要定义。

表22.1 学术界与工业界对数字孪生的定义

| 主　　体 | 定　　义 |
| --- | --- |
| 美国国家航空航天局和美国空军实验室 | 一个面向飞行器或系统的、集成多物理、多尺度的概率仿真模型(multi-physics, multi-scale, and probabilistic simulation),它利用当前最好的可用物理模型、更新的传感器数据和历史数据来反映与该模型对应的飞行实体的状态[35] |

| 主　体 | 定　义 |
|---|---|
| GE | 数字孪生是资产和流程的软件表达,可用于理解、预测和优化性能,从而实现改进业务结果 |
| 西门子 | 基于产品生命周期各个方面一致的数据模型,可以准确、真实地模拟一些实际操作 |
| 甲骨文 | 通过设备和产品的虚拟模型,模拟物理世界的实际复杂性,并映射到应用过程中 |
| ANSYS | 将出色的仿真功能和强大的数据分析功能相结合,帮助企业获得战略洞察力 |
| Altair | 借助领先的虚拟仿真技术,创建叠加多种物理属性的虚拟模型,并用于提升产品特性 |
| 陶飞(北京航空航天大学教授)等 | 数字孪生是以数字化方式创建物理世界的虚拟模型,它借助数据模拟物理世界在现实环境中的行为,并通过虚实交互反馈、数据融合分析、决策迭代优化等手段,为物理世界增加或扩展新的能力 |
| 中国工业4.0研究院 | 数字孪生本质上是虚拟世界与物理世界一一对应,从而实现感知和控制。根据不同的应用场景,可以有不同的颗粒度(精度),控制能力的大小各不同。在这样的基础上,形成了数字孪生城市、数字孪生制造和数字孪生国防等多种应用场景[36] |

　　航空发动机的全寿命周期管理是一种集组织与管理、工程与制造、业务与系统于一体的技术管理体系。随着新一代信息技术,如人工智能、机器学习和数字孪生等,在航空领域的深度应用,传统的研发管理模式正在逐渐发生变革。

## 22.2　数字孪生关键技术

　　数字孪生体不仅是物理世界的镜像,也要同步感知物理世界的实时状态,将状态数据传递到数字孪生体内,通过孪生体内的算法和准则等模型进行虚拟空间内的分析和预测,将得到的结果反馈到物理世界,驱动或者控制物理世界。根据这些功能,我们可以大致将数字孪生的成熟度分为五个层级:① 物理世界的数字化建模;② 实时互传信息数据;③ 基于明确原理、机理的计算;④ 基于不明确机理的推测;⑤ 多个数字孪生体之间的共享互动。每个层级的数字孪生均有典型的关键技术支撑,大致归纳如表22.2所示:

表 22.2　数字孪生关键技术

| 级　别 | 关　键　特　征 | 关　键　技　术 |
|---|---|---|
| 1 | 对物理世界进行数字化建模 | 建模/物联网 |
| 2 | 数字世界与物理世界之间实时互传信息和数据 | 物联网/数字线索 |
| 3 | 基于完整信息和明确机理推测未来 | 仿真/科学计算 |
| 4 | 基于不完整信息和不明确机理推测未来 | 大数据/机器学习 |
| 5 | 多个数字孪生体之间共享和交互信息 | 云计算/区块链 |

**建模**：数字孪生的目的或者本质是通过数字化和模型化，将物理对象表达为计算机和网络所能识别的数字模型。因此建模是数字孪生的核心技术，包括几何建模、网格建模、系统建模、流程建模等技术。

**物联网**：数字化的另一层含义是：物理世界本身的状态（如功能、性能和属性等）可被计算机和网络感知、识别和分析。物联网是物理世界数字化解决方案的基础技术之一，为物理世界和数字对象之间的"互动"提供了通道。

**数字线索（digital thread）**：目前对数字线索的局部共识（数字工程团队）为：数字线索是整个数字孪生/数字工程系统中，根据兴趣点（可以是模型计算出的指标，目标值，管理者或业务人员的关注点）按照数据产生的网络流程，索引到最底层、最真实未经加工过的基础数据的一种数据溯源技术，本质上是产品生命周期数字化模型数据的框架或系统的关联或逻辑关系。物联网是数字线索实现的物理载体之一。

"互动"是数字孪生的一个重要特征，主要是指物理对象和数字对象之间的动态互动，当然也包括了物理对象之间和数字对象之间的互动。前两者通过物联网实现，后两者则通过数字线索实现。

**仿真**：实现数字孪生对物理世界的动态预测，需要孪生体在表达物理世界几何三维模型的基础上，融入更多能反映物理世界的运行规律和机理的数字模型，这正是仿真的主要特征。仿真技术不仅建立物理对象的几何实体三维模型，还可根据当前状态，通过物理学规律和机理来计算、分析和预测物理对象的发展趋势。物理对象的当前状态则通过物联网和数字线索获得。正如表 22.2 中对数字孪生的定义，其内部的仿真并非针对单一阶段或者局部现象，而是对整体系统全周期、全领域的动态仿真。

**可视化交互技术**：虚拟现实（virtual reality，VR）、增强现实（augmented reality，AR）以及混合现实（mixed reality，MR）等技术提供的深度沉浸式技术让人与数字世界的交互方式与物理世界相似，使数字世界在感官和操作体验上更加接近物理世界，让"孪生"变得更为精妙。

**基于模型的系统工程（model-based system engineering，MBSE）**：MBSE 是系统工程的范式升级，是系统实现的方法论。数字孪生可以通过数字线索集成到MBSE 工具套件中，进而成为 MBSE 框架下的核心要素。系统工程的建模和仿真方法和流程可以作为顶层框架分别指导系统数字孪生以及体系数字孪生体。

## 22.3　数字孪生技术在航空发动机全寿命周期内的运用

将数字孪生技术应用于产品的全寿命周期，它以产品本身为主线，在其全寿命周期的不同阶段引入不同要素，形成不同阶段的表现形态。

在产品设计阶段,利用数字孪生构建一个全三维产品模型,包括三维设计模型、产品制造信息以及相关属性。它在该阶段就通过建模、仿真以及优化手段来分析产品的可制造性,同时还支持产品性能和功能的测试与验证;在产品制造阶段,基于设计阶段的数字孪生,叠加生产环境模型、工艺仿真模型以及基于海量数据的质量分析模型,实现产品在实际加工制造之前预测生产环境下产品加工完成后的组织、成分和超差等。而在实际制造过程中,数字孪生通过采集生产环境数据、工艺数据、实时/非实时产品制造数据,修正几何、物理与分析模型,从而提高预测精度,同时还能进行决策支持,通过边缘控制等技术,实现自主调节生产工艺,优化制造过程;在产品服务阶段,数字孪生通过读取智能工业产品传感器或者控制系统的各种实时参数,构建可视化的远程监控,并结合采集的历史数据,构建层次化的部件、子系统乃至整个设备的健康指标体系,并结合人工智能技术实现产品损伤趋势和寿命等维保关注点的预测;最后,在产品回收阶段或者报废阶段,产品的数字孪生体仍然能够发挥余热,记录产品的报废/回收数据,包括产品报废/回收原因、时间以及产品实际寿命等;为下一代产品的优化设计提供数据支撑。

以航空发动机为例:在发动机的设计阶段,可以使用数字孪生结合以往的历史数据来设计它的结构和模型,并通过虚拟试验验证相关设计在各种环境下的性能;在制造阶段则可以利用数字孪生实时检测各项生产指标,发现问题时可以及时调整生产策略,从而提高生产的效率和质量;在服役阶段利用其虚拟体来实时监控发动机的运行情况,从而帮助运维人员制定更好的运维策略;当发动机回收时,数字孪生仍然记录下所有数据,为下一代发动机设计改进和创新、同类产品质量分析及预测、仿真模型优化等提供数据支撑。

总而言之,在整个产品的全寿命周期管理中,数字孪生体与产品实体持续保持信息交互,虚实结合、以虚控实,实现虚拟世界与物理世界的双向、实时交互,将人、流程、数据和事物等连接起来。

### 22.3.1 美国

1. 美国空军

数字孪生研究的典型代表是美国空军研究实验室。早在 2013 年,它便发布 Spiral1 项目,将 F-15 作为试验平台(图 22.1),集成现有的先进技术,与当前具有的实际能力为测试基准,从而标识出虚拟与实体还存在的差距;并与 GE 和诺斯罗普·格鲁门签订了将近 2 000 万美元的商业合同来开展此项目。此外,它还计划在 2025 年交付一个新型空间飞行器以及与该物理产品相对应的数字模型,包括所有的几何数据和材料数据,如加工时的误差与材料微观结构数据等。近期,美国空军与波音合作构建了 F-15C 机体数字孪生模型。

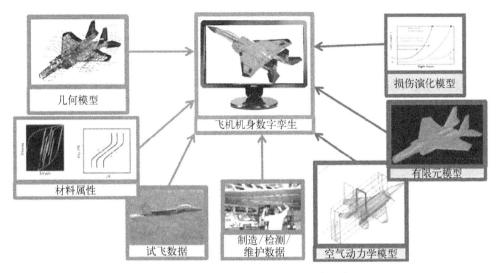

**图 22.1　F-15 机身数字孪生构成要素**

自 2014 财年起,美国空军组织洛马、波音、GE、普惠等公司展开一系列数字孪生应用研究项目,并陆续获得突破性成果。

2. GE

GE 将数字孪生视为工业互联网的一个重要概念,力图通过大数据分析来完美透视整个航空发动机的实际运行情况。该公司归纳总结的航空发动机运行数字孪生层次结构如图 22.2 所示。针对数字孪生,GE 专门推出了数字孪生平台 GENIX。

**图 22.2　数字孪生层次结构**

到 2018 年 10 月,GE 已经借助 Predix 建立起四个部门(名为 Accelerator)来为其顾客提供数字解决方案。该部门利用性能管理系统(APM)来跟踪并收集传感器产生的数据,结合设计中的相关参数,建立起数字孪生。接下来将设备运行、维修以及报废/回收过程中产生的数据实时传输到孪生体上,实现过程的可视化监控,最后通过经验或者机器学习建立关键设备参数、检验指标的监控,给出维修和更换意见,提高产品服役安全性,不断优化产品。

此外,GE 还联合其他软件公司推进数字孪生与仿真技术融合,为探索突破性商业模型和商业关系创造新的机遇。GE 与 ANSYS 携手将领先行业的仿真软件与GE 专有的工业数据及分析云端平台 Predix(图 22.3)进行集成,从而在多种产业领域发挥数字孪生解决方案的作用。将数字孪生解决方案从边缘扩展到云端,加速发挥其在流程管理、数字仿真、可视化等方面的价值。ANSYS 公司于 2015 年 5 月发布了 ANSYS19.1,集成了其首款针对数字孪生的产品服务包。

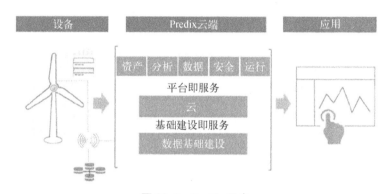

图 22.3　Predix 平台

GE 和 Infosys 在合作的飞机综合健康管理项目中,为起落架组件建立了数字孪生模型。该模型包括飞机的前起落架和主起落架,以及驱动起落架收放的液压系统,被用于测试起落架结构、分析数据,以及开发诊断和预测模型。并将传感器安装在一些典型的故障点上,例如实时采集液压和刹车温度,以此提前预测故障或者诊断起落架的剩余寿命。

为了解决企业之间数据壁垒问题,从老旧机型上获得发动机数据,建立完整的数字孪生解决方案,GE 与各航空公司合作通过机载通讯链路下载这些数据,并与Avionica 公司成立合资企业开展相关业务。GE 本身也正在为公务和通用航空市场打造首台"数字孪生"先进涡轮发动机(advanced turboprop,ATP)。

3. 洛克希德·马丁

洛克希德·马丁(洛马)将数字孪生技术视为未来六大顶尖技术之首,并首次通过数字孪生技术创建"数字线索"的工作模式,改进了多个工作流程:自动采集数据并实时验证劣品标签,将数据(图像、工艺和修理数据)精准映射到计算机辅助设计的几何模型上,使其能够在三维环境下实现可视化、可检索并预测趋势。通过在三维环境中实现快速和精确的自动分析,缩短处理缺陷时间,并通过优化制造工艺或组件设计减少处理缺陷频率。通过流程改进,洛马公司处理 F-35 进气道加工缺陷的决策时间缩短了 33%,此项创举获得了 2016 年美国国防技术制造金奖。

在生产加工上,洛马公司部署了 UBI 软件的"智能空间"解决方案,构建工业互联网应用平台,利用该平台建立生产环境的数字孪生,实时监控三维空间交互活动,以此控制生产流程。该方案目前应用于 F-35 飞机的生产过程中,显著提升了飞机的生产效率。此外,洛马公司还构建了面向军用战斗机制造和装配的数字孪生,以此提高可靠性。

4. 其他

Altair 作为仿真技术的主要厂商也制定了相应的数字孪生战略,并在 2019 年成功收购自动化软件供应商 MODELiiS 和物联网技术公司 Carriots。同时加强 Altair 合作联盟建设,融合更多合作伙伴的技术并与 Carriots 平台相结合,致力于成为物联网领域的领导者,支持数字孪生战略及其应用。

美国海军也启动多个数字孪生项目的开发与应用,例如:海军与工业界合作提供数字孪生实例,以便就数字基线数据进行测试并排除故障;对远程监控健康和状态的能力进行测试;投资远程安装,以更快地为舰队提供更新等。

美国参数技术公司(Parametric Technology Corporation,PTC)则正在尝试建立一个信息空间平台,为设计过程中的实体建立一对一虚拟体。

### 22.3.2　欧洲

1. 罗罗公司

2018 年 2 月,罗罗公司宣布推出开创性的"智能发动机"概念(图 22.4),罗罗指出这一概念最为重要的是,它将在设计、制造和运行过程中采用数字孪生技术,为设备、产品或者实体创建虚拟副本,从而建立能与实际产品同步更新和变化的数字模型。该愿景描绘了航空动力的未来,借助数字孪生等数字化技术,使航空动力具备互联性、情景感知和理解能力。

图 22.4　罗罗公司"智能发动机"

为实现智能发动机愿景,罗罗计划在大部分发动机在研项目中引进数字孪生技术。2019 年,罗罗已经成功测试超扇发动机设计方案,该款发动机的每块复合风扇叶片都有一个数字孪生体。测试期间的海量数据将会被收集并反馈给数字孪生体,从而让工程师预测每片叶片工作期间的性能。与此同时,罗罗下一代大涵道比涡扇发动机技术研究项目中的 Advance3 项目是第一个集成"数字孪生"技术的项目,工程师们可以进行性能模型的虚拟试验,并与实际情况进行对比。

2018 年 3 月,罗罗启动了一个开放式仿真平台方案(open simulation platform,OSP),该平台使参与者在同一平台上创建"数字孪生"船舶。OSP 是一个工业级联合项目,它的目标是为模型和系统仿真建立起海上工业标准,该标准使各个参与其中的公司重复利用仿真模型以及为现存和将来船舶建立数字孪生体。

2. 西门子公司

西门子的"数字孪生"涵盖产品的全寿命周期,致力于帮助制造企业在信息空间构建整合制造流程的生产系统模型。西门子公司提出产品数字孪生、生产工艺流程数字孪生和设备数字孪生,以实现物理空间从产品设计到制造执行的全过程数字化。该公司还将利用其工业互联网产品——MindSphere 打通以往数字孪生之间的数据隔离,如图 22.5 所示。

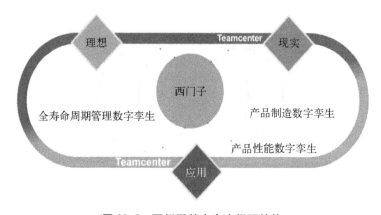

**图 22.5 西门子数字孪生闭环结构**

从虚实映射以及协同角度出发,西门子给出了如图 22.6 所示的应用方案:

2016 年西门子公司收购全球工程仿真软件供应商 CD-adapco 公司,致力于为客户产品创建高精度的数字孪生模型。CD-adapco 软件,加上西门子自有的多学科仿真产品 Simcenter,可以将仿真和物理测试、智能报告、数据分析技术相结合,更好地帮助客户创建数字孪生,更准确地预测产品开发过程中各阶段的产品性能,图22.7 示出了 CD-adapco 旗舰产品 STAR - CCM+。

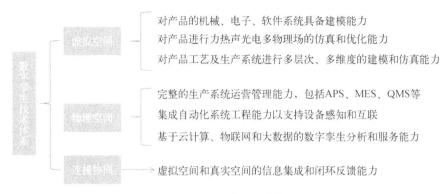

**图 22.6　数字孪生技术体系**

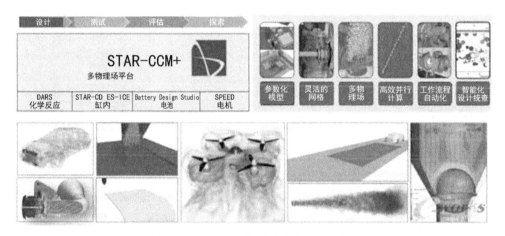

**图 22.7　CD-adapco 旗舰产品 STAR‐CCM+**

### 3. 其他公司

达索公司的数字孪生概念注重在初期就准确建立复杂产品,它认为产品的评估方式是关键,要恰当评估一个产品,所有的产品特点和产品行为都要进行展现、建模、模拟和可视化。针对复杂产品用户交互需求,达索公司建立起基于数字孪生的 3D 体验平台,利用用户反馈不断改进信息世界的产品设计模型,从而优化物理世界的产品实体。近年来,该公司已投入 15 亿美元并购了 Accelrys、RTT 和 Archividéo 公司,并期望借助这些此平台在未来得到更多行业的应用。

汉莎公司(LHT)表示数字孪生模型可以让维修车间实现"以数据为中心的生产"。其中的应用包括:在飞机组件送修时,可以通过模型更好地调整和监督维修工作的进度。但是在此过程中需要实物的全寿命数据,特别是运行和测试的数据。汉莎技术公司的 Aviatar 平台已经开始为其喷气发动机应用数字孪生技术。

Oracle(甲骨文)公司将数字孪生技术与企业的业务运营相结合,通过物联网云(图 22.8)中的内容实施。

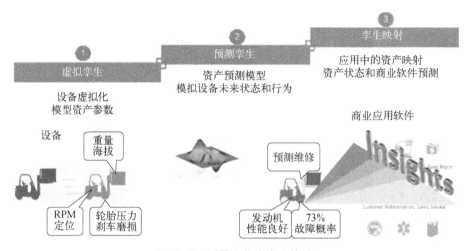

图 22.8　甲骨文数字孪生战略

### 22.3.3　俄罗斯

俄罗斯的高校研究院所和工业部门也在积极开展数字孪生技术在武器装备领域的研究与应用,其中航空领域在数字孪生技术研究和应用方面已经走在了前列,具有代表性的组织有联合发动机制造集团和联合飞机制造集团。

联合发动机制造集团公司下属子公司土星科学生产联合体是行业内数字孪生技术应用的先行者。该公司已将数字孪生技术应用到产品试验和生产的多个方面:

(1)公司在进行试验发动机台架试验时,会同时建立台架和发动机的数字孪生体。通过该数字孪生,建立起实物与数字孪生体的互联互通,实时了解发动机在验证过程中整个工作状态,有效查找和排除台架试验阶段发现的问题。

(2)数字化车间:2018 年 7 月,土星科学生产联合体建立了生产车间的数字孪生体,开展燃气涡轮发动机及其组件制造生产链的数字化工作。应用物联网技术,将生产车间产生的数据与数字孪生体及内在的控制模型关联在一起,实现实物和孪生体的共联共生。

## 22.4　启　　示

数字孪生技术实现了物理世界与虚拟空间数字孪生体的交互,通过映射在数字空间中的数字模型对物理世界进行分析、优化和控制,突破物理世界/空间中时间、空间等条件的约束。这种基于高精度、高置信度数字化模型的各类仿真、分析、数据积累和挖掘,甚至前沿数字技术的应用,有效支撑它在现实物理系统的设计、制造、试验和运行等阶段的应用与实践。可以预见,未来在产品交付时,光有实体产品是无法完成交付的,还必须提供一套该产品的数字孪生体。未来产品的概念必定是实体产品与数字孪生体的结合,交付物也必然包括了产品的数字孪生体。

目前,虽然航空发动机数字孪生的许多基础技术已取得一定的成果,例如多物理尺度和多物理量建模、结构化的健康管理和高性能计算等,但是高精度、高保真数字孪生体的构建还需要攻克发动机领域的专项技术(如零件失效模型机理、高温涂层的寿命评估等方面)和综合集成技术,这样才能对发动机的健康状况进行可靠的高精度评估。短期内,很难实现数字孪生技术的快速发展,因为建立高保真度的数字孪生体存在诸多困难,尤其是在微观层面建立实体与数字孪生体一一对应的关系上。在目前数字孪生技术发展探索阶段,可以采用实体与数字孪生体一对多的关系,选取全寿命周期的某一阶段发力,如设计单位选取设计孪生体,生产单位选取制造孪生体等,建立阶段性目标,一步一步建立全寿命周期的数字孪生体,最终形成实体在不同尺度的高保真数字孪生体。

其次,随着数字孪生技术与智能制造的加速融合,由封闭系统向开放系统的转变势在必行,系统性的网络安全风险将集中呈现。构建以数字孪生为基础的智能制造系统产生和存储了海量的生产数据,这些数据可能是通过数据中台存储,也有可能分布在用户、生产终端、设计服务器等多种设备上,任何一个设备的安全问题都有可能引发数据泄露风险。同时,它与大数据、云计算的融合,以及第三方协议服务的深度介入、大量异构平台的多层次协作等因素,网络安全风险点急剧增加,也就进一步增加了数据安全风险。解决这一问题需要诸如区块链等网络安全技术的发展。

此外,需要加强数字孪生技术在航空发动机设计和制造中的探索和应用。当前数字孪生在航空发动机全寿命周期的各个阶段应用不全面,从论证、设计、制造、试验、使用和维护多个阶段来看,它主要集中在使用、运维阶段的健康管理方面。基于数字孪生技术给组织和产品能力带来的提升,需要将其拓展至发动机的整个寿命周期。

最后,数字孪生在模型建构、信息物理数据融合、交互与协同等方面的理论和技术基础比较薄弱,导致其在落地应用过程中缺乏相应的理论和技术支撑。

# 第四部分参考文献

[ 1 ] 郭宝柱,王国新,郑新华,等. 系统工程:基于国际标准过程的研究与实践 [M].北京:机械工业出版社,2020.

[ 2 ] Richman M S,Kenyon J A,Sega R M. High speed and hypersonic science and technology [C]. Tucson:41st AIAA/ASME/SAE/ASEE Joint Propulsion Conference & Exhibit,2005.

[ 3 ] 王巍巍,郭琦,黄顺洲.IHPTET 计划的先进项目管理方法[J].燃气涡轮试验与研究,2011,24(2):58-62.

[ 4 ] 王巍巍,何谦.GOTChA 管理方法在航空航天领域的应用[J].国际航空,2014(4):60-63.

[ 5 ] Air Force Research Laboratory Propulsion Directorate. IHPTEP 画册以卓越的动力获得空中优势[EB/OL]. http://www. pr. afrl. af. mil [2020-5-26].

[ 6 ] Alibrand W. Integrated high performance turbine engine technology program (IHPTET),gas turbine forecast,1992~2006[Z]. Forecast International,2010.

[ 7 ] Ellison J C,Whitehead P R,Tyson R W. NASP government work package implementation[C]. Chattanooga:International Aerospace Planes and Hypersonics Technologies,1995.

[ 8 ] Sams H. The NASP challenge:Management innovation[C]. Dayton:National Aerospace Plane Conference,1989.

[ 9 ] Shaw R J,Gilkey S,Hines R. Engine technology challenges for a 21st century high-speed civil transport[R]. ISABE 93-7064,1993.

[10] 王巍巍,郭琦,曾军,等.国外 TBCC 发动机发展研究[J].燃气涡轮试验与研究,2012,25(3):58-61.

[11] Walker S,Tang M,Mamplata C. TBCC propulsion for a Mach 6 hypersonic airplane[C]. Bremen:16th AIAA/DLR/DGLR International Space Planes and Hypersonic Systems and Technologies Conference,2009.

[12] 王巍巍,郭琦.美国典型的高超声速技术研究计划(上)[J].燃气涡轮试验

与研究,2016,26(3):53-58.

[13] 占云.高超声速技术(HyTech)计划[J].飞航导弹,2003,3:43-48.

[14] 郭琦,王巍巍,李舒婷.IHPTET 计划跟踪分析总结报告:国防科技报告[R].成都:中国燃气涡轮研究院情报室,2009.

[15] Simoneau R J, Hudson D A. CFD in the context of IHPTET - The integrated high performance turbine technology program[R]. NASA - TM - 102132,1989.

[16] The challenge of IHPTET[R]. ISABE - 93 - 700,1993.

[17] Rohde J. Overview of the NASA AST and UEET emissions reduction projects [R]. NASA Glenn Research Center, 2002.

[18] Benzakein M. Propulsion strategy for the 21st century — A vision into the future [R]. ISABE - 2001 - 1005, 2001.

[19] Eisert F, O'Brien T, Owen K. Design tools and engine simulation [C]. Cleveland: NASA/DoD/DoE/Industry Technology Alliance Workshop "GOTCHAFEST4", 2000.

[20] 窦翔.基于 ACE 的航空发动机产品开发项目风险控制研究[D].成都:西南交通大学,2015.

[21] 王晶晶.基于 ACE 体系的 S 公司流程优化研究[D].上海:上海外国语大学,2017.

[22] 赵志娟.协同创新体系研究综述[J].今日科技,2016(2):47-48.

[23] 于晓乐,刘翡,杜子凯.罗尔斯·罗伊斯公司的协同创新体系[J].卫星应用,2015(12):17-21.

[24] Deskin W J, Yankel J J. Development of the F - 22 propulsion system[R]. AIAA - 2002 - 3624, 2002.

[25] Stephen Y. The organizational structure of Pratt & Whitney[R]. Ronald Sparling, 2002.

[26] Tyson R B. Systematic IPT integration in lean development programs[M]. Cambridge: Massachusetts Institute of Technology,1996.

[27] Robert B, Don B, Michael E. F/A - 18 E/F Aircraft Engine (F414 - GE - 400) Design and Development Methodology[R]. RTO - MP - 8 - 46, 1998.

[28] Graham H. Rolls-Royce turbine systems[Z], 2003:1-18.

[29] SABRe. Concurrent component definition process [Z]. Rolls-Royce PLC, 2006:1-11.

[30] 邱明星.于乃江.罗-罗公司设计体系观感[J].航空科学技术,2005,2:3-6.

[31] Peter D P. Bringing technology to market[R]. ISABE - 2007 - 1006, 2007.

［32］ Lane R J, Behenna J. EJ200—The engine for the new European fighter aircraft ［R］. ASME 90 – GT – 119,1990.

［33］ 肖陵. 并行工程: 发展航空发动机的一种新方法［J］. 国际航空,1992,12: 11 – 12.

［34］ 曾海霞,王巍巍. 自由工厂——罗·罗公司的研发创新基石［J］. 燃气涡轮试验与研究,2020,33(1): 59 – 62.

［35］ 数字孪生体实验室. 数字孪生体技术白皮书［Z］, 2019.

［36］ 陶剑,戴永长,魏冉. 基于数字线索和数字孪生的生产生命周期研究［J］. 航空制造技术,2017,21: 2 – 3.

# 第五部分

## 启 示

航空发动机被誉为现代工业皇冠上的明珠,其技术精深、涉及专业技术面广、产品集成度高,因此其研制难度也非常大。其研发过程呈现出高技术难度、高复杂度的发展规律。摸清航空发动机的研发规律,捋顺技术开发和产品研制的关系,并采取相应措施加以管理,才能促进航空发动机技术及产品的创新发展。

　　航空发动机技术复杂,除了继承延续的线性发展以外,其演变过程还存在着诸如突变、耦合、闭锁、停滞等复杂的非线性特征。搞清技术发展复杂现象规律,能够为发动机技术和产品研发管理提供理论支撑。从国外发动机企业的成功经验来看,研发管理的一大任务是将技术放在整个技术树或技术地图的视角下展开,研究技术发展的轨迹,进行技术分支定界,描绘技术网络图,确定关键路径,进行分块(模块)开发管理。在分块开发管理中应用技术融合、整合、嫁接与杂交等研发技巧。因此,研发管理者除了对产品、技术本身保持专注外,还需对产品、技术的研发过程、发展规律进行研究,建立研发模型,并与研发管理技术研究相结合,从而指导发动机产品开发实践。

　　优秀的航空发动机研发企业的研发管理,其核心主要表现以下几个方面:① 企业研发管理需要创造并维持一个鼓励创新、适合研发的体系环境,必须采取弹性而目标化的管理,不以死板的制度限制员工的创意,必须要求实质的成果;② 将产品的观念融入研发管理中,为使有限的资源发挥最大的效益,研发部门亦须有面向用户、面向市场的产品观念,如此研发出的产品才能满足用户需求,具有市场价值;③ 研发策略的制定要力求精准并有效把控,这样才能根据策略方针,对所掌握的有限人、财、物等资源善加规划、运用,以求在最短的时间内,达到最高效益。

# 第 23 章
# 研发管理与技术创新

## 23.1    依靠体系路径促进技术创新

从技术的角度看,航空发动机是各项技术的复杂集成。发动机产品的优劣主要体现在各单项的技术和整体集成技术的差距,由此在产品间形成了技术壁垒,即技术优势。低技术含量的产品由单一技术项的高指标即可形成技术壁垒,但航空发动机这种高技术集成度的产品,各项技术的整体表现突出才能形成技术壁垒。怎样协调发展各项技术才能获得最大收益,哪些技术需要优先创新,哪些技术需要新旧更替,这就需要对技术和产品的关系以及其发展规律进行深入理解才有可能寻找到答案。

技术的创新遵循了一定的发展规律,通过对历代航空发动机技术发展的梳理,我们发现其技术发展总是遵循着其一定的技术轨道。当某一单项技术领域出现大的进展,并且当这一进展在某个时段徘徊不前时,既有的相应技术体系就会逐渐形成了一种技术范式;如果该技术范式长期支配该领域的创新主流,则这一范式便形成了一条技术轨道,创新者顺延其上即可高效率、低成本地推出层出不穷的技术创新。技术标准、技术规范、技术体系的建立使得航空发动机产品的创新具有较强的技术支撑,国外航空发动机技术体系在行业层面、机构(公司、研究单位)层面都已发展成熟,推动了发动机技术和产品的有序发展。如英国罗罗公司的三转子发动机技术,20世纪60~70年代,罗罗公司投入大量资源开展三转子发动机的研发,通过多年的技术积累和产品研制,成功研制出 RB211 发动机,并逐步形成了独特的三转子发动机技术体系,此后在这一技术体系的指导下不断开拓创新,先后发展出了 RB199、遄达 600、遄达 800、遄达 1000 等优秀发动机产品,这些发动机型号在商业上取得巨大成功,并确立了罗罗公司在民用航空动力市场的主导地位。直到今天,罗罗公司仍然在享受三转子发动机技术体系支撑下的各型发动机产品所带来的红利。

航空发动机的有序发展需要依赖技术体系,要对技术项进行详细梳理,因为梳理技术项和建立技术地图可使隐藏的技术类、技术项、技术关联明示化,为管理决策人员呈现一个全局的技术体系全景,从而在产品技术创新中合理分配资源、规避风险。但航空发动机涉及专业门类繁多,其技术树和技术地图的建立是一项庞大的系统工程,需要一套完备的方法来支撑。在美国科技领域中,较为普遍地应用了技术管理方法 GOTChA,该方法通过对技术按类别进行分解,并将目标和技术项进行的关联,从而形成对技术加以管理的依据。通过 GOTChA 方法,能够把对象的所有技术类、分系统、技术项等元素经梳理显性呈现出来,给出清晰的技术发展路线[1]。依据 GOTChA 方法建立的技术地图,可有效预测和分析可能遇到的困难和挑战,技术开发管理以此为依据可以提前启动关键技术研发,有针对性地采取措施,提出可能的解决思路和办法,做到对技术发展路线的全局把控。

## 23.2　注意把控技术发展中的技术突变

技术体系的建立有利于技术的发展创新建立路径和范式,技术管理可依赖先验技术体系预测技术发展方向,从而组织资源对技术进行创新迭代。但技术发展是一个复杂现象,除了依赖技术路径的继承发展之外,技术的演变还会呈现技术突变的非线性发展特征。产品的开发,关键是技术的突破,而技术的攻关并非凭空而来,是先验技术的"重组""突变"过程。技术在重组产生新技术时,不是简单地复制,而是经过了改进或进化。技术演化的历史轨迹是不可逆的,很难想象技术"后退"一步会恢复到其原始状态。这也就意味着,每一个演变过程都是路径依赖的,并没有一种内在机制可以超越这些偶然(或机遇)因素,产品的研发或发明创造过程的偶然因素有时起着较为重要作用[2]。如我国某航空发动机专家偶然观察沙漠中的新月形沙丘能够持续保持其形状,从而激发灵感,从物理机理上找出了原因,并成功应用到了发动机的燃烧部件中,即沙丘驻涡火焰稳定器。技术突变具有一定的偶然性,但大多数产品的创新行为并非是任意和盲目的,且受当时研发环境或研发生态的约束。

另一方面,需求方特别是军方客户对一些对颠覆性技术存在迫切需求,通常要求在相对短期内形成跨越式的技术突破并形成装备产品。从技术开发管理者的角度来看,以先验知识建立起来的先验技术体系难以对跨越很大的技术"突变"进行预见,从而很难对这类技术乃至产品进行有效的资源配置和规划。为了消除对先验技术体系的路径依赖,促进这类颠覆性技术的发展,国外航空发动机研发机构在技术管理上进行了一些模式变革,较为典型的是英国罗罗公司的"自由工厂"和美国普惠公司的鳄鱼工厂的做法。英国罗罗公司组建的"自由工厂"的前身实际是美国的艾利逊发动机公司,包括管理不善等一系列原因导致公司重组,被罗罗公司收购。罗罗公司对该公司的管理体制进行了改革,分离出了 AE3007 等整机产品线,成立"自由工厂"研发部,注入罗罗公司的技术体系和管理方法,将其打造成相对纯粹的发动机技术创新中心。经过改革,"自由工厂"在高新发动机技术持续发力,相继在 Lamilloy 技术、自适应风扇技术、超高压比压气机技术上取得了突破。美国普惠公司建立的鳄鱼工厂采取相似的策略,将小型初创企业的效率、敏捷性和无约束边界与世界领先推进系统公司的纪律和工程严谨结合起来,以期推动航空发动机技术的跨越创新。

# 第 24 章
# 研发管理与产品开发

## 24.1 确保技术转移路径畅通

　　航空发动机的研发管理主要包含技术线和产品线的管理,从产品的角度来看,不能贯彻进入产品的技术都是无意义的,因此产品研发管理人员关注的是技术以最好的方式、在最佳的时机转移应用到产品当中,以达到需求方所要求的产品各项功能和性能。美国较早意识到技术转移在航空发动机研制中的重要性,其采取的措施是在政府各部门中设立一些管理职能部门来负责航空发动机研发过程中的技术管理和技术转化工作,从管理机制体制上保障技术向产品转移的畅通。图24.1示出技术研究发展和产品全寿命期各阶段,即技术线和产品线的关系。从上到下的技术研究和发展分类表示科技活动进入研发过程的不同深度,技术线一般分为基础研究、探索发展(应用研究)、预先发展和工程发展(使用发展的属性同工程发展)。从左到右的系统寿命期分阶段表示一个系统或产品按时间顺序从军事或民用市场需求开始到退役的全过程,产品线一般分为方案探索、验证、全面研制、生产

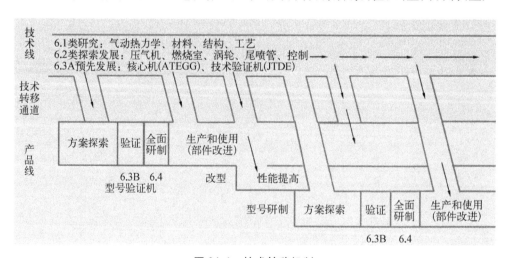

图 24.1　技术转移机制

和使用几个阶段。

美国技术转移战略推动了新技术在航空发动机中的应用,如美国空军研究实验室负责军用航空发动机科学与技术计划(包括 6.1 类研究、6.2 类探索发展和 6.3A 类预先发展)的管理,综合高性能涡轮发动机技术(IHPTET)计划就是由美国空军研究实验室(Air Force Research Laboratory,AFRL)发起的。6.1 类研究项目由 AFRL 的空军科研办管理,负责基础研究成果的快速技术转化。2000 财年空军 6.1 类研究有 497 项技术(AFRL196 项,大学 263 项,工业界 38 项)转让给空军 6.2 和 6.3 项目(79 项)、工业界(304 项)和国防部/政府机构(119 项)。其中部分转让技术不止 1 个客户。6.2 类探索发展和 6.3A 类预先发展项目由 AFRL 的推进技术部管理。美国空军认为空军的实验室都是产品部门,从而强化了 AFRL 的推进技术部与最终用户的联系。这样可以加快科技成果向产品应用的转化。由图 24.1 可见,由研究(6.1 类)、探索发展(6.2 类)和不针对特定型号的预先发展(6.3A 类)组成的不断的技术流在型号启动之前就已经开始并持续开展,并向新型号产品研制不断转移应用[3]。

## 24.2　技术转移中的技术成熟度评价

在技术转移应用中,验证不充分的技术转移到产品线中会造成项目风险增加,那么管理人员怎样确定哪些技术能够转移进入到产品研制中呢? 美国国防部采取了一种称为技术成熟度等级评价(TRL)的机制来确保从技术线转移到产品线的新技术是成熟可靠、风险可控的。技术成熟度等级评价最初由 NASA 于 1995 年采用,随后被美国科学与技术协会采用。美国防部于 2001 年 6 月起采用此项结构,并将其应用于现今所有重大采办项目,英国防部随后也已在其项目采办过程中广泛使用技术成熟度等级评价。技术成熟度等级评价起源于科研(NASA),成熟于采办(国防部),从顶层上对技术转移风险进行了有效管控。对于航空发动机这一类复杂的、风险点较多的产品,采用技术成熟度等级评价机制可有效控制产品研发项目的风险。

国外经验表明,技术成熟度评价方法是一种基于技术发展成熟规律、采用标准化量测等级对技术成熟程度进行评测的系统化过程和程序,是一种有效的技术风险评估手段。应用技术成熟度评价方法,可实现对关键技术的准量化管理,可对项目的技术风险给出较为科学的评价并为进行风险管理提供了有效支撑,结合风险评估定级可对研制项目需要的关键技术有针对性地实施技术成熟计划,及时为装备研制提供支持,从而有效控制研制(技术)风险,促进装备研制顺利进行。技术成熟度评价方式是一套标准化的程序和方法,在发动机项目中应用时需要根据项目特点和科研现状进行具体化解释和定义。在关键技术单元的选择、等级具体化定义、判定细则的解释以及细则满足情况判定时都需要根据发动机行业科研特点进行相应修改,以尽可能地满足航空发动机技术成熟度评价的需求。技术成熟度评价不仅仅是给出评价结果,更重要的是通过评价过程发现科研过程的不足,指出后续工作的发展方向,并按照特定科研阶段的成熟度目标制定相应的技术成熟计划。在评价结果的表述中需要给出不满足情况的说明和技术成熟构想,技术成熟度评价仅仅是完成了风险评估,要实现风险管理还需要根据评价结果制定技术成熟计划,并在相应的科研规划的保障条件上给予支持,才能最大限度地发挥技术成熟度评价的作用。

## 24.3　产品研发与构型管理

从本书第三部分的阐述中不难看出,航空发动机产品经常以"家族"(family)的系列化出现,特别是在民用航空发动机产品(CFM56 系列发动机等)上更为明显。现代航空发动机产品研发普遍采用构型管理策略,以促进产品研发具备一定的弹性,满足不同用户提出的需求,构型管理已成为是发动机新产品研发成功的保证。

产品构型管理按照研发阶段分为关键技术构型、原理样机构型、工程样机构型以及生产样机构型,每种构型涵盖的要素及功能不尽相同。

(1)关键技术构型,根据"需求分析"定义的关键技术,在企业技术储备的基础上,定义该新产品采用的关键技术的构型状态,验证其关键技术的可行性,确定产品的新技术的含量和定位,为后继的构型消除新技术带来的不确定性。

(2)原理样机构型,根据关键技术构型确定的新技术的定位,根据其他成熟技术的配套,定义新产品原理样机的构型状态,验证产品所有功能、新技术与成熟技术融合的可行性,并在满足系统功能的前提下,对软硬件的逻辑进行适应性修正,确定新产品软硬件功能实现的正确性,为后继的构型奠定软硬件功能的基础。

(3)工程样机构型,根据原理样机构型软硬件的功能,根据工程环境的要求(如重量、油耗、尺寸、散热、电磁兼容性等),以及和其他设备的相互关系,定义新产品工程样机的构型状态,完善原理样机构型在应用工程环境中要素要求,验证新产品在应用的(或模拟的)工程环境中的性能指标和实现功能的正确性,为最终形成产品的应用状态——生产样机的构型奠定工程化的基础。

(4)生产样机构型,根据工程样机构型验证的结果,定义新产品生产样机的构型状态,提交给用户开展应用试验环境验证。从用户使用的角度出发,通过大量的、不同用户的应用试验实例,验证新产品所有功能实现的效果和正确性,并根据其结果形成最终使用结果意见,提交给研发部门。研发部门根据产品的当前状态,根据企业或行业的生产能力,生成生产流程和相应的生产工艺文件,并确定测试与检验标准,为产品的生产奠定基础。

# 第 25 章
# 研发管理与知识工程

推动航空发动机这类复杂产品的底层因子是什么呢？目前国内外的主流观点认为其底层因子为知识、信息，是这些知识和信息使得技术发展中发生了进化现象。技术的进化和创新是以先验知识为基础的，在技术探索活动中，先验知识被激活，但大量的知识也正在被忘却、消失，同时大量新知识也在不断地被创造、保留或取代了旧知识。在知识的发展中，有时当某个知识点被激活，则更多的相关知识就会涌现出来。大量新知识不断被创造和保留，并在需要时加以利用，这就产生了新的知识或技术。技术开发总是伴随知识的创造，且和知识是紧密相连、相伴相生的[4]。

技术知识对于产品的研发至关重要，因为产品的研发实际上是知识的运用；技术也一样，因为产品研发是基于现有的成熟技术的继承、改进与组合运用。基于这一点，现有成熟的知识集、技术集对产品研发就非常重要，因为现有知识集、技术集越大，产品研发成功的可能性就越大，只有不断扩充知识集、技术集，才能不断推动产品创新的涌现。在航空发动机产品研发过程中，新技术或新方案的搜索是很重要的，因为许多产品研发就是在现有技术集或先前方案中寻找答案，产品研发实际是一个技术寻优的过程。

# 第 26 章
# 小　结

　　航空发动机研发管理是一门精深的"艺术"，要求既要保证技术发展，保持创新活力，并沿着既定的路线发展，不能过于发散，避免"一管就死、一放就乱"；同时又要保障项目按节点、按要求发展，具有"遇山开路、遇水架桥"的项目推进能力。因此从微观层面来看，研发管理首先要厘清技术创新与产品研发的关系，在发动机研发管理中需把控一些关键要素。第一，技术创新必须建立在企业现有的现实基础上。由于发动机技术进步是建立在不断创新的基础上，对于任何一种新产品来讲都具有许多技术创新点。如何确定新产品的技术创新定位是与企业的现实基础直接相关的，也是该新产品研制成功的关键。第二，产品研发管理必须严格控制技术创新带来的随意性和不可预见性。由于技术创新的含义就是在产品研制过程中引入了企业不熟悉或者未掌握的新技术，如何预期新技术带来的效应，严格控制研制过程各个技术状态，把技术创新纳入规范化的科研管理流程中去是新产品研制成功的必要保证。第三，技术创新必须建立在规范化科研管理的基础上。由于技术创新需求在产品的生命周期内不断变化和增加，在科研过程中必须锁定技术创新的变化，使整个研制过程技术状态控制在系统预期设计的状态控制流程中去。

　　航空发动机研发需要对需求进行有效管理，使得技术路径发展、产品规划符合市场预期，因此研发管理需从更宏观层面来进行预测、规划、把控发展方向。21世纪以来，虽然"9·11"事件（2001）、SARS疫情（2003）以及全球金融危机（2008）等对民航产业的冲击不可避免地传递到了航空动力产业，造成了一定的影响，但稳步向上发展的基本面没有发生实质变化。进入21世纪20年代以来，几件宏观事件的发生可能将重塑全球航空动力产业格局，这是我国航空动力产业难得的发展机遇，机遇摆在面前还需要有抓住机遇的能力，这对航空发动机研发管理提出了新的挑战。

　　一是2020年初突发并延续至今的新冠肺炎疫情。2020年11月，美国波音公司召开了《中国航空市场恢复与未来20年展望》沟通会，会议对疫情的影响进行了评估，预计新冠肺炎疫情对全球旅客周转量的影响将持续至少三年，其影响程度大大超出了21世纪初的"9·11"事件、SARS疫情以及全球金融危机，这将对未来飞机产业市场造成巨大冲击。影响将不可避免地传递至航空发动机产业,2020 年度民用发动机订单和交付量下滑严重。同时,波音公司发布的《中国航空市场恢复与未来 20 年展望》指出,未来 20 年全球民航市场的增长点主要体现在中国市场,未来将采购 8 600 余架新飞机,市场价值 1.4 万亿美元,评估指出中国民航市场的增长将占到全球市场增长的 25%,鉴于国内疫情控制良好,民航率先复苏,此消彼长,未来中国民航的市场权重还将更大,这带给我国航空动力制造产业实现突破、打破垄断的良好时机。根据疫情发展与民航业恢复趋势关系来看,在一定时期内,国际、洲际长途旅行仍将受到严格限制,大型宽体客机市场需求受到较大抑制,而支线、窄体客机市场需求预计将率先得到恢复,因此在研发管理上可优先发展中、小推力民用大涵道比涡扇发动机技术,并加大适航技术的部署和发展力度。

二是"碳达峰""碳中和"("双碳")国家战略的逐步落地。2020 年 9 月 22 日,中国国家主席习近平在第 75 届联合国大会一般性辩论上宣布,中国将提高国家自主贡献力度,采取更加有力的政策和措施,二氧化碳排放力争于 2030 年前达到峰值,努力争取 2060 年前实现碳中和。"双碳"战略体现了我国的大国担当,同时也体现了我国为壮大航空、能源等产业的智慧。就航空产业而言,国际博弈是全方位的。目前,如上所述,我国有全球最大且最具增长活力的民航业市场,但运营的飞机 90%以上都是空客、波音公司制造,我国试图以 C919 大飞机参与市场打破垄断,不过道路并不平坦。打着"普世正确"的环境保护来限制竞争对手是国际航空巨头常用的"卡脖子"手段。早在 2015 年,《巴黎协定》提出了温室气体排放以及全球气温控制目标,该目标若落地到航空民航业,势必推高适航排放标准,这对我国起步不久的大飞机进入市场非常不利。这样既限制了我国的民航客机及其动力技术的发展,同时也更"合理地"继续占有中国庞大的民航市场。"双碳"战略从顶层牵引、引导航空动力产业向着绿色、低碳方向发展,为重塑全球航空业格局提供强大的政策支持。2020 年 10 月 29 日,中国共产党第十九届中央委员会第五次全体会议通过的《中共中央关于制定国民经济和社会发展第十四个五年规划和二〇三五年远景目标的建议》指出:"碳排放达峰后稳中有降""加快推动绿色低碳发展""全面实行排污许可制,推进排污权、用能权、用水权、碳排放权市场化交易"。《中共中央国务院关于完整准确全面贯彻新发展理念做好碳达峰碳中和工作的意见》中明确指出:"加强绿色低碳重大科技攻关和推广应用""强化基础研究和前沿技术布局""加快先进适用技术研发和推广"。根据"双碳"战略牵引,在研发管理上需在绿色、低碳发展方向上更具前瞻性,如氢能、电推进、再生燃料、核能航空发动机技术需加大关键技术攻关力度,适时组织预先研究,抓住"双碳"战略格局下重塑航空产业格局的机遇。

# 第五部分 参考文献

［1］ 王巍巍.GOTChA 管理方法在美国航空航天领域的应用研究［J］.航空动力前沿,2014,3：1-12.

［2］ 毛荐其.产品研发微观过程研究进展——一个技术演变的视角［J］.科研管理,2009,30(4)：29-36.

［3］ 郭琦.F135 发动机的技术继承与发展［J］.航空动力前沿,2009,3：1-18.

［4］ 李春荣.飞机研发知识工程系统构建［J］.航空科学技术,2017,28(3)：69-73.